アジアロジスティクスと海運・港湾

貿易・海運データの分析・予測・リスク評価

渡部富博・小林潔司 編著

技報堂出版

はじめに

貿易・アジアロジスティクスの拡大

　グローバルネットワークの進化は，世界経済における生産分業の展開と，それに伴う国際貿易パターンの変化とに密接に関係している。1980年代から，世界貿易が急激に拡大した。特にこの30年，平成の時代（1989〜2019年）には，アジアを中心に世界経済が発展し，貿易量が大きく拡大した。1990年の世界の貿易額は3.4兆ドル（輸出ベース）であったが，2017年には17.5兆ドルと5倍以上となり，その間，90年代後半のアジア通貨危機や，2008〜2009年にかけてのリーマンショックによる世界経済の減速，2012〜2016年の5年にかけてのスロートレード（GDPの伸びよりも貿易額の伸び率が小さい）の期間などもあったが，この約30年では年平均6.3％で貿易額が伸びている。貿易量の増加率のほうが経済成長率より大きく，貿易量の増加を単に経済成長のみに求めることはできない。

　多国籍企業による直接投資と技術転移を通じて，生産工程の世界的展開が進展し，世界経済の分業体制は，北米を中心とする金融経済やIT産業・サービス産業，アジア地域における製造業の国際的集中をもたらし，ヨーロッパ地域は経済統合を通じて一つの巨大市場を実現させた。

　なかでも東アジア地域は，世界の工場と呼ばれるまでに成長し，世界のものづくりネットワークの中心となり，部品製造や製品組立など，東アジア地域抜きではグローバルサプライチェーンは立ちゆかない状況となっている。製品や部品などの多くが輸送されている海上コンテナ輸送では，東アジア域内流動や，東アジアと欧米などの間の東アジアを発着地とする輸送で世界輸送量の7割以上を占めるまでになり，生産・輸送・販売などにおけるアジア地域のロジスティクス（アジアロジスティクス）の重要性がますます高まってきている。

産業構造の変化

　従来の先進国での工業製品と開発途上国の農水産品などの1次産品を取引する垂直的分業から，工業製品の生産プロセスを分割し，それぞれの部品をサプライ

チェーンを通じて国際的取引を実施する水平的分業が進展した。このような国際分業を実現させた大きな原因は、製品のモジュール化である。中間財や製品パーツが国際的に最適な生産拠点において生産され、モジュール化された中間財や部品を組み立て、アセンブリすることにより最終商品が製造される形態、フラグメンテーションが進展した。モジュール化などによる製造が可能なパソコンやスマートフォンなどでは、国際的な輸送ネットワークの進展などとも相まって、東アジア地域の生産シェアが世界経済を独占するようになった。また、アパレル業界でも、ユニクロ、ZARA、GAP、H＆Mなど、自社ブランドの商品の企画や製造を行い、卸売りをせずに自社専門店で販売するグローバルSPA（Specialty store retailer of Private label Apparel）が大きく進展した。これらの企業では、自社工場を持つか持たないか、輸送に航空機を使うか否かなどは各社で異なるものの、原材料調達・糸の製造や加工・生地の製造や染色・裁断や縫製・製品輸送といった生産過程で、素材メーカーや縫製工場などをグローバルに組み込み、独自のグローバルサプライチェーンを展開している。

一方、自動車のように複雑でモジュール化に限界が存在するような製品は世界各国で生産されている。自動車業界もかつては、海外に工場を展開しても、エンジンなどの主要部品は日本から輸出して現地で組み立てるといった方式をとっていたが、最近では現地にエンジン工場も建設するなど、現地生産へのシフトも見られる。しかし、比較的モジュール化が容易であるといわれる電気自動車（EV）のマーケットシェアが増加すれば、この分野でも貿易・産業構造が大きく変わる可能性がある。

このようなアジア地域における国際分業のパターンも、時間とともに変化している。2000年ごろから製造業を中心として中国への直接投資が急増した。しかし、2010年ごろからは、中国を中心に展開されてきた製造業などの海外進出も、中国での労働賃金上昇や政治リスクなどを考慮し、タイやベトナムへの海外直接投資が増加し、中国に加えて第三国にも工場などを展開するチャイナプラスワンという現象が進んだ。加えて、タイなどでも労働賃金上昇などが進み、労働集約的な作業をタイからラオス、カンボジア、ミャンマーなどにも展開するタイプラスワンも進んでいる。

輸送ネットワークや輸送技術の進展

アジア地域における国際貿易においては、貿易に占める中間財シェアが大きい

ことが特徴的である。中国をアセンブリ基地とする生産工程のアジア内での水平的分業化が進展し，生産された最終完成品は，ヨーロッパや北米諸国に輸出される。アジアと欧米とのコンテナ船の航路（基幹航路）では次々に大型船舶が投入され，増加する貨物量の輸送に貢献してきた。それと同時に，船舶の大型化による輸送コストの削減は，アジア地域で生産される製品の価格競争力を強め，アジア地域における生産拠点の国際集中化を進めた。すなわち，基幹航路における船舶の大型化とアジア地域における生産の集中化は，互いにポジティブフィードバックを通じて共進化してきたと考えてよい。さらに，中国をアセンブリ基地とする国際分業の進展と，アジア地域内のフィーダー航路の発展も不可分の関係にある。このようなアジア地域における製造業の集中とそれを支える海運ネットワークの発展が，アジア地域全体の経済成長を支えてきたといっても過言ではない。

　アジア経済ショックやリーマンショックのように，世界経済が大きなリスク要因をはらんでおり，その動向を予測することは容易ではない。しかし，国際分業パターンの観点から見れば，モジュール化が簡単な製品に関しては，一部の製品では東アジア地域への生産集中が今後も続くだろうが，東アジア地域における生産集中化はほぼ飽和状態に到達していると言えるだろう。北米，ヨーロッパ諸国の経済発展により，基幹航路を利用した貨物輸送の重要性は否定すべくもない。しかし，アセアンやインドも含めたアジア諸国の経済成長による消費量の増加を考えれば，アジア地域内におけるネットワーク化の発展が重要な課題になろう。アセアン諸国で生産された製品の大消費地は，まずはアセアン諸国を中心とするアジア地域である。アセアン地域も，日本と同様に文化的な文脈が高度に発展している地域である。日本企業のアジア地域における国際展開の成否は，アジア地域における地域的ネットワークの発展に依存しているといっても過言ではない。

　海運ネットワークでは，基幹航路における大型船舶投入による密度の経済効果が強く作用する。また，港湾間の輸送距離が海運ネットワークの形成に影響を及ぼす。現在の欧州航路，北米航路という基幹航路は，海運による輸送貨物量と国際ネットワーク上の港湾の空間的配置という自然条件により進化してきたものである。1990年代後半に積載能力6千TEUを超える大型コンテナ船が登場したころには，コンテナ船の大型化もせいぜい1万TEUが限度とまで言われていたが，造船部門での技術進歩とも相まって，今や2万TEUを超える超大型コンテナ船がアジアと欧州などの航路には多く投入されている。またそれに伴い，シン

ガポール港，上海港，釜山新港をはじめとして，アジアの主要港湾で，超大型コンテナ船に対応したインフラ整備が 2000 年ごろから急速に進められた。

　したがって，若干の航路の変更はある可能性があるものの，少なくとも中短期的視野において基幹航路のネットワーク構造が大きく変化するとは考えにくい。さらに，航空旅客が往復トリップを行うのに対して，貨物流動は片道トリップである。貨物流動が片道トリップであるために，航空ネットワークのような頻度の経済性が働きにくい。日本とアセアン諸国の間に直航ネットワークが形成されるかは，アジア地域における国際分業の進展パターンに依存する。日本とアセアン諸国の間における直航ネットワークの形成は，日本企業による現地直接投資の動向と同時に，アセアン諸国の経済発展が，中国を中心とする国際サプライチェーンにより組み込まれる形で進化するのか，アセアン諸国内での分業体制を確立し，アセアン経済としての最終消費製品を生産できるように自立できるかに依存しているように思える。その意味で，近年，アジア地域で発展しつつあるハラル物流（ムスリムの宗教的戒律を守った物流）の発展は，アセアン地域における新しいサプライチェーンを形成する可能性を持っている。

国際輸送ネットワークにおける港湾の役割

　ハブ港湾の 1 つの役割は，充実した航路ネットワークを活用した積み替え機能にある。かつて，1970 年代後半には神戸港のトランシップ率は 50 ％ 近くに達していた。その後，日本の港湾は取扱いの絶対量こそ増加しているものの，ハブ港湾としてのトランシップ機能には相対的な低下がみられ，アジア発着の基幹航路の中にもわが国港湾に寄港しないものが増加している。ハブ港湾においては，寄港する船舶による混雑，貨物を他の方面に積み替えるトランシップなどによる混雑，陸上側の貨物のトレーラー輸送による混雑が発生する。そのためハブ港湾においては，膨大な混雑費用やトランシップ費用が発生する。航空ネットワークの場合，ハブ空港で発生する外部不経済が非常に大きくなれば，ネットワーク構造がポイント・ツゥ・ポイント構造（空港間が直行便で連結される構造）に移行する大きな原動力となる。しかし，海運輸送の場合，貨物船の大型化によるコストダウンの効果が，混雑費用や取引費用を卓越している場合が少なくないほか，ハブ港湾の背後地を発着地とする貨物も少なくない。さらに，ハブ港湾では，政府や港湾管理者たちが，混雑費用やトランシップ費用の発生を抑制するための施設投資を精力的に行っている。このため，ハブ港湾の混雑やトランシップ費用の発

生が，海運ネットワークのポイント・ツゥ・ポイント化の動きには直ちにはつながりにくい。

　しかし，京浜港，阪神港という2つの国際コンテナ戦略港湾のハブ機能は極めて重要である。日本から米国，欧州諸国への貨物輸送は，今後も継続的に増加していくことが予測されるため，基幹航路へのアクセスの維持は重要な政策的戦略課題である。地方港湾の多くは岸壁でのバルク貨物の取扱いも多いため，国際港湾とは異なる取扱いが必要である。現在，地方港湾から韓国釜山港へフィーダー輸送される貨物が相当量ある。国内港湾のハブ機能を強化する意義を見いだすためには，海外ハブ港湾を経由するよりも輸送時間とコストの面でメリットが得られなければならない。そのためには，地方港湾と国内のハブ港湾との間のフィーダー航路や陸送ルートを強化することが必要となる。

データ利用可能性

　グローバルサプライチェーンやそれを支えるグローバルロジスティクスには，複数の国の荷主・船社・フォワーダー・陸上輸送業者・通関業者・金融機関・保険会社など，非常に多くのステークフォルダーが関わる。輸送に関わる費用や輸送時間などのサービス水準データはもとより，輸送貨物の金額・輸送量などの統計・データの入手すら容易ではなく，サプライチェーンの実態やサプライチェーンを通じた付加価値の形成過程を分析するためのデータは極めて不十分である。一方，各国の貿易統計は整備されており，約5千の品目分類で貿易相手国ごとに輸出入額に関する情報は入手可能である。しかし，グローバルバリューチェーンを捉えるための国際産業連関表は，アジア産業連関表，GTAP，あるいはシドニー大学によるEoraなど，いくつかのデータベースが提供されているが，データの精度に関しては多くの課題も残されている。

　アジア地域の経済発展や貿易の増大なども背景に，わが国の政府開発援助（ODA）による港湾の計画・整備などへの支援が進められているほか，中国がシルクロード経済圏構想（一帯一路）で，港湾の整備や鉄道などのインフラ整備を旺盛にアジアの近隣諸国などで進めている。わが国にとっても，成長がまだ続くアジア諸国との貿易パターンを予測し，それに対応した輸送を実現するための港湾インフラの整備が課題となる。さらに，アジア各国における港湾整備などの支援方策を検討するうえで，国際的な輸送に関わる費用や品目など個別情報の入手困難性が大きな障害になっている。

　我々は東日本大震災などの大災害の発生により，サプライチェーンにおける原材料や部品の供給が停止すれば，最終製品の製造などに大きな支障をきたすことを経験した。さらに，サプライチェーンがアジア地域全体にグローバルに展開するような状況下では，それぞれの国における水害や地震などの災害，さらには政治的状況も含めたカントリーリスクが，アジア全体での生産状況に大きな影響を及ぼすことになる。個々の企業単位によるBCP（業務継続プログラム）などの取組みがされているが，国や港湾管理者などでは，グローバルサプライチェーンのリスクに対する対応を考えておくことが必要とされている。さらに，物が輸送されるのと並行して情報や資金のフローも発生する。特に，グローバルサプライチェーンでは，商流に関わる各種のリスクやアジア地域でも発達してきているサプライチェーンファイナンスに関わるリスクについても十分に検討していく必要がある。

　近年，情報通信技術（ICT）の急速な発展と相まって，港湾での荷役作業や倉庫でのピッキング作業，輸送などのさまざまな場面において，自動化や情報化への取組みがなされている。例えば，世界のメジャー船社であるデンマークのA.P.モラー・マースクは，IBMと協力してトレードレンズと呼ばれるオープンプラットフォームを提供しており，船社・港湾管理者・税関・陸上運送業者・荷主・金融機関・保険会社など，輸送に関わるすべての関係者が色々な情報を瞬時に把握できるようなシステムを目指している。これにより，海上コンテナ貨物の追跡（トラッキング）なども可能となり，海運分野でのIoT（モノのインターネット）が大いに進むものと期待されている。このような情報通信技術の発展により，サプライチェーンに関わるモノや資金の流れなどに関する情報の獲得可能性が飛躍的に高まる可能性がある。わが国の海運・港湾戦略においても，自動化や情報化への対応を精力的に進めていく必要がある。

本書発刊の背景と意義

　京都大学経営管理大学院港湾物流高度化寄附講座では，3年ほど前に港湾・空港・ロジスティクス・貿易などの実務の専門家らによるオムニバス形式の講義内容を取りまとめ，『グローバルロジスティクスと貿易』（ウェイツ出版）を発刊した。

　しかし，一般的にグローバルロジスティクスに関わる情報は乏しく，汎用的なデータベースが整備されていないため，わが国における国際物流やグローバルロジスティクスに関わる研究者やそれを得意とするコンサルタントの層が極めて薄

いという問題がある。このため，国際物流やグローバルロジスティクスに関わる大学生・大学院生や，港湾管理者，行政担当者，コンサルタントなどの実務担当者を対象として，グローバルロジスティクスに関わるデータの利用可能性や，断片的なデータや情報，あるいは不十分な情報を用いてグローバルロジスティクスの分析や将来予測を行うためのツールや方法論について紹介することの必要性を認識するに至った。

このような問題意識の下に，本書では，アジアを中心とする貿易や産業構造，海上輸送・港湾などに焦点をあて，その動向を概観しつつ，それらの現状や動向を捉えるためのデータの状況，現状把握や将来動向予測などのための分析方法・予測手法・評価ツールなどを記述することとした。また，最後の章では，今後のアジアのグローバルロジスティクスなどに関わる展望や，港湾などのインフラのあり方，今後取り組むべき課題などについてとりまとめた。

本書を通じて，グローバルロジスティクスなどに興味のある学生や実務担当者などが，さらに興味を持ち，研究や分析などに取り組むことを期待したい。

最後になりましたが，本書のとりまとめ・発行にあたっては，国土交通省港湾局，公益社団法人日本港湾協会，一般財団法人港湾空港総合技術センター，一般財団法人沿岸技術研究センター，京都大学経営管理大学院の山田忠史教授，京都大学防災研究所の多々納裕一教授からご助言やご協力を頂きました。また，ロジスティクス・貿易・港湾などの実務に関わる多くの方々からも，貴重な各種の情報をお教え頂くなどしました。港湾物流高度化寄附講座の平岡美里さんには，図表の作成などでご協力を頂きました。ここに，皆様に感謝の意を表します。

2020 年 1 月

渡部富博・小林潔司

目　　次

第 1 章

グローバルロジスティクスや
海上輸送の動向と課題

　本章では，**1-1** でアジアを中心とする貿易，ロジスティクス，海上輸送の動向やハブ港湾整備の状況など，グローバルロジスティクスや海上輸送などを取り巻く動向について述べる。

　また，**1-2** では，そのような動向のもとで，グローバルロジスティクスや海上輸送に関して，将来動向の把握や港湾インフラのあり方などを検討するにあたり，どのようなニーズ・課題があるかなどを概観する。

1-1 ｜ アジアを中心とする貿易・ロジスティクス・海上輸送の躍進

（1）貿易の動向

　この 30 年の経済成長の様子を振り返ると，**表 1-1** に示したように，世界全体の GDP 成長率が概ね 2〜4 ％ で推移するなかで，アセアン諸国では，1990 年代後半のアジア通貨危機や 2009 年のリーマンショックの影響によるマイナス成長もあるものの，カンボジア，ミャンマーをはじめとして各国とも大きく経済成長が進んだ。

　中国の GDP 成長率も，2011 年には 9.5 ％ であったものが，2012 年 7.9 ％，2013 年 7.8 ％，2015 年からは 7 ％ を割り込み 6 ％ 台となるなど，近年少しその成長スピードが鈍化してきているものの，この 30 年間を振り返ると，マイナス成長もなく，2000 年代に経済成長率 8 ％ の目標を掲げ，2002 年から 2011 年までは 9 ％ を超える成長を遂げてきている。

　このようなアジア諸国を中心とする経済成長や，産業構造の変化などを背景に，この 30 年で世界の貿易は急速に進展してきた。

表 1-1　アジアの主要国などの GDP 成長率の推移

（単位：%）

| 年 | 世界 | アセアン | | | | | | | 南アジア | | | 東アジア | | 米国 | 欧州 | アフリカ |
		カンボジア	インドネシア	マレーシア	ミャンマー	フィリピン	タイ	ベトナム	インド	バングラデシュ	スリランカ	中国	日本			
1990	3.01	1.16	9.00	9.01	2.82	3.04	11.14	5.10	5.66	6.63	6.24	3.91	4.89	1.89	1.64	2.88
1995	3.09	5.92	8.22	9.83	6.95	4.68	8.12	9.54	7.65	4.92	5.53	10.95	2.74	2.68	2.26	3.15
2000	4.35	8.77	4.92	8.86	13.75	4.41	4.46	6.79	4.03	5.94	5.98	8.49	2.78	4.13	4.19	3.71
2001	2.00	8.15	3.64	0.52	11.34	2.89	3.44	6.89	5.22	5.27	−1.37	8.34	0.41	1.00	2.43	4.05
2002	2.21	6.58	4.50	5.39	12.03	3.65	6.15	7.08	3.77	4.42	4.02	9.13	0.12	1.74	1.57	6.30
2003	2.97	8.51	4.78	5.79	13.84	4.97	7.19	7.34	8.37	5.26	5.94	10.04	1.53	2.86	1.70	5.56
2004	4.34	10.34	5.03	6.78	13.56	6.70	6.29	7.54	8.30	6.27	5.45	10.11	2.20	3.80	3.00	6.06
2005	3.86	13.25	5.69	5.33	13.57	4.78	4.19	7.55	7.92	5.96	6.24	11.39	1.66	3.51	2.48	6.00
2006	4.35	10.77	5.50	5.58	13.08	5.24	4.97	6.98	8.06	6.63	7.67	12.72	1.42	2.85	3.75	5.74
2007	4.22	10.21	6.35	6.30	11.99	6.62	5.44	7.13	7.66	7.06	6.80	14.23	1.65	1.88	3.60	5.99
2008	1.83	6.69	6.01	4.83	10.26	4.15	1.73	5.66	3.09	6.01	5.95	9.65	−1.09	−0.14	0.97	5.55
2009	−1.66	0.09	4.63	−1.51	10.55	1.15	−0.69	5.40	7.86	5.05	3.54	9.40	−5.42	−2.54	−4.57	3.41
2010	4.27	5.96	6.22	7.42	10.16	7.63	7.51	6.42	8.50	5.57	8.02	10.64	4.19	2.56	2.28	5.32
2011	3.16	7.07	6.17	5.29	5.59	3.66	0.84	6.24	5.24	6.46	8.40	9.54	−0.12	1.55	1.97	1.41
2012	2.46	7.26	6.03	5.47	7.33	6.68	7.24	5.25	5.46	6.52	9.14	7.86	1.50	2.25	0.04	5.56
2013	2.62	7.48	5.56	4.69	8.43	7.06	2.69	5.42	6.39	6.01	3.40	7.76	2.00	1.84	0.47	2.31
2014	2.81	7.07	5.01	6.01	7.99	6.15	0.98	5.98	7.41	6.06	4.96	7.29	0.37	2.45	1.65	3.56
2015	2.81	7.04	4.88	5.09	6.99	6.07	3.02	6.68	8.15	6.55	5.01	6.90	1.35	2.88	1.83	2.73
2016	2.41	6.88	5.03	4.22	5.89	6.88	3.28	6.21	7.11	7.11	4.47	6.72	0.94	1.57	1.77	1.73
2017	3.07	7.01	5.07	5.90	6.84	6.68	3.91	6.81	6.68	7.28	3.31	6.86	1.73	2.22	2.34	2.87

資料：国連データ・ポータル（http://unstats.un.ord/unsd/snaama）データを元に作成。

① 世界の貿易状況

　世界の貿易額（輸出ベース）は，1990 年 3.4 兆ドル，2000 年 6.4 兆ドルであったが，2008 年には 16 兆ドルと 2000 年代に急速に拡大した。リーマンショックの影響で 2009 年には 12.4 兆ドルに大幅に落ち込んだものの，その後は回復し 2014 年までは徐々にその額を増加させている。近年は，2015 年，2016 年は 2 年連続で貿易額が減少したが，燃料や金属などの資源価格の上昇などもあり，2017 年には 3 年ぶりに世界の貿易額は増加に転じ 17 兆 3,000 億ドル，2018 年には 19 兆ドルとなっている（図 1-1）。

　GDP の成長以上に貿易額が増加しているかどうかをみるために，世界の貿易額の伸びと実質 GDP の伸びの比を図 1-1 に折れ線で示す。

　90 年代後半や 2000 年代は，その比が 1 を超え，貿易額の伸びのほうが GDP

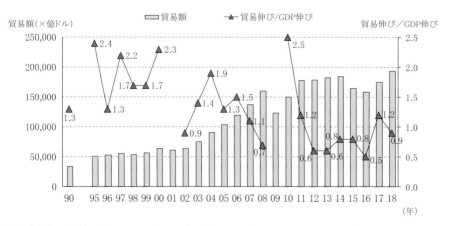

注）実質貿易伸び率は輸入ベース（WTOデータ）であり，貿易あるいはGDPの伸び率が負の年は除外。
資料：ジェトロ世界貿易投資報告2019年度版，世界貿易マトリックス（輸出額）を元に作成。

図1-1　世界の貿易額推移と貿易数量とGDPの伸びの比の推移

の伸びよりも大きかったが，近年では2017年が1.2と1を超えているものの，
2012年以降は1を下回っており，GDPの伸びに比べて貿易量の伸びが小さい，
いわゆるスロートレードとなっている。

② 主要国・地域の貿易

世界の主要地域間の貿易額を，1990年と2017年で整理したものを**表1-2**に示
す。

世界全体で，1990年には3兆2,310億ドルであった世界の貿易額は，2017年
には15兆5,810億ドルと4.8倍に伸びている。

輸出側の地域でみると，1990年には欧州からの輸出が1兆4,000億ドルと全体
の4割強を占めているが，2017年には，欧州からの輸出が5兆1,000億ドルと
一番大きいものの世界の3割強にシェアを落としている。2017年には，東アジ
アからの輸出も欧州と同程度の5兆ドルに伸びており，東アジア地域からの輸出
額がこの約30年で7.2倍になっていることがわかる。また，輸入側の地域でみ
ると，1990年は欧州が1兆5,000億ドルと世界の5割弱，2017年には5兆3,000
億ドルと世界の3割となっている。2017年の東アジア地域の輸入は4兆4,000
億ドルで，世界の3割弱にまで成長しており，1990年からの約30年で6.7倍に
伸びている。

表 1-2　世界の地域別の貿易額

〔1990 年〕（単位：10 億ドル）

輸出側 ＼ 輸入側	東アジア	北米	メルコスール諸国	欧州	その他	世界
東アジア	291	207	4	135	60	696
北米	136	211	10	125	51	532
メルコスール諸国	9	22	5	21	7	64
欧州	99	119	9	992	183	1,402
その他	119	82	8	259	68	537
世界	654	641	36	1,533	368	3,231

〔2017 年〕（単位：10 億ドル）

輸出側 ＼ 輸入側	東アジア	北米	メルコスール諸国	欧州	その他	世界
東アジア	2,262	1,089	61	772	837	5,021
北米	465	1,002	43	384	264	2,158
メルコスール諸国	107	44	37	54	84	325
欧州	517	506	45	3,159	866	5,094
その他	1,027	362	36	895	663	2,982
世界	4,378	3,003	223	5,264	2,714	15,581

〔倍率　2017 年 /1990 年〕

輸出側 ＼ 輸入側	東アジア	北米	メルコスール諸国	欧州	その他	世界
東アジア	7.8	5.3	17.2	5.7	14.0	7.2
北米	3.4	4.8	4.3	3.1	5.2	4.1
メルコスール諸国	11.6	2.0	7.4	2.6	11.9	5.1
欧州	5.2	4.3	5.1	3.2	4.7	3.6
その他	8.7	4.4	4.3	3.4	9.7	5.6
世界	6.7	4.7	6.2	3.4	7.4	4.8

※輸入データ（CIF ベース）。四捨五入の関係で合計が合わないところがある。
※東アジア（日本・中国・韓国・香港・台湾・アセアン（シンガポール，タイ，マレーシア，インドネシア，フィリピン，ベトナム，ブルネイ，カンボジア）），北米（米国，カナダ，メキシコ），　メルコスール諸国（アルゼンチン，ブラジル，パラグアイ，ウルグアイ，ベネズエラ），欧州は E U（欧州連合）加盟 28 か国。
資料：独立行政法人 経済産業研究所の貿易データベース「RIETI-TID2017」（https://www.rieti.go.jp/jp/projects/rieti-tid/index.html）を元に作成。

　主要地域内の貿易額では，欧州域内の貿易が 1990 年，2017 年とも一番大きいが，東アジア域内の貿易額も，1990 年の 2,910 億ドルが 2017 年には 2 兆 3,000 億ドルと，7.8 倍に大きく伸びていることがわかる。

③ わが国の貿易

　わが国の主要な地域との貿易額（輸出入合計）について，海上コンテナ，海上バルク，航空の輸送モード別の金額，モード別のシェアを 2010 年と 2018 年について示したものが，図 1-2 および表 1-3 である。なお，ここで海上バルクとは，鉄鉱石・石炭・原油・穀物などのように梱包されないばら積みの状態で鉱石船やタンカーなどの専用船で主に輸送される非コンテナ貨物を指す。

　輸送モード別の貿易額は，2010 年，2018 年とも，対全世界でみると海上コンテナが約 4 割，海上バルクが約 3 割，航空が 3 割弱という状況である。ただ地域別に細かくみると，近隣の東アジア地域とは海上コンテナの比率が 5 割強，欧州地域とは航空の比率が 4 割，南アジア・中東等とは海上バルクが 8 割など，輸送品目や輸送距離・時間などの違いもあり，その状況は異なっている。

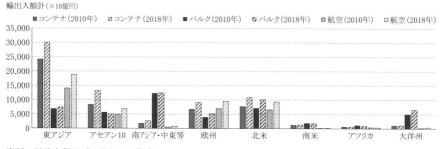

輸出入額計（×10億円）

■コンテナ（2010年）　▨コンテナ（2018年）　■バルク（2010年）　▨バルク（2018年）　■航空（2010年）　□航空（2018年）

資料：財務省貿易データを元に作成。

図 1-2　わが国の輸送モード別の貿易相手地域（2010 年・2018 年）

表 1-3　日本の輸送モード別・相手地域別の貿易額（2010 年・2018 年）

（単位：10 億円）

		輸出入合計　2010 年				輸出入合計　2018 年				2010 〜 2018 年の年平均伸び率（％）			
		総額	海上コンテナ	海上バルク	航空	総額	海上コンテナ	海上バルク	航空	総額	海上コンテナ	海上バルク	航空
ア ジ ア	東アジア	44,942	24,149	53.7%	6,763	15.0%	14,031	31.2%	56,247	30,052	53.4%	7,370	13.1%	18,825	33.5%	2.8%	2.8%	1.1%	3.7%
	アセアン 10	18,726	8,234	44.0%	5,546	29.6%	4,946	26.4%	25,034	13,130	52.5%	5,020	20.1%	6,884	27.5%	3.7%	6.0%	−1.2%	4.2%
	南アジア・中東等	14,402	1,706	11.8%	12,245	85.0%	451	3.1%	15,807	2,628	16.6%	12,394	78.4%	786	5.0%	1.2%	5.5%	0.2%	7.2%
欧州		17,458	6,657	38.1%	3,838	22.0%	6,963	39.9%	23,699	9,069	38.3%	5,162	21.8%	9,468	39.9%	3.9%	3.9%	3.8%	3.9%
北米		21,286	7,659	36.0%	7,098	33.3%	6,529	30.7%	30,226	10,846	35.9%	10,088	33.4%	9,292	30.7%	4.5%	4.4%	4.5%	4.5%
南米		3,139	1,201	38.3%	1,807	57.6%	131	4.2%	3,217	1,292	40.2%	1,753	54.5%	171	5.3%	0.3%	0.9%	−0.4%	3.4%
アフリカ		2,088	583	27.9%	1,109	53.1%	396	19.0%	1,891	653	34.5%	877	46.4%	361	19.1%	−1.2%	1.4%	−2.9%	−1.1%
大洋州		6,123	996	16.3%	4,949	80.8%	177	2.9%	8,062	1,090	13.5%	6,563	81.4%	409	5.1%	3.5%	1.1%	3.6%	11.0%
合計（全世界）		128,165	51,185	39.9%	43,356	33.8%	33,624	26.2%	164,182	68,760	41.9%	49,227	30.0%	46,195	28.1%	3.1%	3.8%	1.6%	4.1%

注：東アジア＝韓国，北朝鮮，中国，香港，台湾，マカオ。
資料：財務省貿易統計データを元に作成。海上バルク金額は総額から海上コンテナ，航空を除くことで
　　　算出。

　海上コンテナ貨物の主要な相手国・地域は，東アジア地域（2018 年シェア
44 ％），アセアン地域（同 19 ％），北米（同 16 ％），欧州（同 13 ％）であり，こ
れらの地域の 2010 年から 2018 年の貿易額の年平均成長率をみると，アセアン
10 か国（アセアン 10）が 6.0 ％で大きく伸びている。海上バルク貨物は，原油や
LNG，鉄鉱石，石炭，穀物などの輸入貨物が主なものであり，主要な相手国・
地域は，南アジア・中東等（2018 年シェア 25 ％），北米（同 20 ％），東アジア
（同 15 ％）であり，北米が 2010 年から 2018 年の年平均成長率 4.5％で近年成長
してきている。さらに航空貨物では，東アジア（2018 年シェア 41 ％），欧州（同

21 %），北米（同 20 %）などとなっている。南アジア・中東等は，貿易額はシェア 2 % 弱でまだ少ないが，年平均成長率は 7.2 % で大きく伸びている。

　海上コンテナ輸送においてわが国の主要な相手地域であり，かつ近年の貿易額の成長率も高いアセアン 10 について，各国別に近年のわが国との海上コンテナ輸送での貿易額を輸出入別に示したものが，表 1-4 と図 1-3 である。海上コンテナの輸出入とも，2018 年はタイ・インドネシア・ベトナムが主要な相手国であり，特にベトナムは 2000 年以降大きく伸びている。また金額はまだ小さいが，カンボジアやミャンマーとの輸出入についても，非常に大きく伸びている。

表 1-4　わが国とアセアン 10 との海上コンテナによる貿易推移

（アセアン 10 への海上コンテナの輸出額）　　　　　　　　　　（単位：百万円）

	2000 年 ①	2010 年 ②	2015 年	2016 年	2017 年	2018 年 ③	輸出額の伸び		
							2018/2000 (=③/①)	2018/2010 (=③/②)	2010/2000 (=②/①)
ベトナム	105,172	444,645	917,296	838,236	944,032	1,034,670	9.84	2.33	4.23
タイ	812,705	1,807,160	2,050,766	1,848,172	1,993,834	2,144,781	2.64	1.19	2.22
シンガポール	726,560	545,143	594,779	516,131	532,176	572,203	0.79	1.05	0.75
マレーシア	641,044	670,253	683,318	600,736	603,880	679,920	1.06	1.01	1.05
ブルネイ	904	1,286	2,835	1,305	1,099	2,316	2.56	1.80	1.42
フィリピン	362,359	413,461	458,074	446,328	493,237	520,625	1.44	1.26	1.14
インドネシア	525,661	844,166	965,150	876,475	1,032,526	1,144,233	2.18	1.36	1.61
カンボジア	3,749	9,414	30,651	28,114	34,936	41,239	11.00	4.38	2.51
ラオス	863	1,455	3,821	3,429	5,060	6,761	7.83	4.65	1.69
ミャンマー	5,317	13,125	37,497	35,619	43,990	45,528	8.56	3.47	2.47
合計	3,184,334	4,750,108	5,744,187	5,194,545	5,684,770	6,192,276	1.94	1.30	1.49

（アセアン 10 からの海上コンテナの輸入額）　　　　　　　　　　（単位：百万円）

	2000 年 ①	2010 年 ②	2015 年	2016 年	2017 年	2018 年 ③	輸入額の伸び		
							2018/2000 (=③/①)	2018/2010 (=③/②)	2010/2000 (=②/①)
ベトナム	179,925	524,605	1,472,336	1,426,386	1,617,040	1,834,866	10.20	3.50	2.92
タイ	747,736	1,237,627	1,845,103	1,643,515	1,845,861	2,016,075	2.70	1.63	1.66
シンガポール	179,165	179,484	322,450	259,720	266,080	352,213	1.97	1.96	1.00
マレーシア	467,222	484,356	707,752	601,990	664,014	713,406	1.53	1.47	1.04
ブルネイ	217	150	94	91	39	72	0.33	0.48	0.69
フィリピン	227,360	294,238	557,664	545,740	563,299	592,654	2.61	2.01	1.29
インドネシア	473,528	714,591	1,029,719	932,334	1,050,555	1,135,376	2.40	1.59	1.51
カンボジア	4,671	16,314	105,385	119,567	126,162	158,971	34.03	9.74	3.49
ラオス	1,097	2,776	10,890	10,998	12,768	14,208	12.95	5.12	2.53
ミャンマー	11,722	29,933	91,338	87,546	99,645	120,150	10.25	4.01	2.55
合計	2,292,643	3,484,074	6,142,731	5,627,887	6,245,463	6,937,991	3.03	1.99	1.52

資料：財務省貿易データを元に作成。

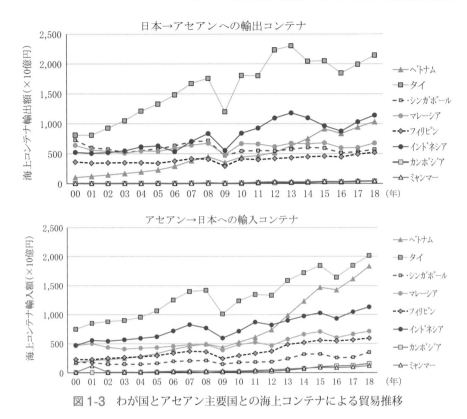

図 1-3　わが国とアセアン主要国との海上コンテナによる貿易推移

④ 貿易を取り巻く状況

　世界の多くの国・地域で経済連携協定（EPA）や自由貿易協定（FTA）などが進められており，わが国においても，2019 年 6 月現在で図 1-4 に示すとおり 21 か国・地域と 18 の経済連携協定が発効済・署名済となっている。発効済は，2018 年 12 月 30 日に発効した「TPP11（環太平洋パートナーシップに関する包括的及び先進的な協定）」，2019 年 2 月 1 日に発効した「日 EU」を含めて 17，また署名済が「TPP12（環太平洋パートナーシップ）：2016 年 2 月署名，日本は 2017 年 1 月締結」の 1 つとなっている。

　これらの国々が貿易総額に占める割合は 51.6 ％（米国を除く TPP11 の場合は 36.5 ％）となり，さら交渉中相手国である中国や韓国などを加えると，貿易額に占める割合は 85.8 ％ となる[1]。

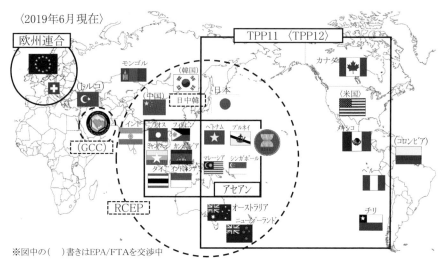

※図中の（　）書きはEPA/FTAを交渉中

注：GCC（Gulf Cooperation Council：湾岸協力理事会）：アラブ首長国連邦, バーレーン, サウジアラビア, オマーン　カタール, クウェイト。
注：RCEP（Regional Comprehensive Economic Partnership）東アジア地域包括的経済連携。
　　参加国：アセアン 10 か国＋ 6 か国（日本, 中国, 韓国, オーストラリア, ニュージーランド, インド）
注：TPP11　環太平洋パートナーシップに関する包括的及び先進的な協定（TPP11 協定）は 2018 年 12月 30 日発効（2017 年 1 月に TPP12 から米国が離脱を表明し米国以外の 11 か国の間で協定）。
資料：外務省 WEB サイト　経済連携協定（EPA）/ 自由貿易協定（FTA）（https://www.mofa.go.jp/mofaj/gaiko/fta/）を元に作成。

図 1-4　わが国の経済連携協定（EPA）・自由貿易協定（FTA）の状況

（2）アジアロジスティクス

　世界の工場といえば, 19 世紀は英国, 20 世紀は米国と日本, そして 21 世紀は中国だと捉えられていたが, 近年では,「アジアは 21 世紀の世界の工場」とも言われるようになった。中国は 1980 年代以降, 急速な経済発展を遂げてきたが, 21 世紀には中国のみならず, インド, タイ, マレーシア, ベトナム, インドネシアなどの東南アジア地域も経済が大きく発展し, アジアのモノづくりネットワークが広がり, 世界市場に向けてさまざまな消費財がアジアから供給されてきた。

　また, これらの国々を支える高級素材, 部品などの中間投入財は, わが国をはじめとする先進経済諸国によって供給されてきた。

　例えば電気製品を例にとってみると, 2000 年代初頭には, 世界市場に出回るパソコンの 94 ％, 携帯電話の 72 ％, デジタルカメラの 61 ％, 液晶テレビの56 ％ は中国をはじめとするアジア新興経済諸国によって生産され, これらの生

産ラインを支えるハイテクデバイスは主としてわが国からの供給によるもので
あった[2]。世界市場に占めるわが国のハイテクデバイスのシェアは，デジタル
カメラ用のイメージセンサーや非球面ガラスレンズで 100 %，携帯電話用通信
モジュール 90 %，DVD 光学受光器 84 %，プラズマディスプレイ用周辺機器
75 %，携帯用プロセッサー74 % などとなっていた[2]。また，中間財の供給にと
どまらず，日本の直接投資，中間財および先端技術の提供によってこれらのモノ
づくりが支えられた。

　上記のようなアジアのモノ作りネットワークは，わが国などの先進諸国からの
中間投入財の輸入と欧米諸国をはじめとする世界市場への製品輸出からなるモノ
の移動とその逆方向に流れる金融決済から構成されるグローバルロジスティクス
に支えられてきた。

　2000 年代に入って著しい経済成長を遂げてきた BRICs の出現は，上記の国際
分業をさらに地球規模のものとした。

　表1-5 は，iPhone の生産を行う米アップル社が，その製造にあたり世界のど
この国のサプライヤー（供給業者）から，部品などを調達し最終的な製品に組み
立てているか，約 800 社，約 30 の国のリストが公表されているものを整理した
ものである。サプライヤーは，中国が最も多く，続いて米国，日本，台湾などと
続くが，欧州などからの供給もあることがみてとれる。なお，表には，組立工場

表 1-5　世界に広がるアップル社のサプライヤー

	北米		南米	北東アジア				東南アジア・南アジア							欧　州						
	米国	メキシコ	ブラジル	日本	韓国	中国	台湾	フィリピン	ベトナム	シンガポール	インドネシア	マレーシア	タイ	インド	ドイツ	イギリス	フランス	ベルギー	オランダ	チェコ共和国	その他
2018 年	59	3	4	128	39	380	54	18	18	12	5	17	16	8	8	4	4	3	4	3	7
2013 年	56	7	2	137	32	350	42	24	11	17	6	29	2	0	13	3	4	3	2	5	12

※上記のサプライヤーは，リストが公表されている約 800 社である。なお，アップル社の「Apple
　Supplier Responsibility 2019 Progress Report」によれば，2018 年のアップル社のサプライヤーは 45
　か国，1,049 社となっている。
※上記のサプライヤーには，iPhone の組立を行っている Foxconn 社（2018 年　中国 29，ブラジル 1，
　ベトナム 1，台湾 1；2013 年　中国 26，ブラジル 1，ベトナム 1），Pegatron 社（2018 年　中国 12 等，
　2013 年　中国 8），Wistron 社（2018 年　中国 3，インド 2）なども含む。
資料：アップル社公表の「Supplier List 2014」，「Apple Supplier Responsibility 2019」を元に作成。

も含まれており，iPhone はそのほとんどが中国で組み立てられているが，一部，国内向けにブラジルで iPhone が生産されるなどもしてきたほか，最近では，インドやベトナムに組立工場の整備も進められている。

このように，今や世界経済は，国境を越えたモノ作りとそれを支える物流，資金の流れなしには成立しえない。グローバルロジスティクスは，国際市場での生き残りをかけたわが国企業の海外事業展開と生産効率性追求の上でも，欠かせないものとなっている。

ただ，アジア域内の国に着目すると，その貿易構造にも変化がある。2000 年ごろから，安い労働力を求めて中国などへ海外から企業進出が加速し，中国での雑貨や電器製品をはじめとする製造業の展開がなされてきた。しかし，中国での労働賃金の上昇や，カントリーリスクなどを考慮して，中国以外のタイやベトナムなどに生産拠点を構えるチャイナプラスワンの動きが進んだほか，さらに，最近では，タイやベトナムでの賃金上昇などを背景に，より安価な労働力を求めて，ラオス，カンボジア，ミャンマーといった国々に生産をシフトするタイプラスワンなどの動きもある。

例えば，わが国の国内で販売される衣類のうちどのくらいが輸入品であるかを示す輸入浸透率（数量ベース）は，繊維輸入組合資料によれば 2000 年代初めに 9 割を超えてから微増となっており，2017 年には 97.6 % でほとんどのわが国の衣類が海外からとなっている。その輸入先は，2000 年代には輸入繊維の 9 割が中国からであったものが，最近の中国のシェアは 7 割弱にまで落ちてきており，ベトナムやインドネシアなどのシェアが増大してきている状況となっている。

① 貿易統計からみたアジアロジスティクス

部品などの中間財，鉄鉱石などの素材，製品などの最終財について，その貿易動向を主要地域別にみたものが図 1-5 である。東アジア，北米，欧州の 3 地域の 1990～2017 年までの間のそれぞれの域内貿易における中間財と最終財の推移をみると，東アジアは，2010 年過ぎまでは最終財も増加しているもののそれ以上に中間財が増加し，貿易全体に占める中間財比率が上昇している。ただ，その後は中間財，最終財の貿易額は横ばい・微減で，中間財比率も横ばい傾向となっている。

欧州も東アジア同様に中間財が大きく増加しているが，最終財も同様に増えており，中間財比率に大きな変動はない。北米も中間財，最終財ともに伸びては

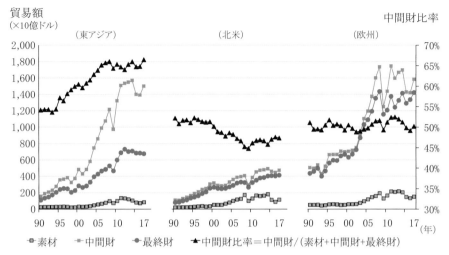

資料：独立行政法人 経済産業研究所 データベース「RIETI-TID 2017」を元に作成。

図 1-5　主要経済圏の域内貿易の推移

いるが，素材の増加もあり中間財比率は減少傾向にある。東アジアの域内貿易は，北米や欧州に比べ，中間財比率が高く，中間財の域内貿易額も欧州と同様に1兆数千億ドルオーダーで近年推移しており，グローバルロジスティクスにおいて，重要な役割を果たしていることがうかがえる。

　また，日中韓とアセアンや欧州などの主要経済圏との 2000 年と 2017 年の貿易状況をみたのが，図 1-6 と表 1-6 である。

　中国は，2000 年時点では，輸入ではアジアからの中間財比率が高い一方で，北米・欧州・日本といった先進諸国・地域との輸出では中間財比率は低く，部品を調達し最終財として組立て輸出する世界の工場であったことがうかがえる。2017年には，中国の輸出入額は大幅に増大し，2000 年と比べると中間財の比率は，輸入では低下，輸出では上昇しており，最終財の輸入増，中間財の輸出増となっている。消費市場としての成長やロジスティクスにおける役割の変化がみてとれる。

　アセアンも，2000 年から 2017 年にかけて，輸出入額が大幅に増大しており，特に中国からの輸入は総額ベースや中間財とも約 10 倍になっている。アセアンでは，2000 年，2017 年とも北米や日韓，アセアン域内からの輸入における中間財比率が高いほか，アセアンから中国やアセアン域内との輸出においても中間財比率は高く，アジアの生産ネットワークに組み込まれていることがうかがえる。

11

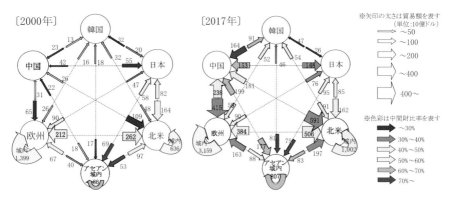

資料：独立行政法人 経済産業研究所データベース「RIETI-TID 2017」を元に作成。

図 1-6　主要経済圏の貿易フロー（2000 年・2017 年）

表 1-6　主要経済圏の貿易フロー（2000 年・2017 年）

①総貿易額

〔2000 年〕　（単位：10 億ドル）

	日本	韓国	中国	アセアン	北米	欧州	計
日本		32	42	69	164	90	397
韓国	20		23	17	48	26	134
中国	55	13		18	109	65	260
アセアン	58	18	22		97	67	348
北米	82	32	26	53		212	1,041
欧州	47	16	31	40	262	1,399	1,796
計	262	111	144	284	1,316	1,859	3,975

〔2017 年〕　（単位：10 億ドル）

	日本	韓国	中国	アセアン	北米	欧州	計
日本		47	153	75	162	90	527
韓国	26		164	81	91	59	422
中国	148	91		177	591	415	1,423
アセアン	95	46	199	207	197	163	907
北米	85	54	181	83	1,002	384	1,788
欧州	76	52	238	88	506	3,159	4,121
計	430	291	935	711	2,548	4,272	9,188

②貿易額（中間財）

〔2000 年〕　（単位：10 億ドル）

	日本	韓国	中国	アセアン	北米	欧州	計
日本		22	30	49	71	40	212
韓国	12		20	13	22	11	78
中国	14	6		10	25	18	73
アセアン	31	12	16	59	39	28	185
北米	37	18	14	37	319	115	540
欧州	19	9	18	26	130	707	908
計	112	68	97	194	607	919	1,998

〔2017 年〕　（単位：10 億ドル）

	日本	韓国	中国	アセアン	北米	欧州	計
日本		34	99	53	75	47	308
韓国	19		137	64	49	34	303
中国	54	55		113	194	141	557
アセアン	47	24	134	141	78	65	489
北米	38	25	81	55	474	202	874
欧州	28	22	107	50	240	1,586	2,033
計	187	160	558	474	1,110	2,075	4,564

③中間財比率（＝② / ①）

〔2000 年〕　（単位：％）

	日本	韓国	中国	アセアン	北米	欧州	計
日本		70%	73%	71%	43%	44%	54%
韓国	61%		87%	76%	46%	43%	59%
中国	26%	50%		55%	23%	28%	28%
アセアン	53%	67%	71%	69%	41%	43%	53%
北米	45%	57%	52%	70%	50%	54%	52%
欧州	39%	58%	56%	64%	50%	51%	51%
計	43%	62%	67%	68%	46%	49%	50%

〔2017 年〕　（単位：％）

	日本	韓国	中国	アセアン	北米	欧州	計
日本		72%	65%	71%	46%	52%	58%
韓国	74%		83%	79%	54%	57%	72%
中国	37%	61%		64%	33%	34%	39%
アセアン	50%	52%	67%	68%	40%	40%	54%
北米	44%	46%	45%	66%	47%	52%	49%
欧州	37%	42%	45%	56%	47%	50%	49%
計	43%	55%	60%	67%	44%	49%	50%

資料：独立行政法人 経済産業研究所の貿易データベース「RIETI-TID 2017」を元に作成。

② わが国企業の海外投資

　わが国企業の海外との関わりについては，経済産業省が毎年実施している海外事業活動基本調査[3]によれば，わが国の製造業の海外生産比率（国内全法人ベース）は，2000 年度は 11.8 ％ であったものが 2017 年度では 25.4 ％ と増大してきている。わが国企業がアジアなどに展開し，現地やその周辺国などから原材料などを調達し製造を行い，当該国や周辺国などの市場に向けて輸出するという動きも旺盛であることがうかがえる。

　また，わが国製造業の現地法人のアジア・北米・欧州の各地域での域内調達率は，2017 年度でアジア 75.0 ％（2000 年度 57.7%），北米 67.7 ％（2000 年度 54.4 ％），欧州 66.3%（2000 年度 52.9%）と，アジア地域では域内調達率が北米や欧州などよりも高く，またその比率もこの 10 年で上昇している[3]。

　1980 年代後半以降，中国や東南アジアを中心としたわが国企業の海外直接投資は，90 年代後半にはアジア通貨危機の影響でいったんは縮小するものの，その後は大きく増えてきている。また，最近の上記のタイプラスワンなどの状況は，わが国企業の海外投資の数字にも現れている。日系企業の中国とアセアン諸国への直接投資の推移を表したものが図 1-7 である。2010 年以降，アセアン諸国への投資が，中国を大きく上回っていることがわかる。なお，2016 年にアセアンへの投資がマイナス（資産減少）となっているが，これは，シンガポールからの大規模な投資回収により，シンガポールへの投資がマイナス 180 億ドルを超える規模となったことに起因するものである。

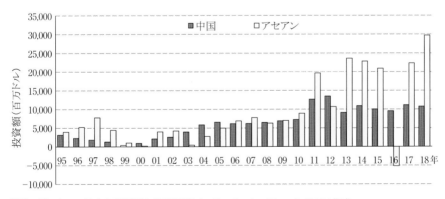

資料：ジェトロ　日本の直接投資（国際収支ベース，ネット，フロー）を元に作成。

図 1-7　わが国の中国やアセアンへの直接投資額の推移

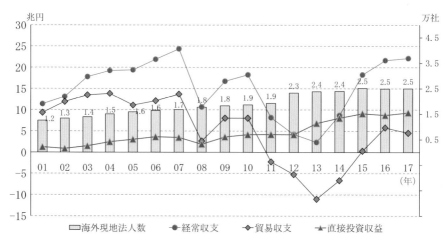

資料：国際収支の推移（財務省），各年の海外事業活動基本調査（経済産業省）を元に作成。

図 1-8　　日本経済における直接投資収益などの推移

　また，これらの日系海外現地法人からの直接投資収益は，貿易収支を上回る規模となっている（図 1-8）。

　わが国へ還流された利益の一部は，国内のより高付加価値な研究開発や基幹部品を製造するマザー工場へ投資され，国内には比較優位となるより高度な生産拠点が残った。その一方で，相対的に労働集約的で技術レベルの低い工程やタスクは，労働生産性や賃金レベル，カントリーリスクに応じて開発途上国などの日系海外現地法人や現地国籍現地法人に移され，生産工程の一部が海外に移転するフラグメンテーションが進展した。このような日系グローバルサプライチェーンの発展過程は，国際社会における貿易摩擦や為替リスク，新興経済諸国のキャッチアップ，情報通信やエネルギー分野における技術革新の中で，日本経済の持続的成長と産業の新陳代謝を促進するメカニズムであったと考えられる。

　しかし，このメカニズムが，わが国から日系海外現地法人へ輸出する財を相対的に高機能で代替性の低いものに収斂させた結果，サプライチェーンの予期せぬ遮断による日本からの供給途絶が，日系グローバルサプライチェーンの下で生産活動を維持する日系海外現地法人群の事業継続上のリスクを著しく拡大することとなったと考えられる。実際，東日本大震災時には，自動車産業の国内サプライヤーが製造する基幹部品の供給途絶が，国内だけでなく，海外の生産拠点の生産水準を大きく低下させた。

　このように，地球規模での企業活動を支えるグローバルロジスティクスは，国境を越えた経済活動を可能にし，多数のビジネスチャンスを創出したが，その一方で，サプライチェーン途絶リスクなどの新たなビジネスリスクを生み出したともいえる。

（3）拡大する海上コンテナ輸送
① 海上輸送される貨物量の概要

　わが国の貿易額のモード別のシェアについては，**表 1-3** で航空が 3 割弱，約 7 割強が海運（コンテナ，バルク）であること，海運については，海運貿易額の約 6 割（全体貿易額の約 4 割）が海上コンテナ輸送であることを述べたが，世界の海上輸送量ならびにわが国の海上輸送量がどの程度あるかをみたのが**表 1-7** である。

　世界の国際海上輸送量は，約 115.9 億トン（2017 年）で，そのうちコンテナが 18.3 億トン（全体に占めるシェア 15.8 %），鉄鉱石，石炭やマイナーバルクなどのドライバルクが 50.9 億トン（同 43.9 %），原油などの液体バルクが 37.9 億トン（同 32.7 %），残りは，自動車専用船で運ばれる自動車や，RORO 船などで運ばれる大型機械などで 8.8 億トン（同 7.6 %）となっている。

　わが国の国際海上輸送量は，約 12.5 億トン（2017 年）で，そのうちコンテナが 2.6 億トン（全体に占めるシェア 20.8 %），鉄鉱石・石炭などのドライバルクが 4.8

表 1-7　世界ならびにわが国の国際海上物流量

（単位：億トン）

	コンテナ貨物	ドライバルク				液体（リキッド）バルク	その他（自動車，大型機械など）	合計
		鉄鉱石	石炭	穀物	マイナーバルク			
世界の海上荷動き（2017 年）	18.3	14.7	12.0	5.1	19.1	37.9	8.8	115.9
（シェア）	15.8%	12.7%	10.4%	4.4%	16.5%	32.7%	7.6%	100%
日本の海上荷動き（2017 年）	2.6	1.3	1.8	0.3	1.4	3.9	1.1	12.5
（シェア）	20.8%	10.4%	14.4%	2.4%	11.2%	31.2%	8.8%	100%

資料：世界の海上荷動きは「2018 海上荷動きと船腹需給の見通し」（日本海運集会所発行）を元に，日本の海上荷動きは「数字でみる港湾 2019」（日本港湾協会）を元に作成。四捨五入の関係で合計が合わないところがある。

億トン（同 38.4 ％），原油などの液体バルクが 3.9 億トン（同 31.2 ％），残りは自動車専用船で運ばれる自動車や，RORO 船などで運ばれる大型機械などで 1.1 億トン（同 8.8 ％）となっている。

　輸送されている貨物量ベース（重量ベース）でみると，世界ならびにわが国でみても，コンテナ貨物が全体の 2 割程度，ドライバルクが 4 割程度，液体バルクが 3 割程度，その他（自動車など）が 1 割という輸送の状況である。

　グローバルロジスティクスにおける原材料や製品は，軽少短薄で高価なものは航空貨物で運ばれることが多いが，航空貨物の輸送費用は高いことから，一部の中国や韓国などの近隣諸国向けの貨物が航空機よりも安くコンテナ船よりも輸送日数が短くてすむ国際フェリーや国際 RORO 船で輸送されているものの，多くの原材料や製品は海上コンテナ船で輸送されている。なお，RORO 船は，フェリーが旅客輸送と貨物輸送の双方を行うのに対して，旅客輸送を行わない貨物輸送中心の船である。

② 増大するアジアを中心とする海上コンテナ輸送量・取扱貨物量

　近年の中国をはじめとするアジア諸国の経済発展や経済のグローバル化の進展により，世界の貿易量が拡大し，大量に貨物を輸送できる海上輸送，中でも製品・部品・農産物などを効率よく世界各地にドア・ツゥ・ドアで輸送できる国際海上

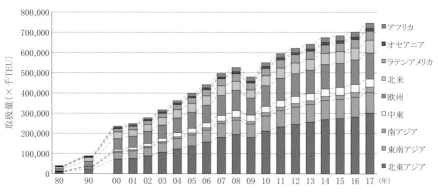

注）TEU（Twenty‐foot Equivalent Unit）は国際標準規格（ISO 規格）の 20 ft の長さのコンテナを 1 TEU，40 ft のコンテナを 2 TEU と数える単位。

資料：Drewry 社の Container Forcaster & Annual Review 2018/2019，同 2017/2018，同 2014，Annual Container Market Review and Forecast 2012/2013，同 2008/2009，The Drewry Market Review 2006/2007（Drewry）を元に作成。

図 1-9　世界の港湾における地域別のコンテナ貨物取扱量の推移

コンテナ輸送が増大し，世界経済の発展に重要な役割を果たしている。

　世界の港湾の地域別のコンテナ貨物の取扱量を図 1-9 に示す。なお，TEU とは長さ 20 ft（約 6 m）のコンテナの箱を 1 個扱うと 1 TEU とカウントする単位であり，長さが 40ft のコンテナが 1 個扱われる場合には，2 TEU と港湾貨物の取扱量ではカウントされる。

　1980 年からリーマンショックの影響で世界的にコンテナ貨物量が落ち込む前の 2008 年までをみると，世界のコンテナ貨物量は年平均で 10 % を超える伸びを示し，1980 年に 3 千 9 百万 TEU であった貨物量は，1990 年に 8 千 8 百万 TEU，2000 年には 2 億 4 千万 TEU，2008 年には 5 億 3 千万 TEU となっている。リーマンショク以降は，年平均成長率が 5 % 程度に落ち込むものの，その後も増大を続けており 2017 年には 7 億 5 千万 TEU となっている。

　また，表 1-8 には，世界の港湾のコンテナ貨物取扱量のランキングをアジアの港湾を中心に 60 位まで示したものである。1990 年，2000 年のランキングをみると，香港，シンガポール，高雄，釜山などのアジアの港湾のほか，オランダのロッテルダム港や米国のロサンゼルス港などもトップ 10 に名前を連ねていたが，2010 年や 2018 年をみると，中国の港湾が大躍進し，トップ 10 のほとんどがアジアの港湾となっている。

　また中国だけでなく，最近では，マレーシアのタンジュンペラパス港，タイのレムチャバン港，インドネシアのタンジュンプリオク港やタンジュンペラク港，スリランカのコロンボ港，ベトナムのホーチミン港やカイメップ港，インドのジャワハルラル・ネルー港やムンドラ港など，東南アジアや南アジア諸国の港湾の取扱量も多くなってきていることがわかる。

　わが国の港湾は，1990 年に神戸港が世界 5 位であったものの，2018 年には，日本一取扱量の多い東京港でも 457 万 TEU の取扱いで 35 位となっており，中国をはじめとする各港が取扱量を伸ばすなかで，相対的に地位が下がってきている。

　なお，図 1-9 や表 1-8 は，空コンテナや，積み替え貨物も含んでいる総流動ベースの数字である。すなわち，これらの資料は，港湾でのコンテナ貨物の取扱量であるので，A 国から B 国に 1 TEU（20 ft コンテナ 1 本）が輸出されると，A 港の輸出貨物に 1 TEU，B 港の輸入貨物に 1 TEU の取扱いとなり，世界全体でみれば，1 TEU のコンテナ貨物の輸送でも，A 港と B 港合わせて 2 TEU の港湾貨物の取扱いとなる。

表 1-8 世界の港湾のコンテナ取扱量ランキング（その 1）

1990 年   2000 年

（単位：万 TEU）

順位	港湾名	取扱量	順位	港湾名	取扱量
1	シンガポール	522	1	香港	1,810
2	香港	510	2	シンガポール	1,704
3	ロッテルダム（オランダ）	367	3	釜山（韓国）	754
4	高雄（台湾）	349	4	高雄（台湾）	743
5	神戸	260	5	ロッテルダム（オランダ）	628
6	釜山（韓国）	235	6	上海（中国）	561
7	ロサンゼルス（アメリカ）	212	7	ロサンゼルス（アメリカ）	488
8	ハンブルグ（ドイツ）	197	8	ロングビーチ（アメリカ）	460
9	NY／NJ（アメリカ）	187	9	ハンブルグ（ドイツ）	425
10	基隆（台湾）	183	10	アントワープ（ベルギー）	408
11	横浜	165	11	深セン（中国）	399
12	ロングビーチ（アメリカ）	160	12	ポートクラン（マレーシア）	321
13	東京	156	13	ドバイ（UAE）	306
14	アントワープ（ベルギー）	155	14	NY／NJ（アメリカ）	301
15	フェリクストー（イギリス）	142	15	東京	290
16	サンファン（プエルトリコ）	138	16	フェリクストー（イギリス）	280
17	ブレーメン（ドイツ）	120	17	ブレーメン（ドイツ）	271
18	シアトル（アメリカ）	117	18	ジオイアタウロ（イタリア）	265
19	オークランド（アメリカ）	112	19	タンジュンプリオク（インドネシア）	248
20	マニラ（フィリピン）	104	20	横浜	232
			21	マニラ（フィリピン）	229
22	バンコク（タイ）	102	22	神戸	227
25	名古屋	90	23	青島（中国）	212
			24	レムチャバン（タイ）	211
			26	基隆（台湾）	196
29	タンジュンプリオク（インドネシア）	64	27	名古屋	191
32	コロンボ（スリランカ）	58	30	コロンボ（スリランカ）	173
			31	天津（中国）	171
38	ポートクラン（マレーシア）	50	35	大阪	147
39	大阪	48	37	広州（中国）	143
42	上海（中国）	46			
			47	厦門（中国）	109
50	カラチ（パキスタン）	39	49	バンコク（タイ）	107
			56	大連（中国）	101
58	ムンバイ（インド）	32			
60	天津（中国）	32			

資料：CI-Online データを元に作成。

表1-8 世界の港湾のコンテナ取扱量ランキング（その2）

2010年   2018年

（単位：万TEU）

順位	港湾名	取扱量	順位	港湾名	取扱量
1	上海（中国）	2,907	1	上海（中国）	4,201
2	シンガポール	2,843	2	シンガポール	3,660
3	香港	2,353	3	寧波（中国）	2,635
4	深セン（中国）	2,251	4	深セン（中国）	2,574
5	釜山（韓国）	1,416	5	広州（中国）	2,192
6	寧波（中国）	1,314	6	釜山（韓国）	2,166
7	広州（中国）	1,255	7	香港	1,960
8	青島（中国）	1,201	8	青島（中国）	1,932
9	ドバイ（ＵＡＥ）	1,160	9	天津（中国）	1,597
10	ロッテルダム（オランダ）	1,115	10	ドバイ（UAE）	1,495
11	天津（中国）	1,008	11	ロッテルダム（オランダ）	1,451
12	高雄（台湾）	918	12	ポートクラン（マレーシア）	1,232
13	ポートクラン（マレーシア）	887	13	アントワープ（ベルギー）	1,110
14	アントワープ（ベルギー）	847	14	厦門（中国）	1,070
15	ハンブルグ（ドイツ）	790	15	高雄（台湾）	1,045
16	ロサンゼルス（アメリカ）	783	16	大連（中国）	977
17	タンジュンペラパス（マレーシア）	653	17	ロサンゼルス（アメリカ）	946
18	ロングビーチ（アメリカ）	626	18	タンジュンペラパス（マレーシア）	896
19	厦門（中国）	582	19	ハンブルグ（ドイツ）	873
20	ＮＹ／ＮＪ（アメリカ）	529	20	ロングビーチ（アメリカ）	809
21	大連（中国）	524	21	レムチャバン（タイ）	807
22	レムチャバン（タイ）	507	22	タンジュンプリオク（インドネシア）	780
24	タンジュンプリオク（インドネシア）	472	24	コロンボ（スリランカ）	700
25	ジャワハルラル・ネルー（インド）	427	25	ホーチミン（ベトナム）	659
			26	営口（中国）	649
27	東京	420	28	ジャワハルラル・ネルー（インド）	513
28	コロンボ（スリランカ）	400	30	マニラ（フィリピン）	509
29	連雲港（中国）	387			
31	ホーチミン（ベトナム）	379	34	連雲港（中国）	475
			35	東京	457
35	営口（中国）	334	36	ムンドラ（インド）	442
36	横浜	328			
37	マニラ（フィリピン）	326	43	タンジュンペラク（インドネシア）	387
38	タンジュンプリオク（インドネシア）	303	45	カイメップ（ベトナム）	357
47	神戸	256	49	福州（中国）	340
48	名古屋	255	53	南京（中国）	323
			55	仁川（韓国）	311
59	大阪	198	58	横浜	304
			60	煙台（中国）	300

資料：2010年はCI-Onlineデータ，2018年は「The top 100 ports in 2018」（Lloyd's List）を元に作成。

　A港からB港への輸出にあたり，途中のC港で積み替えされるとなると，C港で1TEUの輸入と1TEUの輸出の2TEUがカウントされるので，世界全体でみると，1TEUの貨物の輸送であるが，港湾取扱量はA港，B港，C港合わせて4TEUということとなる。

　なお，A港からC港への輸送量である1TEUとしてカウントするのが，いわゆる純流動と呼ばれる貨物の動きの捉え方である。

　したがって，総流動ベースの港湾取扱量は，自国発着の貨物量が少なくても，他国からの積み替え貨物が多い港湾の取扱量は，その取扱量は多くなる。例えば，海外からの輸入貨物を当該港湾で積み替えて他の国のコンテナ船に積み込む場合，長さ40ftのコンテナの1個の積み替えでは，船から港に荷揚げする際に輸入で2TEUの取扱い，さらに荷揚げした貨物を別の船に積み込み輸出することとなるので，輸出2TEUとなり，合計で4TEUの取扱いが当該港湾の取扱量には計上されることとなる。よって，将来のコンテナ貨物の動向などを分析する際に

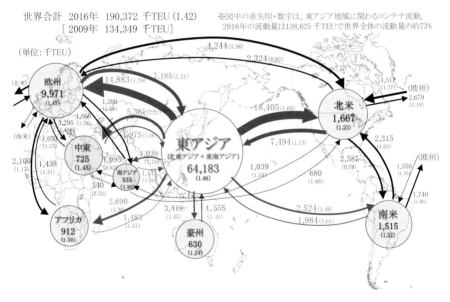

注：（　）内は2009年比。トランシップ輸送，空コンテナ輸送を含まない純流動ベースの流動量。東航／西航の双方，北航と南航の双方が1,000千TEU未満は図示していない。
資料：Container Forecaster & Annual Review 2017/18（Drewry Maritime Research），Container Market Annual Review and Forecast 2010/11（Drewry Shipping Consultants Ltd.）を元に作成。

図1-10　世界のコンテナの動き（2016年：純流動ベース）

は，そのことも念頭に，貨物の真の発地と着地の間の輸送である純流動もよく分析する必要がある。

　純流動ベースの海上コンテナ貨物の動きを分析した事例が，図 1-10 である。港湾取扱量もアジアの港湾が多かったが，純流動ベースでみても，アジア域内や，アジアと北米や欧州との輸送量が多く，北東・東南アジア地域に関わる貨物が，世界の流動量の 7 割に関係していることとなる。

③ 大型化するコンテナ船・巨大化する船社

　上記のようなアジア地域を中心とした世界のコンテナ貨物需要の増大に伴い，1 度に大量の貨物を輸送し輸送費用の低減を図るために，アジアと欧州，アジアと北米などの長距離基幹航路を中心に，コンテナ船の大型化が進展した。

　図 1-11 にコンテナ船の大型化の推移を示す。1980 年後半までは，パナマ運河を通行できる 4,000 TEU 積み程度のコンテナ船が最大であったが，1988 年に米国の APL 社がパナマ運河（全長 294 m，幅 32.3 m，水深 -12 m の船舶まで航行可能）を通行できないプレジデント・トルーマン号（4,300 TEU 積，全長 275 m，船幅 39 m）を建造し太平洋航路に就航させたのを皮切りに，アジアの貨物などを米国の西海岸のシアトル港やロサンゼルス港などで積み卸しをして，東海岸方面

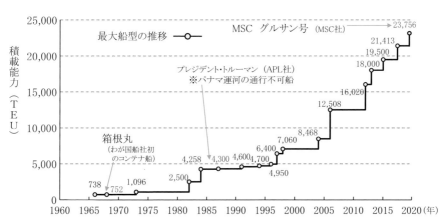

注：TEU（Twenty-foot Equivalent Unit）：国際標準規格（ISO 規格）の長さ 20 ft コンテナを 1TEU とする単位。
資料：国土交通省港湾局資料（2004 年までは海事産業研究所「コンテナ船の大型化に関する考察」，2004 年以降はオーシャンコマース社及び各船社 HP などの情報をもとに作成）に一部加筆。

図 1-11　コンテナ船の大型化の動向

に鉄道（DST：ダブルスタックトレイン）で輸送する形態が盛んとなり，パナマ運河を通行できない大型コンテナ船（オーバーパナマックス船）が続々と登場した。

1990 年代半ばには 6 千 TEU 積みを超えるコンテナ船が就航，その後も世界の海上コンテナ貨物需要の増大と相まって，8 千 TEU，1 万 2 千 TEU などとコンテナ船は益々大型化し，今や 2 万 TEU を超える超大型船がアジアと欧州との長距離基幹航路に就航するに至っている。

コンテナ船は，決まった港湾に決まった曜日に寄港するウィークリー運航が基本であり，例えばアジアと欧州の間を 10 週間で周回する定期航路であれば，10 隻の同規模のコンテナ船が必要となる。寄港地が多くなり，周回するのに 11 週間かかるとなると 11 隻の同規模のコンテナ船が必要となることから，船社は，より効率的にコンテナ船を運航させるために，集荷があまり見込めない港湾への寄港をとりやめ，寄港地を絞るなどして，より少ない船団で効率よく定期航路を運航することを目指している。

コンテナ航路のウィークリーサービスの提供には，船の手配や運航はもちろんのこと，コンテナボックスや，寄港地のコンテナターミナルの確保など多額の投資が必要となる。コンテナボックスについては，10 隻の船が就航していればその 10 隻の船に積載されているコンテナが必要である。加えて，寄港地で卸されたコンテナは，港湾の背後の消費地に輸送されたあとにまた港湾に戻ってくることなどを考えると，港湾の背後地や港湾に滞留するコンテナボックスも必要となる。よって，どのくらいの日数でコンテナボックスが生産地・消費地から港湾に戻ってくるかにもよるが，洋上の船の積載能力の 2 倍〜3 倍のオーダーでその準備が必要となる[4]。

このように多額の投資が必要なことから，良好なサービスレベルを確保しながら効率のよい投資を行うために，複数の船社が企業連合（コンソーシアム）を形成し，コンテナ船のスペースを分け合って共同で定期コンテナ航路を運航するスペースチャーターが，1990 年代半ばあたりまでは盛んであった。

しかしながら，その後，より効率的な世界規模の連携を行うべく，対象地域や連携の範囲が広がり，コンテナターミナルの共同利用なども行うアライアンスが 1990 年代後半から出現することとなった。

コンテナ船の大型化を背景に，世界の主要な船社の吸収・合併なども**表 1-9**に示すとおり進んだ。

邦船 3 社（日本郵船（株），（株）商船三井，川崎汽船（株））についても，海上コ

表 1-9　近年の船社の統合事例

年　月	船社の合併・買収など
1997 年　1 月	P&OCL（イギリス）とネドロイド（オランダ）の合併で P&O ネドロイドへ
1997 年 11 月	NOL（ネプチューン・オリエント・ラインズ：シンガポール）が APL（アメリカンプレジデントラインズ：米国）買収
1999 年　1 月	CMA（フランス）による CGM（フランス）の買収で CMA-CMG へ
1999 年 11 月	Maersk（マースク：デンマーク）による Sea-Land（米国）のコンテナ部門の買収
2005 年　5 月	Maersk（マースク：デンマーク）による P&O ネドロイド（英国 / オランダ）の買収
2005 年　8 月	ハパックロイド（ドイツ）による CP シップス（英国）の買収
2005 年　9 月	CMA-CGM（フランス）によるデルマス（フランス）の買収
2007 年　4 月	CMA-CGM（フランス）による Cheng Lie Navigation（台湾）の買収
2007 年 12 月	CMA-CGM（フランス）による U.S.Lines（米国）の買収
2007 年 12 月	Hamburug Sud（ドイツ）によるコスタ・コンテナ・ラインズ（イタリア）の買収
2016 年　2 月	COSCO（中国遠洋運輸集団：中国）と CSCL（中国海運集団：中国）の合併によりコンテナ事業は COSCO 傘下の COSCO コンテナラインズ（COSCON）に集約
2016 年　6 月	CMA-CGM（フランス）による NOL（シンガポール）の買収で APL を傘下に
2017 年　2 月	韓進海運の会社清算確定（2016 年 2 月　法定管理申請）
2017 年　5 月	ハパックロイド（ドイツ）と UASC（アラブ 6）の合併
2017 年　7 月	COSCO（中国）と上海国際港務集団（SIPG）が 2 社協同で OOCL（香港）を所有する OOIL の買収発表
2017 年　7 月	川崎汽船 , 商船三井 , 日本郵船の定期コンテナ船事業を統合した ONE（Ocean Network Express）発足

資料：海事レポート平成 10 年版～平成 30 年版（国土交通省 WEB サイト），「世界のコンテナ輸送と就航状況 2017 年版」（日本海運集会所），日本海事新聞 2016.12.27 記事 ,「数字でみる港湾 2017・2019」（日本港湾協会）などを元に作成。

ンテナ部門の統合による ONE（オーシャン・ネットワーク・エクスプレス）を 2017 年 7 月に設立し，2018 年 4 月からサービスを開始している。

　また，図 1-12 は，近年のコンテナを運航する船社間のアライアンスの概要を示したものである。特定の航路でのスペースチャーターなどを主としていたコンソーシアム（企業連合）に対して，複数の航路などで，もっと戦略的に連携を行うアライアンスが，1990 年代から始まった。

　1990 年にはマースク社（デンマーク）と APL（米国）がアライアンスを結成，さらに 1994 年には商船三井（日本），APL（米国），ネドロイド（オランダ），OOCL（香港）が TGA（ザ・グローバル・アライアンス）を，1995 年には，日本郵船，ハパックロイド（ドイツ），NOL（シンガポール），P&O（英国）が GA（グランドアライアンス），1996 年には，川崎汽船，中国遠洋運輸集団（COSCO），陽明海

運（台湾）が CKY アライアンスを結成している。

　その後は，**表 1-9** に示した船社の吸収・合併や，2001 年の CKY アライアンスに韓進海運が参加した CKYH アライアンス結成などを経て，**図 1-12** に示す 2015 年のアライアンスの状況に至ることとなる。その後は，韓進海運の撤退や，**表 1-9** に示した船社の吸収・合併などを経て，2017 年からは 2M，OA（オーシャンアライアンス），TA（ザ・アライアンス）の大きく 3 つのアライアンスに再編となっている。かつて G6 アライアンスに参加し，G6 アライアンス解体後はどのアライアンスにも正式所属していなかった現代商船（韓国）が，2020 年から，

※ 1　MISC は 2010 年にアライアンス撤退，コンテナ事業も 2012 年に撤退
※ 2　CSAV は 2014 年にハパックロイドが買収
※ 3　2016 年 6 月　CMA-CGM が NOL 買収で APL を傘下に
※ 4　2016 年 2 月に法定管理申請し 2017 年 2 月に会社清算
※ 5　2016 年 2 月　中国海運集団（CSCL）は，中国遠洋運輸集団（COSCO）と合併
※ 6　2017 年　ハパックロイドが UASC を吸収
※ 7　2018 年 4 月〜日本郵船，商船三井，川崎汽船の邦船 3 社のコンテナ部門を統合した ONE（オーシャン・ネットワーク・エクスプレス）がサービス開始
※ 8　2017 年 7 月　COSCO と上海国際港務集団（SIPG）が買収発表
資料：海事レポート平成 10 年版〜平成 30 年版（国土交通省 WEB サイト），「世界のコンテナ輸送と就航状況 2017 年版」（日本海運集会所），日本海事新聞 2016.12.27 記事，「数字でみる港湾 2019・2017・2015・2004」（日本港湾協会）などを元に作成。

図 1-12　海上コンテナ輸送のアライアンスの変遷

TA（ザ・アライアンス）に加わることとなっている。

（4）大規模ハブ港湾・ターミナル整備

　海上コンテナ貨物量の増大，コンテナ船の大型化に伴い，大水深で大規模なコンテナターミナルの整備，いわゆるハブ港湾の整備が，中国・韓国・シンガポールをはじめとしてアジア地域を中心に1990年代後半から大きく進展した。また，マレーシア，インドネシア，ベトナムなど，アジアの開発途上国などでも，経済発展やコンテナ貨物の増大などに伴い，大規模なコンテナターミナルの整備が，わが国の政府開発援助（ODA）や中国のシルクロード経済圏構想（一帯一路）などとも相まって進んでいる。

　コンテナターミナルの運営についても，コンテナ船を運営するデンマークのマースク社のように，世界のターミナル運営に乗り出す船社や，シンガポール港の管理運営を行うPSA，ドバイのDPワールド，香港のハチソン社のように，コンテナ船を持たないが世界のターミナルの運営を展開する動きも活発となった。

　さらに最近では，船社のアライアンスの進展や船社の吸収・合併などを背景に，これまで個別の船社が借り受けていたターミナルなどでは，アライアンスメンバーとの間でターミナルをどう運用するか，ターミナルの統合などの話も大きく進んでいる。

① アジアのハブ港湾整備例

　2018年のコンテナ貨物の取扱量が世界1位の上海港，2位のシンガポール港，わが国の近隣で世界6位の取扱量である釜山港について，ハブ港湾整備の状況を紹介する。

　1990年代後以降，コンテナ需要の増大と船舶の大型化にあわせて，表1-10に示すとおり，取扱量が世界1位の上海港では，外高橋地区のコンテナターミナル，洋山深水地区のコンテナターミナルを，2位のシンガポール港では，パシルパンジャン地区のコンテナターミナルを，さらに6位の釜山港では釜山新港を整備している。

　上海港では，それまでの旧港地区のコンテナターミナルに代わる大型ターミナルとして，2000年以降揚子江沿いの外高橋地区に，水深確保のために一部桟橋を川岸から離れた位置に設置したコンテナターミナルが整備された。ただ，外高橋地区のターミナルは，揚子江沿いで大水深化が困難なため，上海港の沖合約

表 1-10　アジアの主要港の大水深コンテナターミナルの状況

港湾	地区 / ターミナル名 / フェイズ			供用開始	バース数	水深（m）
上海港	外高橋地区		1 期	1993 年	3B	-12
			2 期	2000 年	3B	-13.2
			3 期	2001 年	2B	-13.2
			4 期	2003 年	4B	-14.2
			5 期	2005 年	4B	-12.8
			6 期	2010 年	3B	-12.8
	洋山深水地区		1 期	2005 年	5B	-16
			2 期	2006 年	4B	-16
			3 － 1 期	2007 年	4B	-22
			3 － 2 期	2009 年	4B	-22
			4 期	2017 年	7B	-11 ～ 15
シンガポール港	パシルパンジャン・ターミナル	第 1 期・第 2 期	ターミナル　I	2000 年～順次供用	6B	-15
			ターミナル　II		9B	-16
			ターミナル　III		8B	-16
		第 3 期・第 4 期	ターミナル　IV	2015 年～順次供用	3B	-18
			ターミナル　V		6B	-18
			ターミナル　VI		6B	-18
	トゥアス地区		1 期	整備中	21B	-23
			2 期	整備中	21B	-23
釜山港	新港	北コンテナ埠頭	1 － 1 期	2006 年	6B	-16
			1 － 2 期	2009 年	3B	-16
		南コンテナ埠頭	2 － 1 期	2009 年	4B	-18
			2 － 2 期	2010 年	4B	-17
			2 － 3 期	2012 年	4B	-17
			2 － 4 期	整備中	3B	-18
		西コンテナ埠頭	2 － 5 期	整備中	3B	-18
			2 － 6 期	整備中	2B	-18

資料：各港ホームページ，国土交通省港湾局資料などを元に作成。

30 km にある小洋山島の周辺海域を埋立て，約 30 km にも及ぶ連絡橋とともに大規模なコンテナターミナルが整備された。2000 年に着工され，第 1 期の 5 バースと約 30 km の東海大橋が 2005 年末に供用を開始したのをはじめ，2017 年 12 月には第 4 期の自動化ターミナル 7 バースがオープンしている（図 1-13 参照）。

　シンガポール港では，市の中心部に近接するシティターミナル（ケッペル，ブラニ，タンジョンパガー）のターミナルが手狭となり，セントーサ島の西側のパシルパンジャン地区に新しいターミナルを整備する計画が立てられた。第 1 期計画が 1993 年に，第 2 期が 1995 年に工事を開始し，2000 年にその一部が供用

を開始し，その後1期と2期あわせて，水深-15～16mのコンテナターミナルが23バース供用している。さらにそののち第3期と第4期のターミナル4～6の整備が2007年から進められ，2015年6月に，その一部が供用を開始し，合計15バースのコンテナターミナルが供用している（図1-14）。なお，詳細は6-2で述べるが，パシルパンジャン地区のさらに西のトゥアス（Tuas）地区で，大規模なコンテナターミナルが計画され既に整備が始まっている。

釜山港では，釜山北港のコンテナ機能の移転を図るという目的もあり，1995年から，釜山旧港の西約25kmで釜山新港の整備が始まり，北コンテナ埠頭の2006年1月の1-1期の3バース（水深-16m）を皮切りに，その後続いてターミナルが整備されている。2012年には，アジア発のコンテナヤードのRTG

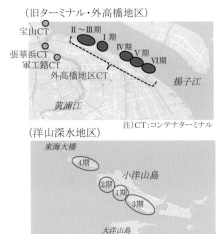

図1-13　上海港の主要コンテナターミナル位置図

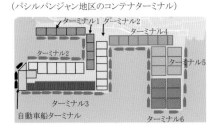

資料：PSA Singapore WEBサイト（https://www.singaporepsa.com/our-business）及び「シンガポール港の大胆かつ革新的なコンテナ戦略」（篠原正治，雑誌港湾　2017年4月号）を元に作成。

図1-14　シンガポール港の主要コンテナターミナル位置図

（Rubber Tired Gantry Crane：ヤード内のコンテナ運搬用の大型門形クレーン）
のレイアウトをバースと垂直に配置した自動化ターミナルの2−3期の4バース
（水深 -17 m）も供用している。2019年11月現在で，多目的ターミナルやRORO
バースも入れると23バースが釜山新港で供用中であり，現在も整備が進められ
ている南コンテナ埠頭の2−4期や西コンテナターミナルの2−5期が2022年ご
ろ，2−6期が2026年ごろに供用予定である（図1-15）。なお，航路の水深は -
17 mで供用されているが，将来必要となれば，2−1期，整備中の2−4期など
のバースは -18 mでも対応できることとなっている。整備中の2−5期や2−6
期の西側地区にも，詳細は 6−2 で述べるが，さらなる拡張計画である釜山第2
新港の計画がある。

　上海港や釜山港では，洋山深水地区4期のオペレーターは上海国際港務（集団）
股份有限公司（SIPG），釜山新港2−3期のオペレーターは釜山新港コンテナター
ミナル（BNCT）といった具合に，各ターミナルの運営者が決まっている。シン
ガポール港では，PSA Internationalが各ターミナルの運営を行っているが，安
定的なバースの利用（バースウィンドウの確保）や荷役サービスを受けるための

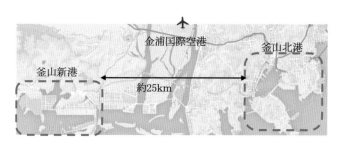

（釜山新港のターミナル位置図）

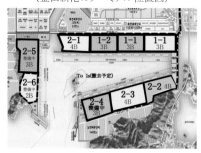

資料：釜山港湾公社パンフレット「Busan Port」などを元に作成。

図1-15　釜山新港とコンテナターミナルの位置図

動きもある。2016 年には，フランスの船社 CMA–CGM と PSA が合弁の会社を設立し，「CGM–PSA Lion」ターミナルをパシルパンジャン地区で稼働しているほか，邦船 3 社（日本郵船（株），（株）商船三井，川崎汽（株））の定期コンテナ船事業統合により 2017 年 7 月に発足した ONE（オーシャン・ネットワーク・エクスプレス）も，PSA と合弁のターミナル運営会社を設立すると 2018 年末に発表している[5]。

また，アジアのハブ港湾競争の激化などを背景に，コンテナターミナルの連携をはかり，競争力を強化しようという動きもある。釜山港では，釜山新港のコンテナターミナルについても，事業者の再編などを進め集約することにより競争力を強化しようとしている[6]。

なお，このような動きは釜山港だけに限らず他の港湾においても見られる。2000 年には世界 1 位であったが 2018 年のコンテナ取扱量の世界ランクは 7 位とその地位が低下した香港港では，9 ターミナル 24 バースが運営されており，HIT，モダン・ターミナルズ，DP ワールド，コスコ・シッピングポーツ（中遠海運港口），アジアコンテナターミナル（ACT）がその運営に関わっているが，DP ワールドを除く主要ターミナルオペレータ 4 社が一体運営を行うためにアライアンスの結成を発表している[7]。

② アジアの開発途上国でのコンテナターミナル整備

アジア地域では，上記のシンガポール，中国，韓国などのほか，アセアンや南アジア諸国でも，増大するコンテナ貨物や今後のさらなる増加などに備えて，コンテナターミナルの計画や整備が進められている。アセアンや南アジア諸国の主要なコンテナターミナルの概要を**表 1-11** に，位置図を**図 1-6** に示す。

タイのレムチャバン港や，マレーシアのタンジュンペラパス港・ポートクラン港，インドネシアのタンジュンプリオク港，スリランカのコロンボ港，ベトナムのカイメップ・チーバイ港などをはじめとして，世界のコンテナ取扱港湾の中でも取扱量が多い港湾では，既に多くのコンテナターミナルが供用しているが，タンジュンプリオク港の新コンテナターミナルや，レムチャバン港の第 3 期のように，まだ今後も整備・計画が続く港湾も多い。

また，ベトナムのラクフェン港，インドネシアのパティンバン港などのように，今後の増大するコンテナ需要に対応するために，新たな埠頭や港湾開発を行っている国もある。ミャンマーのティラワ港やカンボジアのシアヌークビル港でも，

表 1-11 東南アジア・南アジア諸国の主要コンテナターミナル

国名		港湾名（地区名、計画段階等）	現状	バース数	水深（m）	備考
東南アジア	ベトナム	カイメップ・チーバイ港 コンテナターミナル	供用中	13	-12～14	一部ODAで整備（CMIT）。
		ラクフェン港 第1期	供用中	2	-14	ODA案件。ターミナル整備・運営はPPP方式（日本企業参加）。
		ラクフェン港 第2期	計画あり	2	-14	1期と2期を含めた将来計画あり（延長約10km、25B）。
	カンボジア	シアヌークビル港 コンテナターミナル	供用中	1	-10	ODA案件。シアヌークビル港湾公社に日本企業出資。
		シアヌークビル港 新コンテナターミナル（1期）	整備中	1	-14.5	ODAにて整備中。将来計画の2期・3期計画あり。
	タイ	レムチャバン港 第1期	供用中	5	-14	B1～B5バース。ODA案件。
		レムチャバン港 第2期	供用中	6	-16	C1～C3およびD1～D3。
		レムチャバン港 第3期	整備中	延長3,500 m	-18.5	E1・E2（延長1,500 m）およびF1・F2（延長2,000 m）。
	マレーシア	タンジュンペラパス港	供用中	14	-15～17	No.1-4（水深-15 m）、No.5-6（-16 m）、No.7-14（-17 m）。
		ポートクラン港 ノースポート	供用中	13	-11～17	
		ポートクラン港 ウェストポート	供用中	20	-15～17.5	
	インドネシア	タンジュンプリオク港 コンテナターミナル	供用中	9	-9～14	JICT1・JICT2・Koja・MTI。一部ODA案件。
		タンジュンプリオク港 ニュープリオクコンテナターミナル	供用中	延長850 m	-16	NPCT1。将来計画あり。
		パティンバン港 1-1期（コンテナターミナル）	整備中	1	-17	CT1。ODAにて整備中。将来計画のCT2・CT3・CT4あり。
	フィリピン	マニラ港 MICT	供用中	6	-13～13.5	
		マニラ港 Manila South Harbor	供用中	7	-12	

地域	港	ターミナル	状態	バース数	水深(m)	備考
ミャンマー	ティラワ港	MITT	供用中	5	-10	ミャンマー港湾公社から日本企業がターミナル運営権を取得。ODA案件。
ミャンマー	ティラワ港	TMIT	供用中	2	-10	
ミャンマー	ダウェー港		構想あり	—	—	2015年7月にダウェーSEZプロジェクト開発に関する日本・ミャンマー・タイの間の覚書が署名される。
バングラデシュ	チッタゴン港		供用中	14	-8.5〜9.5	GCB・CCT・NCT。
バングラデシュ	マタバリ港		整備中	1	-16	ODA案件にて整備中。
インド	ジャワハルラル・ネルー港		供用中	11	-15〜16.5	JNPCT (3B), NSICT-DP World (2B), GTI-APM (2B), NSIGT (1B), BMCT (3B)。BMCTはさらに3B (-16.5m) の拡張計画あり。
インド	ムンドラ港		供用中	8	-14〜16	MICT, MACT, South Basin Terminal。
南アジア（スリランカ）	コロンボ港	South Container Terminal (CICT)	供用中	3	-18	運営権は、中国企業とスリランカ港湾ポートオーソリティ。
南アジア（スリランカ）	コロンボ港	East Container Terminal (ECT)	供用中	1	-18	第1期供用中。拡張計画あり。2019年5月に共同開発事業の覚書（日本、インド、スリランカ）。
南アジア（スリランカ）	コロンボ港	South Asia Gateway Terminal (SAGT)	供用中	3	-15	
南アジア（スリランカ）	コロンボ港	Jaya Container Terminal (JCT)	供用中	4	-12〜15	
南アジア（スリランカ）	コロンボ港	West Container Terminal (WCT)	計画	3	-18	拡張計画あり。
南アジア（スリランカ）	ハンバントタ港	コンテナターミナル	整備中	3	-17	2017年7月に中国国有企業が港湾の99年の運営権取得。
南アジア（スリランカ）	ハンバントタ港	多目的ターミナル	供用中	3	-17	
南アジア（パキスタン）	グワダル港	1期（多目的ターミナル）	供用中	3	-14.5	2013年に中国企業がリース43年。

資料：各港のWEB資料、Port & Terminal Guide 2019-2020 (HIS Markit)、Guide to Port Entry 2019/2020 Edition (Shipping Guides Ltd.) などを元に作成。

図 1-16　東南アジア・南アジアの主要コンテナ港湾

今後のコンテナ貨物需要への増大などに対応して，計画・整備が進められている。

　例えば，ベトナムでは，2000 年代はじめに，南部ホーチミン市の沿岸部のカイメップ・チーバイ地区に，次々と水深 –14m 級のコンテナターミナルが整備され，日本の政府開発援助（ODA）でも一部のターミナルが整備された [8]。また，その後，北部でのコンテナ需要にも対応するために，ハノイ郊外のハイフォン港が河川港で十分な水深が確保できず大型船の寄港が難しいことから，ラクフェン地区で新しい港湾の開発が行われた。埋立て，アクセス道路，河川からの漂砂を防ぐ約 7 km の防砂堤，航路浚渫などが ODA で行われ，コンテナターミナル（2 バース，750 m）の整備は，日本の企業と現地ベトナムの企業が官民連携事業（PPP：Public Private Partnership）で整備するプロジェクトが進められ，2018 年に供用を開始している。ラクフェン地区では，続く第 2 期の計画も含め，全体で 29 バース，バース延長 10 km に及ぶ開発構想がある。

　インドネシアでは，首都ジャカルタのコンテナ港湾の容量拡大を目指して，タンジュンプリオク港の拡張計画が進められているが，さらなる需要増に対応するために，ジャカルタの中心部から約 140 km 東方にパティンバン港が新規に計画され，その整備が日本の ODA で進められている。

　また，コンテナ貨物量自体はまだそれほど多くはないが，ミャンマーのティラ

ワ港では，背後の工業団地開発と相まって貨物需要なども見込まれることから，日本の ODA などで，コンテナターミナルが整備され，その運営にも日本企業が参画している。

　このように，アセアンや南アジア諸国では，国によって，その熟度や需要規模はまだまだ異なるものの，コンテナ貨物の増大，それに対応する港湾の施設整備などへのニーズがまだまだ大きい。

1-2 ｜ グローバルロジスティクスに関わるニーズ・諸課題

　1-1 で示したように，アジアを中心とした貿易や海上コンテナ輸送などが21世紀に入ってから急速に拡大し，また国際的な産業構造の変化や，グローバルサプライチェーンの進展により，国際海上輸送や国際物流を取り巻く状況は大きく変化してきた。

　今後ともこのような変化は続くものと想定されることから，国際貿易を支える海上輸送や港湾インフラなどの将来について考える場合には，将来の社会経済状況や国際情勢，各国の需要や生産などがどのようになり，貿易量や貿易相手国・地域がどう変わるかなどを検討する必要がある。

　将来の貿易額や輸送量の検討にあたっては，各国の人口や経済成長などはもちろんのこと，産業構造が国際的にどのように変わるか，生産や輸送における技術革新などがどれほど進むか，生産や輸送におけるリスクなどへの対応はどうするかなども踏まえる必要がある。さらにそのうえで，どの程度の規模の港湾インフラが必要となるか，インフラの計画・整備に関わる検討をしなければならない。

　ただ，グローバルロジスティクスには，生産や輸送などに多くの国や関係主体が関わるため，それを検討するには，データの不足，国のよるデータ量やデータ精度の違いなど多くの課題がある。

　ここでは，グローバルロジスティクスに関わる貿易，輸送，対応インフラなどの将来を，国や地域といったレベルで，マクロに考えるにあたりどのようなニーズがあり，それらのニーズに応えるためにはどのような課題があるかについて述べる。

（1）グローバルロジスティクスに関わるニーズ

① 貿易・産業の国際的なつながりの把握ニーズ

　昔の貿易は，A国で作ったものを，B国で作ったものと交換するといった2国間の貿易であったが，現在では，パソコンやスマートフォンを生産するにも，液晶・CPU・バッテリー・カメラといったそれぞれの部品をどこの国から調達するか，組立てはどこで行うか，製品や部品の輸送はどこからどう行うかなど，1つの製品の製造には多くの国や産業が関わることとなる。

　例えば，アップル社のiPhoneが，各種の部品を日本や台湾などから集め中国で組み立て，その製品が米国を中心に販売されているというのは有名な話である。台湾の鴻海（ホンハイ）に代表されるように，電子部品などの受託生産を行うEMS（Electronic Manufacturing Service）が大きく進展した。また，アパレル関係でも，衣類の企画などは自社で行うものの自社の工場などを持たないで，生産を行う大手メーカーもでてきた。工場を自社では持たない「ファブレス」という言葉もよく耳にするようになった。

　このような国際的な材料の調達や製造，販売などの中で，どこの国でどれだけの付加価値が生み出されているのか，誰がどこでどれだけ儲けているのかといった分析も重要性を増してきている。

　自動車，電気製品，食品など，それぞれの産業で，部品・原材料の調達先や製品・商品の組立てなどの地域がどのように変化しているか，どこの国でどれだけの付加価値が付与されているかなどの産業構造やバリューチェーンの情報収集や分析が，今後の貿易やサプライチェーンを考えるうえでは重要である。

　特に，近年では経済成長以上に貿易が伸びていないスロートレードとなっており，経済連携などが進む一方で，ブレグジット（英国のEU離脱），米国のTPPへの不参加や米中の貿易戦争などの動きもあり，今後の世界の貿易がどう変化するかなどへの関心は非常に高い。加えて，世界の貿易が今までのようなスピードでは成長しないであろうとは言われるものの，東南アジアや南アジア，アフリカなど，今後の成長が大いに期待できる地域も残されており，それらの地域との産業の関わり，貿易がどのようになるかということについてのニーズは大きい。

　さらに言えば，越境EC（電子商取引）の進展，電気自動車（EV）の進展をはじめとした国際的な産業構造（部品の調達先など）の変化，風力発電・太陽光利用の進展などによるエネルギー構造の変化など，産業構造や貿易にそれらがどのような影響を及ぼすこととなるかについても考える必要がある。

② 将来の貿易量・輸送量などの見通し・国際インフラ整備へのニーズ

港湾や空港などの国際インフラの整備には，多くの資金や時間がかかるため，その計画・整備にあたっては，上記①で記述した産業構造変化などを踏まえた貿易額の予測，さらにそれが航空輸送なのか，海上コンテナ輸送かなど，輸送モード別の貿易量・輸送量がどのようになるかを考える必要がある。

鉄鉱石や石炭といったバルク貨物や，原油・LNGなどのエネルギー関連の貨物は，鉱石船・タンカー・LNG船など専用の船で運ばれ，途中で積み替えられるケースも少ない。港湾での対応施設を考えるには，どこの国がどこの国からどれだけ輸出入するか，その輸送はどのクラスの船型の船で輸送されることとなるかなどの検討をすればよい。ただ，海上コンテナによる輸送では，輸送するコンテナ船がどの程度大型化するかといったことだけではなく，途中で積み替えて輸送されることも多いため，どこの港湾でどれだけ積み替えられることとなるか，あるいは，積み替えなしの直航便で輸送されるかなど，輸送量や輸送経路についても検討を行う必要がある。

それらにより，どのクラスの船が寄港し，どの程度の貨物を輸送することとなるか，対応する港湾の施設（岸壁の延長や水深，背後用地など）の国際インフラの計画をどうするかを検討することとなる。

わが国の港湾施設の計画や整備を考えるにあたっても，単にわが国の輸出入貨物だけを考えるだけではなく，アジア地域の貨物がわが国の港湾で積み替えられる貨物量をはじめ，各種の事項を考慮した港湾インフラの計画，整備が必要となっている。

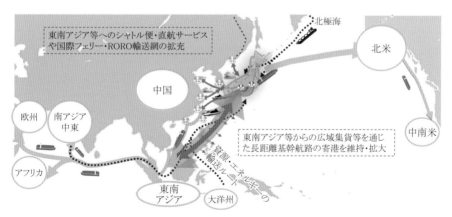

資料：「港湾の中長期政策（PORT 2030）の概要」（2018 年 7 月 31 日，国土交通省港湾局）を元に作成。

図 1-17　港湾の中長期政策（PORT 2030）の施策例

例えば，2018 年 7 月に公表されたわが国の港湾の中長期政策「PORT 2030」[9] においても，図 1-17 に示したような，アジア諸国からの貨物の集荷などの政策が掲げられており，それらの定量的な分析や政策の評価となると，日本とアジア諸国のみならず，アジア諸国間の貨物流動の分析や予測なども含めて行うことが必要となってくる。

③ グローバルサプライチェーンのリスク対応へのニーズ

グローバルサプライチェーンでは，製品の製造や販売などに多くの国の企業が関係し，部品や製品の取引に関わる輸送，資金などのやりとりなどの場面で，各種のリスクが伴うこととなる。

例えば，部品を製造している工場が，地震や台風といった自然災害でストップするとか，部品などの海上輸送にあたり，港湾でのストライキや，気象・海象条件などによる輸送の遅れ，事故といったリスクも考えられる。また，商品の取引においては，部品などを購入するために資金を振り込んだが商品が届かない，あるいは届いたものの品質が約束したレベルでないとなどのトラブルに見舞われるリスクなど，従来のようにお金と引き換えに直接モノの取引をするわけではないので，取引に関わるリスクもある。最近では，各種の手続きへのブロックチェーンの活用や，IT 技術を駆使した金融サービス（フィンテック）も進んできていることから，今後それらがグローバルサプライチェーンに普及した場合のリスクなどについても，考えておく必要がある。

これら生産・輸送・商品の取引などに関わる各種のリスクについては，ひとたび起こるとどのような影響が及ぶこととなるか，リスクを最小化するにはどのような対応をとっておくべきか，リスクが発生した場合に，どう最小限の被害で食い止め早期に復旧・復興するか，各種のリスク対応の優先度をどうするかなど，グローバルロジスティクスを取り巻くリスクの範囲は広く，さまざまなリスクがあることから，その対応へのニーズは高い。

特に，近年は，異常気象による風水害や，テロ，地震や津波などの大規模な被害が相次いでいることから，将来に向けて，これらのリスクにグローバルロジスティクスの分野でどう対応しておくべきかというニーズは高まっている。

（2） グローバルロジスティクスに関わる分析・検討を行う上での課題

上記（1）のようなニーズがあるが，具体的な分析や検討を行うとなると，さま

ざまな課題がある。

① 貿易・産業の国際的なつながりの把握における課題

　貿易の動向や，国際的な産業のつながりなどの分析にあたっては，貿易統計や，産業連関表の活用などが考えられる。貿易データについては，関税などにも関わるため，品目別に輸出入額が各国で整理されており，国連への報告などもなされているので，国間品目別の輸出入額の推移などの分析は可能である。ただし，ある国で製品を作るためにその原材料・部品がどの国からどれだけ輸入され，製品がどこに輸送されたのかなどの細かいデータは追うことができないほか，どの国でどれだけの付加価値が付与されたのかなどは，貿易統計からだけでは追うことができない。

　どの国のどの産業からどれだけの原材料の投入などがあり，どれだけの付加価値がつけられたのかなどの把握には，国際産業連関表が必要となる。

　ただこの国際産業連関表も，開発途上国などでは，国内の産業連関表さえまだまだ完備されていない国もあり，いかに，それらの国での国際間の産業のつながりを捉え，産業連関表を補完するかも大きな課題である。

　さらに将来の貿易額などを考えるにあたっては，将来の国際間の産業構造がどのようになるかなども踏まえた予測が必要である。特に中長期の予測においては，これまでのトレンド・傾向とは異なるような大きな産業構造変化や技術革新などが起こる可能性も高いことから，いかに将来の産業構造や貿易構造を予測・想定して検討を行うかも課題となる。

② 将来の貿易量・輸送量などの見通し・港湾インフラに関わる課題

　貿易額から航空・海上コンテナ・海上バルクといった輸送モード別の貿易量を算出する必要がある。原油や鉄鉱石などの品目は，専用船での輸送で，海上コンテナや航空での輸送などはほぼないので輸送モード別の貨物量算出は容易である。ただし，コンテナ船でもバルク船でも輸送される品目や，海上コンテナでも航空でも輸送される品目もあり，輸送モード別の貿易額や輸送量などのデータの収集・分析が必要である。

　わが国の貿易統計では，各国地域との貿易について，航空輸送による貿易か，海上コンテナ輸送か，海上バルク輸送かなどの輸送モードの区分ができる統計が公表されている。よって，輸送モード別の貿易額や輸送重量などがわかるので，

重量当たりの貿易額なども分析も可能であり，将来の輸送モード別の貿易額を輸送量に換算するなども検討ができる。ただし，世界の国々では，まだ輸送モード別の貿易額を公表している国・地域は多いとは言えず，貿易額から輸送モード（航空・海上コンテナ・海上バルク）などを検討する際にも，それらのデータをどう補うかも課題となってくる。

　また，海上輸送量などをもとに，その貨物がどのような経路で海上輸送されるかなどを分析し，将来の輸送経路などの検討，将来の港湾の取扱量などの検討を行う必要がある。海上コンテナの場合は，途中の港湾で積み替えられて運ばれる，いわゆるトランシップ貨物も多いものの，どこの国の貨物が積み替えられてどこに輸送されているかという貨物の純流動ベースのデータは限られている。米国の流動データが市販されているものや，日本発着のコンテナについては国土交通省が 5 年に 1 度実施をしている純流動把握のための調査データなどがあるものの，世界的なグローバルなコンテナの流動を追うとなると，純流動ベースの把握が難しいという状況にある。

　さらに情報化などが進展した現在ではあるが，貨物輸送に関わるデータは，貨物の品目や金額，誰から誰に届けられるかといった個人情報問題もあり，データの蓄積や幅広い利活用となると，データの利用は当事者に限定的にならざるを得ない面もある。集計ベースの貿易統計や，各種の統計，国際産業連関表などを利用して，その状況を分析することとなるが，その集計データでさえ十分とは言えないというのが国際物流のデータの現状である。

　このように，国際物流には，多くのステークフォルダーが関わり，貨物の真の発地から真の着地までの流れを追うのは，非常に難しい状況であるが，情報通信技術が進み，GPS（全地球無線測位システム）や無線認識（RFID：Radio Frequency Identification）などを活用した貨物のトレーサビリティなども進んできており，それらをいかに国際物流の動向分析のデータとして蓄積しビッグデータとして分析などに活用するかも大きな課題である。

　また，将来の海上輸送の動向を分析しようとなると，単に海上コンテナの純流動 OD 表（起終点表：Origin Destination Table）だけではなく，輸送に投入されるコンテナ船の大きさや隻数がどのようになるか，そのような検討を踏まえる必要がある。ただし，将来のコンテナ船の動向は，数年先に就航予定の建造船などの情報がある程度で，さらに先の 10 年先，20 年先の動向がどうなるかという予測・設定が難しいという課題もある。港湾インフラの計画・整備にあたっては，

単に取り扱う貨物量だけではなく，どの程度の規模の船が将来寄港するか，それに対応する港湾施設（延長，水深，背後用地など）がどの程度必要かといったことも検討する必要があるため，どのクラスの船が寄港することとなり，貨物を輸送するかについては，非常に重要なファクターとなる。

よって，貨物に関わる情報だけでなく，国際的な港湾インフラの計画・整備の動向，輸送に使用されるコンテナ船などの動静など，さまざまな国際物流に関わる事項についてのデータの蓄積，分析をいかに進めるかも課題である。

③ グローバルサプライチェーンのリスク対応への課題

製造などにおける部品や原材料は，国際的な調達が主流となっているが，それらの一部でも途切れると生産や販売などの遅れや支障がでることとなる。

どこにどのようなリスクが潜んでいるのか，事前の対応はどのようにするか，それらが起こるとどれほどの被害となるのか，リスク発生時にいかに早期に復旧などを行うかなど，リスクに関しては検討すべき課題も多いが，その評価手法・評価ツールなどの開発も十分とは言えない状況にある。

また，物の流れだけではなく，物の流れとともに発生する情報や資金の流れについても，どのようなリスクがあり，どのように対応すべきかなどの検討が十分とは言えない。

以上のように，貿易，産業構造，海上輸送，港湾インフラ整備などについて考えるうえで，どのフェイズにおいても，十分なデータの蓄積があるとは言えない。その不十分さをいかに補いながら，分析や将来予測の検討を進めるかについて，以下の章では述べる。

2章では，産業構造の分析に関わるデータや分析データの推計方法などについて，3章では貿易予測モデルに関わるデータやモデルについて，4章では海上輸送に関わるデータや予測手法について，5章ではサプライチェーンやそれを支えるロジスティクスに関する各種のリスクと，その分析・評価方法について述べる。そして6章では，アジアロジスティクスや海運・港湾の未来に向けて，展望や今後取り組むべき課題などについて述べる。

《参考資料》

1) 外務省経済連携課資料「我が国の経済連携（EPA）の取組（令和元年6月）」(https://www.mofa.go.jp/mofaj/gaiko/fta/index.html)

2）小野憲司・福本正武「汎アジア交通ネットワーク形成に向けた戦略と展望」『運輸政策研究』
　　Vol.11 No.2 2008 Summer
3）経済産業省「海外事業活動基本調査概要」第 40 回調査，2011 年，第 48 回調査，2019 年
4）臼井修一『コンテナ物流の基礎』コスモ・レジェンド，2012
5）ONE プレス資料「PSA との合弁ターミナル会社設立のお知らせ」2018 年 12 月 20 日
6）「第 2 新港開発へ　CT 再編，SPC 方式も」日本海事新聞，2019 年 7 月 5 日
7）「Cargo リポート　ハブ港湾競争で劣勢の香港」日刊カーゴ，海事プレス社，2019 年 2 月
　　21 日
8）「ベトナム南部ターミナル事情」日本海事新聞，2014 年 7 月 9 日
9）国土交通省港湾局「PORT2030　港湾の中長期政策」2018 年 7 月 31 日

第 2 章

アジアを中心とする貿易・産業構造に関わるデータ・推計

　本章では，**2-1** でアジアを中心とする貿易，国際間の中間財や製品などの物の動きやつながりなどを把握するのに有効なデータや国際産業連関表などの概要・作成状況・課題などについて述べる。そして，**2-2** では国際産業連関表の推計方法や付加価値貿易・グローバルバリューチェーンに関わる推計について述べる。

2-1 アジアを中心とする貿易・産業構造に関わるデータ

（1）貿易動向に関わるデータ

　貿易額などの把握には，日本の貿易統計や米国の USA Trade Online などをはじめとして各国の貿易統計データがあるほか，それらを取りまとめた国連の貿易統計データ（Comtrade）などがある。また，民間ベースで，世界主要国の海運と航空を区別した貿易データもあるグローバルトレードアトラス（GTA）や，米国の通関データや中国の貿易データなどに関してもピアーズ / データマインデータや CCS データなどのデータがある。表 2-1 に貿易に関わる主要なデータソースを示す。

　また，表 2-2 には，アジア諸国の貿易統計と航空や海運などの輸送モード区分の状況などを示す。日本や米国の貿易統計については，政府機関の WEB サイトから輸送モード別のデータも入手が可能である。一方，表 2-2 の日本を除くアジア諸国における国際輸送モード区分別データは，国連の Comtrade で入手が可能となっている。なお，国連では各国に国際輸送モード別のデータの提出を求めてはいるが，国際輸送モード区別が公表されているアジアの国は，まだ，タイ，マレーシア，ミャンマー，ブルネイ，香港，モンゴルといった一部の国に限定されている。

表 2-1　世界の貿易に関わる主要なデータ

統計名	機関	対象	データ項目 （アクセス先 URL）	特徴など	公表頻度など
Comtrade	国連	国連加盟国	・金額（ドル）と重量のデータ。HS コードでの品目分類あり。海運，航空などの区分がされている国はまだ少ないが，今後拡充を予定。 （https://comtrade.un.org/）	・貿易額，重量の双方の集計あり。国間の流動分析も金額・重量ベースで可能であるが港湾別などはなし。流動状況なども図化可能。	毎年
グローバルトレードアトラス（GTA）	IHS 社	世界（168か国）	・品目別（HS コード 6 桁）で貿易額，重量などのデータ検索可能。世界約 180 か国の貿易に関わるデータベース。 （https://ihsmarkit.com/products/maritime-global-trade-atlas.html ）	・海運と航空との区分が約 50 の国ではなされている。	毎月
貿易データ	財務省（日本）	日本	・航空，海上コンテナの品目別，相手国別の重量・金額の検索可能。 （http://www.customs.go.jp/toukei/srch/index.htm）	・日本の貿易相手国との流動把握も可能。 ・バルク貨物は総合計から航空，海上コンテナ分を減じることにより算定ができる。	毎年
Sea-Naccsデータ	輸出入・港湾関連情報処理センター（株）	日本	・個別の税関申告データであり公表などがされていない。 （https://www.naccs.jp/）	・税関申告ベースのデータであるため，国内の流動や海外の利用港湾などが把握できるデータである。	×
USA Trade Online	米国センサス局	米国	・航空・海上貨物が品目別，相手国別などに重量，貿易額で把握可能。 （https://usatrade.census.gov/）	・米国の輸出入の貿易データを元にしたデータベース。	毎月
ピアーズデータ/データマインデータ	IHS 社 / データマイン社	米国	・品目別に貿易額，重量のデータ有。海上・バルク（ドライ，液体等），コンテナの分類可。貨物の生産地や利用船舶・港湾などの情報もあり。 （https://ihsmarkit.com/products/piers.html） （https://www.datamyne.com/）	・米国の情報公開法を元に通関に関わるデータを加工，集計して有料販売。データファイルで提供される。発着地や利用港湾，海外での積み替えなどの分析にも対応可能。	毎月
CCS（China Custom Statistics）データ	Goodwill China Business Information 社（香港）	中国	・品目別の貿易額が航空，海上などの区分で把握可能。 （http://info.hktdc.com/chinastat/gcb/index2.htm）	・中国税関の統計をもとに集計。有料データ。	毎月

表 2-2　アジア諸国の貿易統計と輸送モード区分

地域	国	統計名	作成・公表機関	航空	水上 海上	水上 内陸水運	陸上 鉄道	陸上 道路	備考
北東アジア	日本	財務省貿易統計	財務省関税局	○	△				海上はコンテナのみ
	中国	中国海関統計	中国海関総署 General Customs Administration of China						
	韓国	Trade Statistics	Korea Customs Service						
	台湾	Trade statistics Database	中華民国財政部 Customs Administration, Ministry of Finance						
	香港	External Trade：Merchandise Trade	Census and Statistics Department	○	○			○	品目別輸送モード別データは2015年, 2016年のみ公表。
	モンゴル	TRADE STATISTICS	Mongolian Customs	○			○	○	その他の輸送モード区分として国際郵便あり。
東南アジア	シンガポール	Trade and Investment：Merchandise Trade	Department of Statistics Singapore						
	タイ	Statistical Data	The Customs Department of the Kingdom of Thailand	○	○	○	○	○	その他の輸送モード区分としてパイプライン等があり。
	マレーシア	Malaysia External Trade Statistics Online （METS Online）	Department of Statistics Malaysia	○	○		○ ○		
	フィリピン	Open STAT −Trade: International Merchandise and Domestic	Philippine Statistics Authority						
	インドネシア	Economic and Trade −Foreign Trade	Badan Pusat Statistik						
	ベトナム	Statistical data：Trade, Price and Tourist	General Department of Customs						
	ブルネイ	International Merchandise Trade	Department of Economic Planning and Development （JPKE）	○	○			○	その他の輸送モード区分として国際郵便があり。
	カンボジア	TRADE STATISTICS	Ministry of Commerce						
	ラオス	Import Export	Ministry of Industry and Commerce						
	ミャンマー	Selected Monthly Economic Indicators	Central Statistical Organization Ministry of Planning and Finance	○	○			○	その他の輸送モード区分としてパイプライン等があり。
南アジア	インド	EXPORT IMPORT DATA BANK （TRADESTAT）	Ministry of Commerce and Industry Department of Commerce						
	バングラデシュ	Foreign Trade Statistics	Bangladesh Bureau of Statistics						
	パキスタン	Trade Statistics	Government of Pakistan Ministry of Commerce						
	ネパール	Foreign Trade Statistics	Government of Nepal Ministry of Finance Department of Customs						
	ブータン	Statistical Year Book	National Statistics Bureau, Bhutan						
	スリランカ	Statistical Tables：External Sector	Central Bank of Sri Lanka						

資料：各国の貿易統計の WEB サイト，国連 Comtrade （URL：https://comtrade.un.org/）などを元に作成。

したがって，世界規模であればグローバルトレードアトラス（GTA）の有料データ，中国であればCCSなどの民間データを活用して，輸送モード別の動向などを分析せざるをえないという状況である。

なお，貿易統計に用いられる品目コードは，世界税関機構（WCO）が管理している「商品の名称及び分類についての統一システムに関する国際条約（HS条約）」に基づいて定められたHSコード番号に基づいている。HSコードでは，貿易対象品目が6桁のコード（2桁の類，4桁の項，6桁の号）で分類される。HS条約加盟国は，国内法に基づいて7桁以降の細分化コードを決めることができる。わが国では7〜9桁目を輸出入統計分類用に，また10桁目をNACCSと呼ばれるわが国の税関手続きシステムのオンライン処理用として使っている。このHSコードにより，貿易品目が中間財か最終財かなど分析が可能である。

（2）産業連関表の概要
① 産業連関表とは

産業連関表は，IO表（Input Output Table）と呼ばれることもあり，国内の産業連関表であれば1年間に行われた国内のすべての各産業部門間で，財やサービスがどのように購入され，生産や販売されたかをとりまとめた表である。産業連関表は国の経済や生産構造を鳥瞰する統計として地域・産業間の相違や相互依存性を数量的に把握し経済効果を評価する際に有用な表であり，国民経済計算体系（SNA）の中でも，物の流れの実態を明らかにするものとして位置づけされている。

1つの国における産業連関表の基本的な構造を示したのが図2-1である。産業連関表は中間需要（中間投入）部門，最終需要部門，粗付加価値部門の3つのブロックから構成されている。

産業連関表の行方向は，財やサービスの買い手側の部門（需要部門）ごとに，生産物の販売先構成（産出）を示している。原材料などを購入する中間需要部門と，消費や在庫，輸出などの最終需要部門から大きく構成され，輸入分を控除することで表の右端が国内生産額となる。また表の列方向は，財やサービスの売り手側（供給部門）における費用構成を示しており，国内生産額（総投入）の内訳が原材料などの中間投入と労働や資本などの生産要素の費用（粗付加価値）で構成されている。

産業連関表の行部門は生産財（商品）の販路構成を表す部門であることから原則として生産財（商品）により分類されている。一方，列部門は原則として「生産活動単位」，いわゆるアクティビティベースにより分類されている。一般的には，

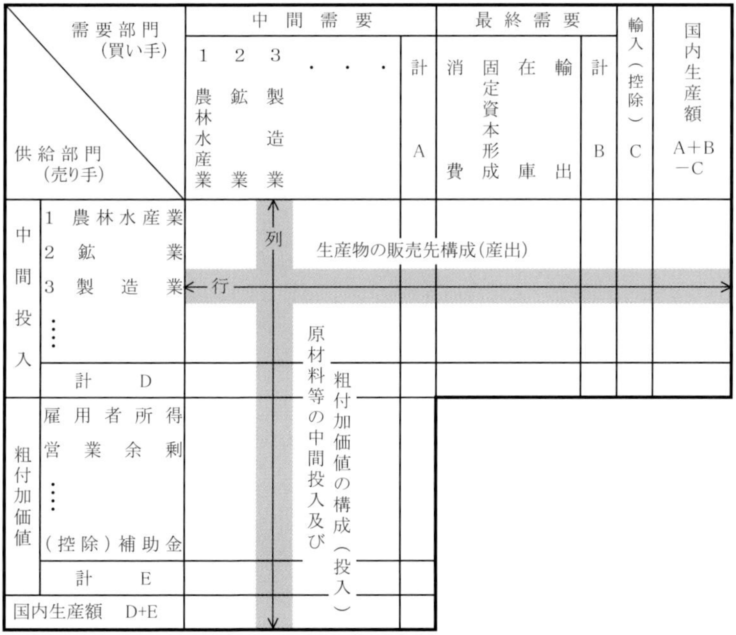

需要部門（買い手）／供給部門（売り手）	中間需要				計 A	最終需要				計 B	輸入（控除）C	国内生産額 A+B－C
	1 農林水産業	2 鉱業	3 製造業	・・・		消費	固定資本形成	在庫	輸出			
中間投入 1 農林水産業 2 鉱業 3 製造業 ⋮	列				生産物の販売先構成（産出）→							
計 D												
粗付加価値 雇用者所得 営業余剰 ⋮ （控除）補助金	原材料等の中間投入及び粗付加価値の構成（投入）↓											
計 E												
国内生産額 D+E												

資料：総務省産業連関表 Web（http://www.soumu.go.jp/toukei_toukatsu/data/io/t_gaiyou.htm）より

図 2-1　産業連関表の標準的な構造

商品ごとに生産活動単位が異なることが多いので，列部門についても，実質的には，生産財（商品）分類に近いものと解釈される。例えば，図 2-1 の産業連関表において，生産量の列ベクトルと対角行列を $\mathbf{X}$，$\hat{\mathbf{X}}$，財価格の列ベクトルと対角行列を $\mathbf{P}$，$\hat{\mathbf{P}}$，生産額の列ベクトルを $\mathbf{P}^{\mathrm{T}} \cdot \hat{\mathbf{X}}$，中間需要量（中間投入量）の行列を $\mathbf{x}$，中間需要額（中間投入額）の行列を $\mathbf{P}^{\mathrm{T}} \cdot \mathbf{x}$，最終需要の列ベクトルを $\mathbf{P}^{\mathrm{T}} \cdot \mathbf{Y}$，粗付加価値行ベクトルを $\mathbf{V}$，各部門の 1 単位の生産にどれだけの投入が必要かを表す投入係数の行列を $\mathbf{A} = \mathbf{x} \cdot \hat{\mathbf{X}}^{-1}$ として単位行列（対角行列）を $\mathbf{I}$ とすると，表の行方向では販路構成の恒等式（2-1）が，また表の列方向には費用構成の恒等式（2-2）が成立する。なお，^{T} は転置を示す。

$$\hat{\mathbf{P}} \cdot \mathbf{x} + \hat{\mathbf{P}} \cdot \mathbf{Y} = \hat{\mathbf{P}} \cdot \mathbf{X} \tag{2-1}$$

$$\mathbf{P}^{\mathrm{T}} \cdot \mathbf{x} + \mathbf{V}^{\mathrm{T}} = \mathbf{P}^{\mathrm{T}} \cdot \hat{\mathbf{X}} \tag{2-2}$$

ここで，販路構成の恒等式の式（2-1）および費用構成の恒等式（2-2）に，$\mathbf{x} = \mathbf{A} \cdot \mathbf{X}$ を代入して展開すると，均衡産出量を与える式（2-3）と均衡価格を与える式（2-4）が得られる。

$$X = [I - A]^{-1} \cdot Y \qquad\qquad (2\text{-}3)$$

$$P = [I - A^T]^{-1} \cdot V^T \qquad\qquad (2\text{-}4)$$

式（2-3）は，最終需要 Y が変化した場合に他の産業の生産にどれだけ波及するかを示しており，Y に行列 $[I - A]^{-1}$（レオンチェフの逆行列）を乗じることで経済波及効果を算定することができる。また，式（2-4）は，生産要素の費用（労働，資本の投入コスト）である粗付加価値 V^T が変化した場合に生じる最終財の価格変化を示している。

さらに，粗付加価値率対角行列 $\hat{v} = \hat{V} \cdot \hat{X}^{-1}$（生産一単位当たりの粗付加価値）を用いると，$V^T = \hat{v} \cdot X$ となり，これに式（2-3）を代入すると，粗付加価値と最終需要の関係を式（2-5）で表現できる。

$$V^T = \hat{v}[I - A]^{-1} \cdot Y \qquad\qquad (2\text{-}5)$$

式（2-5）は，最終需要 Y が変化した場合に他の産業の粗付加価値がどれだけ変化するかを示しており，Y に行列 $[I - A]^{-1}$ を乗じることで最終需要の変化による付加価値への波及効果を算定することができる。

② 産業連関表の主要な分類

産業連関表は，図 2-2 に示したように，「分析対象地域の取扱い方」，「輸入の

A) 分析対象地域の取扱い方で分類したもの
- ①地域内IO表(全国IO表も含む)
- ②地域間IO表(国際IO表も含む)

B) 輸入の取扱い方で分類したもの
- ①非競争輸入型IO表
- ②競争輸入型IO表
- ③競争・非競争輸入混合型IO表

C) SNAとの整合性の取扱い方で分類したもの
- ①従来型のIO表
- ②SNA方式のIO表

D) 価格表示の仕方で分類したもの
- ①生産者価格表
- ②購入者価格表
- ③基本価格表

E) 使用できるデータの水準で分類したもの
- ①フルサーベイ手法によるIO表
- ②ノンサーベイ手法によるIO表
- ③ハイブリッド手法によるIO表

（産業連関表）

注）IO 表：産業連関表

資料：林田睦次『経済変動理論の構造』多賀出版，1983 年，p.379 を元に作成。

図 2-2　産業連関表の分類

取扱い方」,「国民経済計算(SNA)との整合性の取扱い方」,「価格表示の仕方」,「使用できるデータの水準」によりいくつかの形態に分類することができる。

　分析対象地域についての分類は,ある国・地域のみを対象とするか,あるいは複数の国・地域間を対象とするかで,大きく「地域内産業連関表」と「地域間産業連関表」に分かれる。総務省が作成している全国レベルの産業連関表は,地域内産業連関表,アジア経済研究所が作成しているアジア国際産業連関表や,日本の国内の地域間の産業連関表が地域間産業連関表である。

　輸入の取扱い方についての分類は図2-3に示すように,原材料が海外からのものか国内財かを区別するかしないかに着目するものであり,「競争輸入型産業連関表」,「非競争輸入型産業連関表」,「競争・非競争輸入混合型産業連関表」の3つに分けられる。

　「競争輸入型産業連関表」は国内財と輸入財を区別しない表であり,チェネリー・モーゼス型とも呼ばれる。「非競争輸入型産業連関表」は,国内財と輸入財を区別して扱い,しかもどの部門の輸入財がどの部門に投入されたか部門別に考えるものであり,アイサード型とも呼ばれる。「非競争輸入型産業連関表」は「競争輸入型産業連関表」と比較して,現実の輸入財の消費構造が明確に反映されるので優れてはいるが,その整理のためには膨大な情報や推計プロセスが必要となる。「競争・非競争輸入混合型産業連関表」は,「非競争輸入型」が海外の部門区分まで考慮しているのに対して,海外の部門までは区分せず,国内のどの部門に投入されたかを考慮する表であり,輸入を部分的に区別して扱う表である。

　図2-3に示すような,日本国内で推計されている産業連関表は産業連関構造理論を表に反映させるために,商品分類と産業分類を組み合わせた,「商品×アクティビティ」という部門分類の概念を導入して,その構造を把握するための特別調査や各種センサス調査の結果,各省庁の業務統計を用いて産業連関表を直接推計している。この方式で産業連関表を直接推計できない場合には,図2-4に示すようにU表,V表を用いて産業連関表を作成することもある。U表は「経済活動別財(商品)サービス別投入表(もしくは使用表)」といい,どの商品がどの産業に中間投入されたかを示す。またV表は「経済活動別財(商品)サービス別産出表(もしくは供給表)」といい,どのような産業でどのような商品が産出されたかを示す表である。

　U表,V表は,一次統計の分類(財品目ベースでの分類,事業所ベースでの分類)を用いて間接的に産業連関構造を推計するための加工統計であり,複数の「一

（競争輸入型産業連関表）

		部門 (産業又は財・サービス)				④国内 最終需要	③輸出	②輸入	①国内 生産額
		1	2	・・・	n				
部門 (産業又は 財・サービス)	1	⑥中間取引 (国内財＋輸入財)							
	2								
	・・・								
	n								
⑤粗付加価値									
①国内生産額									

（非競争輸入型産業連関表）

		部門 (産業又は財・サービス)			④国内 最終需要 (国内財)	③輸出	①国内 生産額
		1	2	・・・ n			
部門 (産業又は 財・サービス)	1	⑥中間取引（国内財）					
	2						
	・・・						
	n						
部門 (産業又は 財・サービス)	1	⑥中間取引（輸入財）			④国内 最終需要 (輸入財)	②輸入計	
	2						
	・・・						
	n						
⑤粗付加価値							
①国内生産額							

（競争・非競争輸入混合型産業連関表）

		部門 (産業又は財・サービス)			④国内 最終需要 (国内財)	③輸出	①国内 生産額
		1	2	・・・ n			
部門 (産業又は 財・サービス)	1	⑥中間取引（国内財）					
	2						
	・・・						
	n						
輸入財（合計）		⑥中間取引（輸入財）			④国内 最終需要 (輸入財)	②輸入計	
⑤粗付加価値							
①国内生産額							

資料：林田睦次『経済変動理論の構造』多賀出版，1983 年，仁平耕一『産業連関分析の理論と適用』白桃書房，2008 年，通商産業省大臣官房調査統計部編「昭和 35 年地域間産業連関表による日本経済の地域産業連関分析」日本経済新聞社，1967 年などを元に作成。

図 2-3　産業連関表の輸入の取扱い方での区分

		産業部門			財(商品)サービス部門			最終需要	輸出	輸入	総需要 (産出額)
		1	・・・	m	1	・・・	n				
産業部門	1	― (中間取引 (産業×産業))			⑥産業別財(商品) サービス別産出 (V表：供給表)			―	―	―	①産業別 産出額
	・・・										
	m										
財(商品) サービス部門	1	⑥中間取引 (産業別財(商品) サービス別投入) (U表：使用表)			(中間取引(財×財))			④国内最終 需要	③輸出	②輸入	①財(商品) 別産出額
	・・・										
	n										
粗付加価値		⑤粗付加価値									
総供給(総産出額)		①産業別産出額			①財(商品)別産出額						

資料：林田睦次『経済変動理論の構造』多賀出版, 1983 年, 仁平耕一『産業連関分析の理論と適用』白桃書房, 2008 年を元に作成。

図 2-4 　財・サービスと産業の分類を 2 元的に扱う U 表・V 表

次統計（例：マイクロデータなど）の集計結果」と SNA との整合性をとりながら間接的に産業連関構造を推計するために必要なデータである。

　なお, 国民経済計算体系（SNA）では 1 国の経済の生産・消費・投資のフローの実態や, 資産・負債のストックの実態, 実物面や金融面からの体系的・統一的な把握がなされることとなり, 従来は独立に作成されていた「産業連関表」,「国民所得統計」,「資金循環表」,「国際収支表」,「国際貸借対照表」の 5 つの相互の関連づけや体系化が図られている[1]。

　また, 産業連関表を作成する際に用いる価格表示の方法の取扱い, 具体的には流通マージン（商業・輸送）と財・サービス税の取扱いにより,「生産者価格表」,「購入者価格表」,「基本価格表」に分類できる。各産業が購入する原材料商品などの個々の価格について, 流通マージン（商業マージン・貨物運賃）を含んだ価格として表示されている表を「購入者価格表」といい, 流通マージンを除いた出荷価格ベースで表示されている表を「生産者価格表」という。基本価格は, 国民経済計算（SNA）における価格の概念であり, 生産者価格から税を差し引き補助金を加えた価格として定義できる。基本価格に基づいた産業連関表を基本価格表と呼ぶ。産業連関表をすべて生産者価格で評価する場合は, 生産者から消費者に至る間に付加される輸送費用と商業マージンは,「商業部門・運輸部門」から一括して投入されることとなる。

　したがって, 生産者価格表は各産業の中間投入額が流通マージン率の違いによって影響されることなく, 商業や輸送活動の投入を生産技術関係として把握できるという利点がある。しかし, 国民経済計算（SNA）に記載される財・サービ

スはすべて購入者価格または基本価格で評価されるため，生産者価格の産業連関表では，SNA の整合性を取るための調整が必要となる。一方，「購入者価格表」や「基本価格表」では，国民経済計算（SNA）との結合を図るもしくは国際比較を行う場合に有利ではあるが，財・サービスの需要先によって税率が異なることや流通マージンの介在が投入係数の安定性に問題をも　たらすため，波及効果を歪めることがあるという難点がある。

　データの質的な水準に着目すれば，「フルサーベイ手法による産業連関表」，「ノンサーベイ手法による産業連関表」，「ハイブリッド手法による産業連関表」に分類される。

　国際産業連関表では，内生される各対象国・地域の統計事情（公表年次，部門分類（産業分類，商品分類））が異なることからデータ精度の影響を受ける。また，データ作成のために費やすリソース（情報と手間）とデータ精度の間にもトレードオフの関係がある。各国の産業連関表は部門分類や価格概念，そして各国を連結するための貿易統計の概念がそれぞれの国で異なるため，対象となる国・地域や部門数が増えるほど，国・地域毎の財別の国間・地域間交易（流動）に関して非常に詳細な調査と膨大な時間と労力を必要とすることとなる。具体的には①各国・地域毎に行う各産業の生産に関する投入調査，②財サービス毎に行う国・地域間の交易に関する財サービスの流動調査の 2 種類のサーベイ調査を本来は必要とする。

　フルサーベイ手法は，これらの調査結果を活用して産業連関表を作成する方法である。ただし，国際産業連関表の作成に必要な調整には時間や費用などのコストがかかることや即時性に関する社会的要請に応じるために，多くの機関では基本的には既存の情報（各国の SNA，貿易統計，他の作成機関が作成した国際産業連関表など）を利用して機械的な方法（ノンサーベイ手法）で推計することが多い。

　したがって，各機関で作成された国際産業連関表は各国の経済実態を反映していないことがあり，各国政府が作成した産業連関表との整合性が取れないことが起こる。多くの制約のもとでより実態を反映した産業連関表を作成するためには，既存の情報を活用しつつも特別調査（各国政府へのヒアリングを含む）や厳密なバランス調整を行うことが必要である。このように，既存データを利用しつつ，実態と乖離している情報について特別に追加調査などを行って誤差原因の究明やバランス調整を行う推計方法を，ハイブリッド手法という。

　なお，日本の産業連関表は，各府省庁が行っている既存の統計調査，許認可などの手続きに伴って得られる行政記録や業界記録などが収集されるほか，既存資料では不足な情報については，「産業連関構造調査」と呼ばれる追加調査も実施[2]

されて IO 表が作成されており，「フルサーベイ手法による産業連関表」に相当する。

（3）わが国とアジア主要国の産業連関表

① わが国の産業連関表

　わが国の主な産業連関表や事例の概要は，**表2-3** に示すとおりである。わが国では，作成対象年次における国の経済構造を総体的に明らかにし，経済波及効

表2-3　日本の産業連関表（国，地方，都道府県などの事例）

	連関表	作成機関	作成対象年次[※1]	部門数[※1]	統計開始対象年次	作成間隔
全国	産業連関表（全国表）	関係10府省庁（総務省，内閣府，金融庁，財務省，文部科学省，厚生労働省，農林水産省，経済産業省，国土交通省及び環境省）	2015年（平成27年）	518×397, 187×187 109×109, 37×37	1955年（昭和130年）[※2]	概ね5年毎
	接続産業連関表（接続表）	関係10府省庁（総務省，内閣府，金融庁，財務省，文部科学省，厚生労働省，農林水産省，経済産業省，国土交通省及び環境省）	2000年（平成12年）2005年（平成17年）2011年（平成23年）	510×389, 184×184 105×105, 37×37	1960年（昭和35年）～1965年（昭和40年）接続表	概ね5年毎
	延長産業連関表（延長表）	経済産業省	2015年（平成27年）[※3]	516×394, 188×188 98×98, 54×54	1973年（昭和148年）[※4]	毎年
都道府県／市町村	都道府県産業連関表	各都道府県（右は秋田県の事例）	2011年（平成23年）	518×399, 190×190 108×108, 39×39, 15×15	1970年（昭和145年）	概ね5年毎
	政令指定都市産業連関表	政令指定都市（右は横浜市の事例）	2011年（平成23年）	518×397, 190×190 108×108, 37×37, 13×13	1975年（昭和150年）	概ね5年毎
	市町村産業連関表	一部の市など（右は宮津市の事例）	2014年（平成26年）	193×193, 108×108 37×37, 13×13	2014年（平成26年）	－
全国地域ブロック内	地域内産業連関表[※5]（地域内表）	経済産業省，内閣府沖縄総合事務局及び沖縄県	2005年（平成17年）	519×406, 80×80 53×53, 29×29, 12×12	1960年（昭和135年）	5年毎
全国地域ブロック間	地域間産業連関表[※5]（地域間表）	経済産業省	2005年（平成17年）	53×53, 29×29, 12×12	1960年（昭和135年）	5年毎[※6]
各地域ブロック内	都道府県間産業連関表	（公財）東北活性化研究センター	2005年（平成17年）	43×43, 28×28	2000年（平成12年）	－
		（公財）中部産業・地域活性化センター	2005年（平成17年）	95×95	－	－
		（一財）アジア太平洋研究所	2011年（平成23年）	159×159	2005年（平成17年）[※7]	－

※ 1：2019年10月時点の産業連関表の状況を記載。
※ 2：これより以前に，通商産業省（現：経済産業省）と経済審議庁（1955年（昭和30年）7月22日に経済企画庁に改称，現：内閣府）が1951年（昭和26年）表をそれぞれ独自に作成。
※ 3：延長表は即時性を求めるため，2015年（平成27年）全国表が公表された2019年（平成31年）の前年である2018年（平成30年）時点で2011年（平成23年）全国表を基準とした2015年（平成27年）延長表が公表されている。
※ 4：2000年（平成12年）～2003年（平成15年）表は休止。
※ 5：2005年（平成17年）表をもって作成を中止。
※ 6：2000年（平成12年）表は試算地域間表として作成。
※ 7：アジア太平洋研究所の前身である関西社会経済研究所が作成。
資料：総務省・経済産業省のHP，文献3～5などを元に作成。

果分析や各種経済指標の基準改定を行うための基礎資料を提供するために，1955年（昭和30年）より概ね5年ごとに全国を対象とした産業連関表（全国表）が関係府省庁により作成され総務省が発表している。

　また，各年次の全国表は，各部門の概念・定義・範囲などについて作成の都度いくつかの変更が行われ，そのままでは時系列分析を行うのは容易ではないため，最新年時を基準として過去の全国表の分類などを整合させた接続産業連関表（接続表）が，概ね5年ごとに作成・公表されている。

　さらに，全国表や接続表はその作成対象年次の間隔が5年と長いため，直近の産業構造を踏まえた分析を可能とするために，全国表を基準としつつ可能な限り最新時点の産業構造を反映させた延長産業連関表（延長表）を経済産業省が毎年作成・公表している。

　そのほか，わが国では，地方公共団体による地域産業連関表の作成・公表も進んでおり，特に都道府県レベルでの産業連関表の作成は，1990年（平成2年）表から全47都道府県で作成され出そろっている[3]。政令指定都市（全20都市）のうち，仙台市，新潟市，浜松市，岡山市を除く16の政令指定は作成実績がある（ただし，名古屋市は1964年（昭和40年）表以降作成していない[4]）ほか，政令指定都市以外の市町村では，昭和の時代に釧路市（1970年（昭和45年））・旭川市（1980年（昭和55年））での作成があり，平成以降では少なくとも20市町村以上が産業連関表を公表するに至っている[5]。

　加えて，経済産業省，内閣府沖縄総合事務局および沖縄県との共同事業により，1960年（昭和35年）以来5年毎に全国を9地域に分割した地域内産業連関表（以下，「地域内表」という）を作成し，さらに，これら地域内表を連結した地域間産業連関表（以下，「地域間表」という）が2005年（平成17年）表まで作成・公表されてきた。その他にも幾つかの地域産業連関表が作成されている。例えば，経済産業省の地域ブロック区分とは異なる圏域を対象に，都道府県レベルでの地域間表を作成したものがある。さらに，大学などの研究機関によって，全国を対象に全47都道府県間産業連関表が作成[6][7][8]され，ある都道府県での最終需要の変化などが，どの都道府県にどれだけの影響を与えるかが分析可能となっている。

② アジア諸国の産業連関表

　わが国のほか，アジア各国でも産業連関表の作成が行われている。アジア諸国での産業連関表の作成状況が**表 2-4** である。

表 2-4　アジア諸国の産業連関表の作成状況

	国	各国政府機関によるIO表作成状況	資料名	作成機関	作成対象年次	部門数
北東アジア	日本	○	2015 年（平成 27 年）産業連関表	総務省を含む関係 10 府省庁	2015	518×397
	中国	○	中国投入産出表 2012	中国国家統計局	2012	139×139※1
	韓国	○	2015 Benchmark Table	The Bank of Korea	2015	165×165※2
	台湾	○	2017 Transactions Table at Purchasers' Prices	NATIONAL STATISTICS OF REPUBLIC CHINA	2011	526×166
	香港	－	－	－	－	－
	モンゴル	○	MONGOLIAN STATISTICAL YEARBOOK2017	NATIONAL STATISTICS OFFICE OF MONGOLIA	2016	20×20
東南アジア	シンガポール	○	Singapore Supply, Use and Input-Output Tables 2015	Singapore Department of Statistics	2015	105×105
	タイ	○	Input-Output Table 2010	Office of the National Economic and Social Development Board	2010	180×180
	マレーシア	○	Malaysia Input-Output Tables, 2015	Department of Statistics Malaysia	2015	120×120※3
	フィリピン	○	2012 Input-Output Tables of the Philippines	Philippine Statistics Authority	2012	65×65※4
	インドネシア	○	Tabel input output Indonesia 2010	Badan Pusat Statistik	2010	185×185
	ベトナム	○	2007 INPUT-OUTPUT TABLES OF VIETNAM	GENERAL STATISTICS OFFICE of VIET NAM	2007	138×138
	ブルネイ	○	SUPPLY AND USE TABLES AND INPUT-OUPUT TABLE FOR BRUNEI DARUSSALAM 2010	Economic Planning And Development , Ministry of Finance and Economy.	2010	74×74※5
	カンボジア	－	－	－	－	－
	ラオス	－	－	－	－	－
	ミャンマー	－	－	－	－	－
南アジア	インド	○	Input Output Table for India: 2013-14	NATIONAL COUNCIL OF APPLIED ECONOMIC RESEACH	2013-2014	130×130
	バングラデシュ	○	An Input-output table for Bangladesh economy 1993-94	Bangladesh Planning Commission and Bangladesh Institute of Development Studies	1993-1994	79×79
	パキスタン	○	Supply and Use Tables of Pakistan 1990-91	Pakistan Bureau of Statistics	1990-1991	97×97
	ネパール	△	Supply and Use Table, 2010/11	Central Bureau of Statistics	2010-2011	99×99
	ブータン	－	－	－	－	－
	スリランカ	○	Symmetric Input Output Table (SIOT) ; 2010	National Accounts Division, Department of Census and Statistics	2010	127×127

凡例　○：産業連関表作成実績・公表がある　　　△：供給表，使用表の作成実績はあるが産業連関表の公表がない
　　　－：産業連関表作成実績・公表が確認されない

※ 1：王・山田・横橋「2012 年中国産業連関表の特徴についての考察―2012 年日中韓国際産業連関表の研究 開発に向けて―」立正大学経済学季報，第 68 巻第 4 号，2019 年。

※ 2：韓国銀行 HP には，最新 2015 年版には基本分類の掲載がないため最も詳細な統合小分類数を掲載。なお，2005 年表が同 HP 上で基本分類数まで掲載されている最新のもので基本分類数は〔403 × 403〕。

※ 3：『国際産業連関表分析論―理論と応用―』（2014 年）より，部門分類数は 2010 年版のもの。

※ 4：フィリピン政府の HP によると直前の 2006 年表は 240 × 240 の部門数が存在している。

※ 5：Handbook on Supply, Use and Input Output Tables with Extensions and Applications（2018）より。部門数は 2005 年版のもの。

資料：各国 WEB 情報などを元に作成（2019 年 9 月現在）。

　アセアンのカンボジア，ラオス，ミャンマー，また香港では公式統計としての産業連関表の作成が確認できなかった[9]が，他の国々では，部門数や対象とする年が異なるものの，産業連関表が作成されその多くが WEB などでも入手可能となっている。なお，日本を含め，アジア諸国の連関表は，国内財と輸入財を区別しない競争輸入型の産業連関表となっている。

（4）国際産業連関表の概要

　近年の生産活動は，世界から中間財などの調達などもあることから，2 国間の産業連関表やアジア域内の国々などを対象とした産業連関表，さらには世界の多くの主要国を対象とした産業連関表など，多国間の国際産業連関表なども構築されている。

　国際産業連関表では，複数の国や地域の間での中間財と投入などの状況がわかることとなるが，対象とする国・地域以外の「その他世界（地域）」とのやりとりをどう扱うか，相手国・地域や「その他世界（地域）」とのやりとりについて，財・サービスの区分をどこまで区分して考えるかなどによって，大きくは図 2-5 に示したとおり，3 つのタイプに分類される。なお，ここでは 2 か国，2 財のケースでの記載である。

　タイプ A は，a 国・b 国の財 1 と財 2 の財と，その他世界の財 1・財 2 までも区別して整理する非競争輸入型産業連関表，アイサード型の産業連関表である。このタイプが，最も理想的な産業連関表ではあるが，その整理には，多くのデータや時間がかかることとなる。

　タイプ B は，タイプ A とタイプ C の中間的な位置づけとなる競争・非競争輸入混合型産業連関表であり，a 国と b 国での財 1 と財 2 のやりとりについては表現されることとなるが，その他世界については，タイプ C と同様に輸入欄で示されることとなる。

　タイプ C は，国内の財・サービスか，海外からの財・サービスかを区別せず計上し，輸入欄で，例えば a 国であれば，輸入が b 国であったか，「その他世界」からであったかはわかるタイプの表であり，競争輸入型産業連関表，チェネリー・モーゼス型産業連関表である。他の国からの輸入財が，a 国のどの部門に投入されたかについては，判別ができない。

〔タイプＡ〕 非競争輸入型産業連関表 （2財・2か国間表）

			中間需要				最終需要		輸出(その他世界へ)	輸入	国内生産額(総産出)
			a国		b国		a国	b国			
			第1財	第2財	第1財	第2財					
中間投入	a国	第1財	x_{11}^{aa}	x_{12}^{aa}	x_{11}^{ab}	x_{12}^{ab}	F_1^{aa}	F_1^{ab}	E_1^a	0	X_1^a
		第2財	x_{21}^{aa}	x_{22}^{aa}	x_{21}^{ab}	x_{22}^{ab}	F_2^{aa}	F_2^{ab}	E_2^a	0	X_2^a
	b国	第1財	x_{11}^{ba}	x_{12}^{ba}	x_{11}^{bb}	x_{12}^{bb}	F_1^{ba}	F_1^{bb}	E_1^b	0	X_1^b
		第2財	x_{21}^{ba}	x_{22}^{ba}	x_{21}^{bb}	x_{22}^{bb}	F_2^{ba}	F_2^{bb}	E_2^b	0	X_2^b
	輸入 (その他世界から)	第1財	x_{11}^{ma}	x_{12}^{ma}	x_{11}^{mb}	x_{12}^{mb}	F_1^{ma}	F_1^{mb}	0	$-M_1^{\square}$	0
		第2財	x_{21}^{ma}	x_{22}^{ma}	x_{21}^{mb}	x_{22}^{mb}	F_2^{ma}	F_2^{mb}	0	$-M_2^{\square}$	0
粗付加価値			W_1^a	W_2^a	W_1^b	W_2^b					
国内生産額(総投入)			X_1^a	X_2^a	X_1^b	X_2^b					

〔タイプＢ〕 競争・非競争輸入混合型産業連関表 （2財・2か国間表）

			中間需要				最終需要		輸出(その他世界へ)	輸入(その他世界から)	国内生産額(総産出)
			a国		b国		a国	b国			
			第1財	第2財	第1財	第2財					
中間投入	a国	第1財	$\bar{x}_{11}^{aa}$	$\bar{x}_{12}^{aa}$	$\bar{x}_{11}^{ab}$	$\bar{x}_{12}^{ab}$	$\bar{F}_1^{aa}$	$\bar{F}_1^{ab}$	E_1^a	$-M_1^a$	X_1^a
		第2財	$\bar{x}_{21}^{aa}$	$\bar{x}_{22}^{aa}$	$\bar{x}_{21}^{ab}$	$\bar{x}_{22}^{ab}$	$\bar{F}_2^{aa}$	$\bar{F}_2^{ab}$	E_2^a	$-M_2^a$	X_2^a
	b国	第1財	$\bar{x}_{11}^{ba}$	$\bar{x}_{12}^{ba}$	$\bar{x}_{11}^{bb}$	$\bar{x}_{12}^{bb}$	$\bar{F}_1^{ba}$	$\bar{F}_1^{bb}$	E_1^b	$-M_1^b$	X_1^b
		第2財	$\bar{x}_{21}^{ba}$	$\bar{x}_{22}^{ba}$	$\bar{x}_{21}^{bb}$	$\bar{x}_{22}^{bb}$	$\bar{F}_2^{ba}$	$\bar{F}_2^{bb}$	E_2^b	$-M_2^b$	X_2^b
粗付加価値			W_1^a	W_2^a	W_1^b	W_2^b					
国内生産額(総投入)			X_1^a	X_2^a	X_1^b	X_2^b					

〔タイプＣ〕 競争輸入型産業連関表 （2財・2か国間表）

a 国の競争輸入表		中間需要		最終需要	輸出		輸入		国内生産額(総産出)
		第1財	第2財		b国へ	その他世界へ	b国から	その他世界から	
中間投入	第1財	x_{11}^a	x_{12}^a	F_1^a	E_1^{ab}	E_1^{am}	$-M_1^{ba}$	$-M_1^{ma}$	X_1^a
	第2財	x_{21}^a	x_{22}^a	F_2^a	E_2^{ab}	E_2^{am}	$-M_2^{ba}$	$-M_2^{ma}$	X_2^a
粗付加価値		W_1^a	W_2^a						
国内生産額(総投入)		X_1^a	X_2^a						

b 国の競争輸入表		中間需要		最終需要	輸出		輸入		国内生産額(総産出)
		第1財	第2財		a国へ	その他世界へ	a国から	その他世界から	
中間投入	第1財	x_{11}^b	x_{12}^b	F_1^b	E_1^{ba}	E_1^{bm}	$-M_1^{ab}$	$-M_1^{mb}$	X_1^b
	第2財	x_{21}^b	x_{22}^b	F_2^b	E_2^{ba}	E_2^{bm}	$-M_2^{ab}$	$-M_2^{mb}$	X_2^b
粗付加価値		W_1^b	W_2^b						
国内生産額(総投入)		X_1^b	X_2^b						

$x_{ij}^{ab}, \bar{x}_{ij}^{ab}$ ：中間投入。a, bは国のラベル。i, jは部門のラベル。a=bの場合は国内中間投入, a≠bの場合は輸入を示す。

x_{ij}^{ma} ：その他世界からa国への輸入（中間投入）。aは国のラベル。mはその他世界のラベル。i, jは部門のラベルを示す。

x_{ij}^a ：中間投入の要素。a, bは国のラベル。i, jは部門のラベル。

$F_i^{ab}, \bar{F}_i^{ab}$ ：行に財（商品）を持つ最終需要。a, bは国のラベル。iは財（商品）のラベル。a=bの場合は国内最終需要, a≠bの場合は輸入を示す。

F_i^a ：列に財（商品）を持つ最終需要ベクトルの要素。aは国のラベル。iは財（商品）のラベル。

W_j^a ：行に産業部門を持つ粗付加価値ベクトルの要素。aは国のラベル。jは産業部門のラベル。

X_i^a ：行に財（商品）を持つ生産額ベクトルの要素。aは国のラベル。iは財（商品）のラベル。

E_i^a ：列に財（商品）を持つ輸出ベクトルの要素。aは国のラベル。iは財（商品）のラベル。

E_i^{ba}, E_i^{bm} ：列に財（商品）を持つ輸出ベクトルの要素。a, bは国のラベル。mはその他世界のラベル。iは財（商品）のラベル。

$M_i^{\square}$ ：列に財（商品）を持つ総輸入。iは財（商品）のラベル。

M_i^a ：列に財（商品）を持つ輸入。aは国のラベル。iは財（商品）のラベル。

M_i^{ab} ：列に財（商品）を持つ輸入ベクトルの要素。a, bは国のラベル。mはその他世界のラベル。iは財（商品）のラベル。

図 2-5 国際産業連関表の類型（タイプＡ～タイプＣ）

〔タイプD〕　U表・V表　（2財・2か国間表）

			a国 産業部門 第1	a国 産業部門 第2	a国 財(商品)部門 第1	a国 財(商品)部門 第2	a国 最終需要	b国 産業部門 第1	b国 産業部門 第2	b国 財(商品)部門 第1	b国 財(商品)部門 第2	b国 最終需要	輸出	輸入	総需要(産出額)
a国	産業部門	第1	—	—	v_{11}^a	v_{12}^a	—								q_1^a
		第2	—	—	v_{21}^a	v_{22}^a	—								q_2^a
	財(商品)部門	第1	u_{11}^{aa}	u_{12}^{aa}	—	—	$\bar{\bar{F}}_1^{aa}$	u_{11}^{ab}	u_{12}^{ab}	—	—	$\bar{\bar{F}}_1^{ab}$	E_1^a	$-M_1^a$	X_1^a
		第2	u_{21}^{aa}	u_{22}^{aa}	—	—	$\bar{\bar{F}}_2^{aa}$	u_{21}^{ab}	u_{22}^{ab}	—	—	$\bar{\bar{F}}_2^{ab}$	E_2^a	$-M_2^a$	X_2^a
	粗付加価値		W_1^a	W_2^a	—	—	—								$W_\square^a = \bar{F}_\square^a$
b国	産業部門	第1						—	—	v_{11}^b	v_{12}^b	—			q_1^b
		第2						—	—	v_{21}^b	v_{22}^b	—			q_2^b
	財(商品)部門	第1	u_{11}^{ba}	u_{12}^{ba}	—	—	$\bar{\bar{F}}_1^{ba}$	u_{11}^{bb}	u_{12}^{bb}	—	—	$\bar{\bar{F}}_1^{bb}$	E_1^b	$-M_1^b$	X_1^b
		第2	u_{21}^{ba}	u_{22}^{ba}	—	—	$\bar{\bar{F}}_2^{ba}$	u_{21}^{bb}	u_{22}^{bb}	—	—	$\bar{\bar{F}}_2^{bb}$	E_2^b	$-M_2^b$	X_2^b
	粗付加価値							W_1^b	W_2^b	—	—	—			$W_\square^b = \bar{F}_\square^b$
総供給(総産出額)			q_1^a	q_2^a	X_1^a	X_2^a	$\bar{F}_\square^a = W_\square^a$	q_1^b	q_2^b	X_1^b	X_2^b	$\bar{F}_\square^b = W_\square^b$			

u_{ij}^a：U表(産業別商品投入表)の要素。a, bは国のラベル。i, jは部門のラベル。a=bの場合は国内中間投入、a≠bの場合は輸入を示す。
v_{ij}^a：V表(産業別商品産出表)の要素。aは国のラベル。ijの場合は部門のラベル。i=jの場合は主生産物、i≠jの場合は副産物を示す。
W_j^a：行に産業部門を持つ粗付加価値ベクトルの要素。jは産業部門のラベル。
$\bar{\bar{F}}_i^{aa}$：行に財(商品)を持つ最終需要ベクトルの要素。iは財(商品)のラベル。a=bの場合は国内最終需要、a≠bの場合は輸入を示す。
E_i^a：列に財(商品)を持つ輸出ベクトルの要素。aは国のラベル。iは財(商品)のラベル。
M_i^a：列に財(商品)を持つ輸入ベクトルの要素。aは国のラベル。iは財(商品)のラベル。
X_i^a：行に財(商品)を持つ生産額ベクトルの要素。aは国のラベル。iは財(商品)のラベル。
q_j^a：行に産業を持つ生産額ベクトルの要素。aは国のラベル。jは産業部門のラベル。

資料：文献10〜12などを元に作成。

図2-6　国際産業連関表の類型（タイプD）

　また，このほかに図2-6に示すように，U表とV表から構成されるタイプもある。このタイプDは，国民経済計算（SNA）タイプの地域間産業連関表と呼ばれるものであり，通常の産業連関表とは異なり，「V表（もしくは供給表）」または「U表（もしくは使用表）」によって構成される。

（5）主要な国際産業連関表

　国内外の国際機関や研究機関において多国間の国際産業連関表の作成・公表が行われるようになってきた。表2-5はそれらをまとめたものである。

　ただし，表2-4に示したとおり，開発途上国などでは産業連関表の整備が十分でない国も少なくない。その中で，それらの国も含めた国際貿易・産業間のつながりを分析するためにGTAPデータベースなどの国際産業連関表が提案されている。しかし，GTAPデータベースでは，例えば日本では2015年の全国表の最新版が利用可能であるが，2011年版の全国表が利用されるなど，国際産業連

表 2-5　主要な多国間産業連関表

データベース名	作成機関	最新版の対象年	入手方法	対象国・地域数※1	うちアジア	北東アジア 日本	中国	韓国	台湾	香港	モンゴル	東南アジア シンガポール	タイ	マレーシア	フィリピン	インドネシア	ベトナム	ブルネイ	カンボジア	ラオス	ミャンマー	南アジア インド	バングラデシュ	パキスタン	ネパール	ブータン	スリランカ	産業分類数※1
IDE-AIO（通称：AIO表）	日本貿易振興機構アジア経済研究所（IDE-JETRO）	2005年	最新版は無料DL可（他は有償）	10	9	◎	◎	◎	◎	─	─	◎	◎	◎	◎	◎	─	─	─	─	─	─	─	─	─	─	─	76
GTAPデータベース(Ver.10)	パデュー大学	2014年	有償	141	20	○	○	○	○	○	○	○	○	○	○	○	○	○	△	△	─	○	○	△	△	─	○	65
Eora	シドニー大学	2015年	有償（学術機関は無料）	189	22※2	○	○	○	○	○	○	○	○	○	○	○	○	△	△	△	△	○	△	△	△	△	○	26
OECD-ICIO（通称：ICIO表）	経済協力開発機構（OECD）	2015年	無料DL可	64 ※うちOECD加盟国36	14	◎	◎	◎	◎	─	─	○	○	○	○	○	○	○	○	○	─	○	─	─	─	─	─	36
ADB-MRIO（通称：ADB表）	アジア開発銀行（ADB）	2011年	無料DL可	45	11	○	○	○	○	○	─	○	○	○	○	○	○	─	─	─	─	─	─	─	─	─	○	35

※1：対象国数，産業分類数は，最新公表版のもの。　　※2：地域として，マカオの区分もあり。
凡例：◎　当該国のデータソースの産業連関表が政府機関作成のものであり使用にあたり産業連関表作成者がデータの整合性を確認し使用していると思料されるもの。
　　　○　当該国のデータソースの産業連関表（政府系／非政府系）を使用していることが個別に検証可能であるが，使用にあたり産業連関表作成者がデータの整合性までの確認をしていないと思料されるもの。
　　　△　当該国のデータソースの産業連関表の出典が不明であり専門家による検証が難しいもの，または，使用したデータソースに制約・問題があると思料されるもの。
　　　─　内生国に含まれていない（産業連関表の対象国でない）国。
資料：文献 9，11 ～ 16 および各産業産業連関表の作成関係者へのヒアリング結果を元に作成。

関表が整備されている国のデータについても，必ずしも最新の産業連関表が使われていない，または異なる年次のデータを機械的に結合させて産業連関表を推計している。
　アジア諸国を含んだ代表的な国際産業連関表の各作成事例（IDE-AIO，GTAP，Eora，OECD-ICIO，ADB-MRIO）がどのタイプの産業連関表に分類されるか，また使用できるデータの精度がどのレベルに相当するか整理したものを図 2-7 に示す。

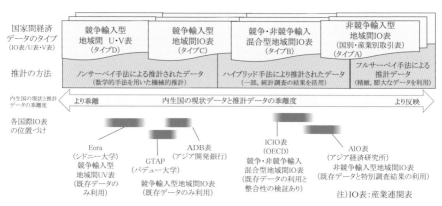

資料：文献 9, 11 ～ 16 ならびに各産業連関表作成関係者へのヒアリングなどに基づき各産業連関表の位置づけなどを作成。

図 2-7　主要な国際産業連関表のタイプや推計方法と精度の関係

　アジア国際産業連関表（IDE–JETRO の国際産業連関表もしくは IDE–AIO）は，アジア経済研究所（IDE–JETRO）と対象国の政府統計局などとの共同研究のもと 1970 年代より作成されているタイプ B の競争・非競争輸入混合型の産業連関表である。

　この表は一部の統計調査なども含めたハイブリッド手法により推計されている。最新のものが 2005 年版で，産業分類が 76，対象国はアジア 9 か国（日本，韓国，中国，台湾，インドネシア，マレーシア，タイ，フィリピン，シンガポール）に米国を加えた 10 か国である。

　作表にあたり，5～7 年の時間をかけて特別調査をかけて輸入表を作成し，特定の国について追加調査を行い誤差原因の究明を通じた修正やバランス調整を行うことで実態を反映した表となっており，内生国 10 か国の現状データと推計データの間の乖離が小さいと言われている。その一方で，2005 年版以降のデータが更新・公表されていないこと，今後成長が見込まれるベトナムやカンボジアなどアセアン 10 か国すべてが対象とはなっていないことが制約となっている。

　GTAP のデータベースは，最新のものは 2014 年が基準年で，65 産業分類，141 か国が対象となっており，東アジアでは日本，韓国，中国，香港，台湾が区分されているほか，アセアン 10 か国については，ミャンマーが東ティモールとともに「その他南アジア」で集計されており，10 か国が網羅されている。GTAP のデータベースは競争輸入型の地域間産業連関表（タイプ C）に分類され，ノン

サーベイ手法による数学的な手法を用いた機械的推計がなされていると言われている。

シドニー大の産業連関表（Eora）は，競争輸入型地域間 U・V 表のタイプ D のデータベースに基づいている。データベースに含まれる対象国が 189 か国と非常に多く，最新のものは 2015 年である。作成頻度が高いが産業分類は 26 で，GTAP やアジア国際産業連関表と比べると少ない。なお，Eora は，各国政府が産業連関表を公表していない場合には，独自に推計することも行っているが，カンボジア，ミャンマー，ラオスなど，対象国の政府統計もしくは専門的な調査結果に基づく情報が公表されていないアジアの国については機械的なノンサーベイ手法による推計を行っている。

経済協力開発機構（OECD）の産業連関表（OECD-ICIO）は，2015 年基準で，OECD 加盟の 36 か国と非加盟の 28 か国の合計 64 か国が対象で，産業区分は 36 である。OECD では，世界中の公表されている産業連関表，U-V 表，供給・使用表（SUT 表）をできる限り収集し，産業連関表や国民経済計算（SNA）の専門家による整合性分析や経済統計の質を逐次検証しながら推計をしており，欠損部分については，欧州共同体（EC），アジア開発銀行（ADB），国連（UN）など他の国際機関や各国の統計局などとも情報交換をしながら，独自で推計しているので，ハイブリッド手法により推計された産業連関表（タイプ B）である。OECD の産業連関表は競争・非競争輸入混合型の産業連関表であり，輸入品がどの部門で利用されるかなどが表現できていないが，それを補うために輸入品がどの財・サービスに利用されたかを表す輸入表も簡易推計している。

アジア開発銀行の産業連関表（ADB-MRIO）は 45 か国対象，産業分類 35 で，最新のものは 2011 年版で，GTAP と同様の「競争輸入型地域間 IO 表（タイプ C）」である。アジア開発銀行はアジアの主な加盟国政府機関よりデータを収集する体制を整え産業連関表（ADB-MRIO）を推計している。アジア諸国の産業連関表を内生化しているデータであるが，各国から提供されるデータに多くの制約があり，各産業連関表や SNA との整合性の検証が不十分なまま，既存の情報（提供される政府統計，貿易統計）をそのまま利用して機械的な方法で推計しており，参考値として IO 表を公表している。現時点で ADB-MRIO を用いてアジア域内の各国経済を詳細に数量経済分析する際には，研究者が個別に対象国のデータについて整合性を分析する必要があり，アジア各国から提供されるデータの精度向上が課題である。

2-2 貿易・産業構造の分析データ推計

　アジアでは経済のグローバル化に伴い，国を越えた人やモノの移動が増加し，国家・地域間の相互依存が進んでいる。さらに，アセアンは市場統合だけでなく単一輸送市場の実現，域内全体でのエネルギー相互供給，インフラ建設，格差是正など広範な分野を対象とする壮大な目標を目指している。アセアンの多くの国々は，OECD 各国あるいは東アジアへの直接的な貿易依存度が高まっており，相対的に域内貿易の比率が低下する傾向にある。例えば，主要経済圏が対象の貿易額ではあるが，1 章の図 1-6 をみると，アセアンの域内貿易額は 2000 年の 860 億ドルが 2,070 億ドルに増加しているが，アセアンの貿易額に占めるアセアン域内の貿易比率は，2000 年の 15.8 ％ が 2017 年には 14.7 ％ に低下している。

　世界の貿易のかなりの部分がアジア諸国に関連し，さらに今後も開発途上国の発展などで，産業構造や貿易構造が大きく変わろうとするなかで，アジアを中心とする産業構造データをしっかりと押さえ，分析していくことは，非常に重要な課題である。

　しかしながら，表 2-4 でみたとおり，各国の産業連関表は対象年次，内生部門数（行・列のそれぞの数），価格評価などが異なるだけでなく，カンボジア，ラオス，ミャンマーなどの一部の国では，現地政府による産業連関表が依然として整備されていない。統計の未整備もしくは概念や公表年次の異なる国々で各国の産業連関表をどのように整備しそれらを連結して国際産業連関表をどのように作成するかという課題がある。具体的には，収集・推計するデータの統一指標・共通形式の調整（対象年次の共通化，共通部門分類の設定，価格概念の調整），連結する各国の産業連関表の作成（U 表・V 表，非競争輸入型産業連関表，競争輸入型産業連関表，競争・非競争輸入混合型産業連関表），各国産業連関表を連結するための国・地域間交易構造の推計（地域間投入係数，もしくは地域別投入係数と地域間交易係数の推計），連結した産業連関表全体と各国統計との整合性の評価（バランスチェック）などを行う必要がある。

　さらに，アジア域内，アセアン域内などの貿易比率が高まり，国々が相互に製品や部品などの貿易を活発化しているなかで，どこの国・地域のどのような産業で付加価値がつけられているか，どこの国・地域に付加価値が帰属しているのかなどの議論も最近では活発となっている。

　以下では，国際産業連関表の継続的な整備が不可欠となるなかで，国際産業連

関表がどのように作成されているか，また最近のグローバルバリューチェーン把握のためにどのような検討がなされているかなどを紹介する。

（1）国際産業連関表の推計方法

　部品や製品などがどこの国から，どれだけ輸出入され，どれだけの付加価値がつけられているかなど，国際間の産業のつながりを見るには，国際産業連関表の整備が不可欠であるが，その作成作業には非常に多くの時間・労力を要する。

　非競争輸入型ならびに競争輸入型の国際産業連関表の作成フローの概要を図2-8 に示す。その推計方法は，図に示したとおり，大きく分けて下記の①～④となる。

① 対象国の使用可能な情報収集

　各国の産業連関表や，貿易統計，SNA などの情報を，可能な限り作成しようとしている産業連関表の基準年をにらみつつ収集する。

② 対象とする基準年への変換などの作業

　各国もしくは，各地域を代表する国の産業連関表などを収集した場合でも，

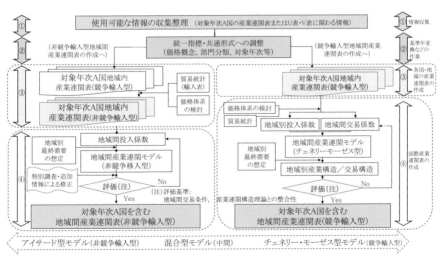

資料：文献 17 などを元に作成。

図 2-8　地域内産業連関表などからの国際産業連関表（地域間表）の推計方法

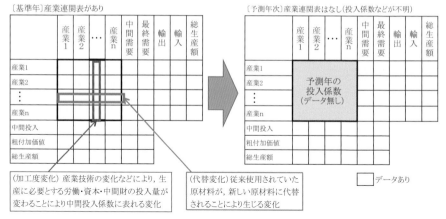

図2-9　RAS法の概念図

作成しようとしている基準年のものではない場合がでてくる。この場合には，RAS法により基準年の産業連関表を作成するなどの作業が必要となる。

　RAS法は，基準年次（t年）の産業連関表のすべてのデータと，予測年次（t＋α年）の産業連関表はないものの産業連関表の作成に関わる部門別生産額・部門別粗付加価値額・部門別最終需要額（もしくは部門別中間需要額）などの一部のデータのみを用いて，予測年次の投入係数を推定するノンサーベイ推定法[18)19)]であり，産業連関表の縦方向の変化である加工度変化と，横方向の変化である代替変化の双方の変化の双方を用いて，将来時点の投入係数を推計する（図2-9）。具体的には，基準年次（t）から予測年次（t＋α年）の投入係数行列の変化を代替変化乗数行列 **R** と，加工度変化乗数行列 **S** という2つの乗数行列で表し，逐次的な近似計算計算を行い，予測年次（t＋α年）の中間需要合計と中間投入合計が一致するように将来の投入係数行列を推計することとなる。

③ 各国・地域の産業連関表の作成

　競争輸入型の場合については，輸入財と国内財の区別をしない競争輸入型の国内・地域内産業連関表は，①②の結果をもとに，各国の生産・中間需要・中間投入，最終需要などの情報を用いて作成される。

　また，非競争輸入型の場合には，対象国の地域内産業連関表（競争輸入型）と貿易統計を用いて輸入表を推定し，輸入財と国内財を部門別に区別した非競争輸入型の国内・地域内産業連関表を作成する。各国の部門別輸入表を推計する際に

は，輸入財需要先の構造を把握する必要があるが，既に公表済みの経済統計（例：事業所センサス，国勢調査など）を補完的に利用し，投入産出や貿易構造の特別調査の実施による不足情報の補正や修正を行う。一般的には，輸入額シェアに基づく輸入表の国別分割（比例配分），特別調査（輸入財需要先調査，投入産出調査）の結果に基づく投入係数や輸入表の修正の２段階で行われる。

さらに，競争・非競争輸入混合型の場合には，輸入財と国内財を一部の業種について部分的に区別したタイプのものであるので，基本的には非競争輸入型の場合と同じであるが，第二段階において，既存の公表済みの経済統計の結果を補完的に利用することによって輸入表の修正を行う。

④ 国際産業連関表（国家間・地域間産業連関表）の作成

非競争輸入型地域間産業連関表，いわゆるアイサード型の場合には，対象国の地域内産業連関表（競争輸入型）と貿易統計を用いて輸入表を推計し，非競争輸入型の国内・地域内産業連関表を作成する。次に非競争輸入型の地域内産業連関表における輸入表を貿易相手国別に分割して国家間貿易マトリックスを作成する。そして国家間貿易マトリックスから国家間・地域間投入係数を推定したうえで，国別・地域別の最終需要額，生産額を用いてアイサード型の非競争輸入型地域間産業連関表を推定する。各国の輸入表を推計する際には，輸入財需要先の構造を把握する必要があるが，既に公表済みの経済統計（例：事業所センサス，国勢調査など）を補完的に利用し，投入産出や貿易構造の特別調査の実施による不足情報の補正や修正を行う。その結果として，非競争輸入型地域間産業連関表が作成される。

また，競争輸入型地域間産業連関表，いわゆるチェネリー・モーゼス型の場合には，貿易統計（品目別・相手国別貿易統計）を用いて，国家間・地域間交易係数を推定し，各国別の価格体系を利用して国別入係数を修正する。そして，国家間・地域間交易係数と国別投入係数を用いてチェネリー・モーゼス型の地域間産業連関モデルが構築され，別途，外生的な情報として国別最終需要をこのモデルに与えて対象年次の国別産業構造と国家間貿易構造を推定し各国の産業連関表を連結させる。その結果として，競争輸入型地域間産業連関表が完成する。

さらに，競争・非競争輸入混合型地域間産業連関表，いわゆる中間型の場合には，基本的には，非競争輸入型（アイサード型）モデルの場合と同じであるが，国家間・地域間投入係数を推定する際に，既存の公表済みの経済統計を利用しな

がら，貿易構造の特別調査結果の活用など，できる限り不足情報の補正や修正を行う。その結果として，競争・非競争輸入混合型地域間産業連関表が作成される。

　なお，連結すべき対象国の基準年の産業連関表やU表・V表が存在しない場合には，地理的類似性や経済発展段階の類似性を考慮しながら他国・他年次の産業連関表の投入係数からその加重平均値を求め，投入係数を確定させ，競争輸入型の産業連関表（またはU表・V表）を推定することとなる。そして次に，各国の部門分類（産業分類・財サービス分類）を統一し，代表国の産業連関表の情報を用いて連結する各国の輸入・輸出，粗付加価値額，最終需要の各項目の合計値を固定させたうえで，データの項目・形式を調整する。連結する各国の統計情報の水準，例えば価格指標・マージン指標・輸入表の整備状況や各国の投入調査や品目毎の相手国貿易統計の利用可能性などに応じて，非競争輸入型地域間産業連関表（アイサード型モデル），競争輸入型地域間産業連関表（チェネリー・モーゼス型モデル），競争・非競争輸入混合型地域間産業連関表（アイサード型とチェネリー・モーゼス型の混合型モデル）のいずれかを作成することとなる。

（2）付加価値貿易に関わる推計方法

① バリューチェーンへのニーズ

　世界経済・貿易の進展や，情報や輸送技術などの進歩により，グローバルサプライチェーンが展開されており，国際的な分業ネットワークによる生産や消費が展開されている。

　国際分業の進展により，従来の部品製造や組立てなどを一貫して行うようなフルセット型の工業化を経験することなく，所得水準や開発段階が異なる国々で生産・消費プロセスが国境を越えて展開され，付加価値貿易のネットワーク，グローバルバリューチェーン（GVC）が形成されている。国際分業ネットワークによる生産活動などの経済システムの概念図を図2-10に示すが，グローバルバリューチェーンは，開発途上国などに対しては，国際分業ネットワークへ参加する可能性を広げており，国際分業ネットワークの生産体制のもとで，貿易の多様化や経済成長への開発戦略を立案する必要が生じている。

　また一方で，グローバルサプライチェーンの形成は一部の国・地域が付加価値の多くを得る立場をもたらす反面，開発途上国にとってグローバルサプライチェーンへの参加は，経済システムが低付加価値の生産工程に組み込まれ，持続的発展を妨げ，先進国では国内産業の空洞化による国内雇用への悪影響をもたら

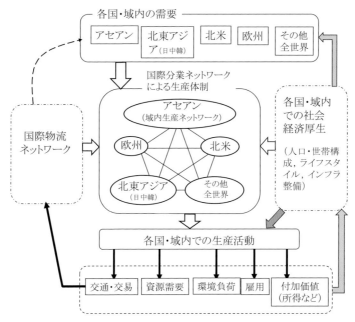

図 2-10　国際分業ネットワークによる経済システム

すといった懸念もある。

　しかしながら，貿易による付加価値がどこでどれだけ付与されているか，川上から川下までの流れだけでなく，グローバルに部品や製品が動いている現在では，複数の国からの部品・原材料を用いて製造がされ，それが海外や当該国で販売されるという流れとなるため，製品の付加価値はどこでどれだけ付与されたものか，それをできるだけ正確に把握しておく必要がある。

　例えば，パソコンをはじめとする電子機器産業では，生産過程などにおける付加価値がどこに帰属しているかの議論の際に，台湾のパソコンメーカーであるエイサーの創業者スタン・シー氏が名づけたと言われるスマイルカーブが引き合いに出される[20]。研究・開発→組立・製造→販売・サービスといった川上から川下までの流れを考えると，バリューチェーンの川上である企画や部品製造や，下流の流通やサービス部門の付加価値のほうが，中間の組立・製造よりも利益率が高く，両端が高く真ん中が低いスマイルマークのような形状の曲線となるものである（図 2-11）。

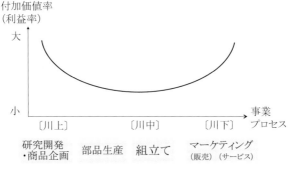

付加価値率
（利益率）

大

小

〔川上〕　　　　　〔川中〕　　　　〔川下〕　事業
　　　　　　　　　　　　　　　　　　　　　　プロセス

研究開発　　部品生産　組立て　　マーケティング
・商品企画　　　　　　　　　　　　（販売）（サービス）

資料：文献 20 などを元に作成。

図 2-11　スマイルカーブ

　このスマイルカーブのように，グローバルサプライチェーンの中で，部品製造
や組立て，販売などの各段階において，誰がどれだけの付加価値に寄与している
か，単に貿易額に注目するだけではなく，この付加価値がどれだけやりとりされ
ているかの把握が近年は不可欠となってきている。

② バリューチェーンの統計と産業連関表

　グローバルサプライチェーンの拡大と深化により，財・サービスは一国の生産
物というよりも，その生産・提供が国境を越えて鎖のように連なっているものと
して展開し，グローバルバリューチェーンを形成している。従来の貿易統計では
国境を越えた取引を総額（グロス）ベースで記録しているため，財の国を越える
回数が増えるほど（例：輸入，再輸出，再輸入の繰り返し），国際貿易のフロー
が実際の価値ベースの流れよりも過剰に計算されるため（貿易統計の多重計算問
題），輸出に占めるその国の純国内付加価値を正確に測りきれない状況が発生する。
そこで国際貿易を財・サービスの流れでなく，それらの生産過程における付加価
値の流れとして捉えなおした「付加価値貿易」という考えが生まれた。「付加価値
貿易」とは，財の取引記録をベースにした従来の貿易概念に代わり，製品をその
生産工程ごとに分解して各工程において付加された価値の国際的な流れを問うも
のである[21]。これにより，国際分業体制の下において国際貿易を通して作り出
された付加価値が，どの国のどの産業でどれだけ帰着しているか数量的に把握で
きる。

　ここで，図 2-12 に示すような 4 か国（a 国，b 国，c 国，d 国）間での国際貿

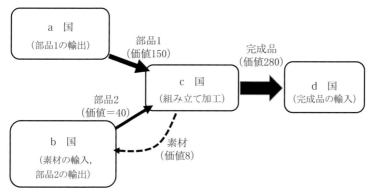

資料：文献 21 などを元に作成。

図 2-12 4か国（a 国，b 国，c 国，d 国）間での国際貿易

易の例で付加価値貿易について考えてみる。a 国で生産された部品1（単価150）と b 国で生産された部品2（単価40：生産のためには c 国から原材料として単価8の素材が必要）をもとに，c 国で部品1と部品2を1つずつ使って付加価値が90付与され完成品（単価280）が製造され，さらに d 国へ輸出されると仮定する。この設定例において，通関統計ではどのように計上が行われるかを考えると，まず a 国から c 国への輸出で部品1の価値150，b 国から c 国への輸出で部品2の価値40，c 国から b 国への輸出で素材の価値8がそれぞれの通関統計に計上される。そして c 国からから d 国へ完成品が輸出されるので，その価値280がさらに追加計上される。

　ところが，完成品の単価280は a 国で生産された部品1（価値150），b 国で生産された部品2（価値40），c 国の素材（価値8）を含んでいるので，d 国の市場に行き着くまでにこれらの部品や素材の価値が通関統計で3回（b 国，c 国，d 国で各1回）計上されることになる。

　これを，付加価値ベースで考えると，d 国が輸入した完成品（価値280）が，どこの国に起因している価値であるかを考えることとなり，製造に必要となった部品1の価値150が a 国，部品2の価値40から生産に必要となった c 国からの素材8を除いた32が b 国，c 国は部品2の原材料の素材8と，部品1と部品2を用いて90の付加価値をつけて d 国に製品として輸出したので「8＋90」が付加価値となる。

　上記の従来の貿易統計（通関統計ベース）と付加価値貿易統計ベースでどのよ

表2-6 貿易統計の多重計算問題の一例

	A. 従来の貿易統計	B. 付加価値貿易統計	C. 統計の差(= A−B)
a 国→c 国（部品 1）	150	0	150
b 国→c 国（部品 2）	40	0	40
c 国→b 国（素材）	8	0	8
c 国→d 国（完成品）	280	90＋8 ＝ 98	182
a 国→d 国（部品 1）	0	150	▲ 150
b 国→d 国（部品 2）	0	40−8＝32	▲ 32
世界貿易量	150＋40＋8＋280 ＝ 478	98＋150＋32＝280	478−280＝198（純粋多重計算の値）

うに計上がされることとなるかを示したのが表 2-6 である。記録上の貿易量（通関統計ベース：478）が付加価値の流れ（280）よりも過剰に計算されていることがわかる（478-280=198）。

　この問題を解決するために，従来の総額ベースの貿易統計に対する付加価値の構造を分解する方法が開発され[21]，国内付加価値と国外付加価値の中に含まれる純粋重複計算分を分離し，その源泉国を定めて総額ベースの貿易統計と付加価値貿易の関係を明確にして統計勘定の枠組みを整理している。

　その方法では，輸出は付加価値貿易として「国内源泉の付加価値」，「海外源泉の付加価値」，通関統計と付加価値統計の差にあたる「純粋多重計算項」に大きく分けられている。そして，「国内源泉の付加価値」は，「輸出に含まれる部分」と「国内への跳ね返り（再輸入）効果」に分けられている。さらにこれらは，付加価値フローが中間財取引によるものか，最終財取引によるものかなどの観点から細分化することができるとしている（図2-13）。

　この分解方法に基づき，表 2-6 の例を，図 2-13 に示した分類で整理すると，c 国から完成品の付加価値は，国内源泉の付加価値として，輸出により直接的に誘発された c 国内の源泉付加価値（90），c 国の国内に「再輸入」された付加価値（跳ね返り効果 8），海外源泉の付加価値（a 国製の部品 1 の 150，b 国製の部品 2 の 32），純粋多重計算項（198）の 4 つに分解される。

　上記の事例のような付加価値貿易の状況については，国際産業連関表（地域間産業連関表）の中の「仕向け国の最終需要額（$\mathbf{P}^{\mathrm{T}} \cdot \mathbf{Y}$）」，「中間取引額から得られる投入係数行列（$\mathbf{A} = \mathbf{x} \cdot \hat{\mathbf{X}}^{-1}$）」，「源泉国の粗付加価値総額から得られる粗付加価値率行列（$\hat{\mathbf{v}} = \hat{\mathbf{V}} \cdot \hat{\mathbf{X}}^{-1}$）」の 3 つの情報を用いて推計することができる。

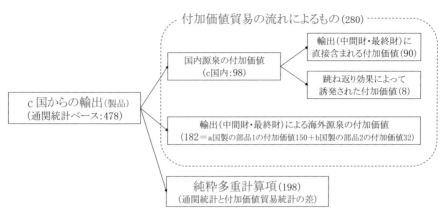

資料：文献 21 ～ 23 などを元に作成。図中の数字は表 2-6 の事例のケースの例示。

図 2-13　輸出が含む付加価値の創出経路による構造分解

　具体的には式 (2-3) の最終需要 **Y** を輸出 **E** に置き換えた式 (2-5) を用いて財・サービスの貿易に含まれる付加価値額すなわちグローバルバリューチェーン (**GVC**) を計測することができる。

$$\text{GVC}＝\hat{\mathbf{v}}\cdot[\mathbf{I}-\mathbf{A}]^{-1}\cdot\mathbf{E} \tag{2-6}$$

　なお，輸出による付加価値は源泉地からの国内付加価値 (**DV**) と海外源泉の付加価値 (**FV**) に分解したうえで，式 (2-6) の **E** を **DV** に置き換えて，それを輸出先の需要目的別から最終財輸出と中間財輸出に分解して計測する。一国を対象とした産業連関表では，付加価値の帰着先は，自国か海外かという二者択一であったが，複数の国を対象とする国際産業連関表を用いれば，粗付加価値の帰着先を国別に求めることができるという利点がある。そのため，自国で発生した最終需要によって誘発された粗付加価値が，自国の産業だけでなく，国境をまたいで対象となっている相手国の産業にどのように配分されているのかということまで分析が可能となる。現在，付加価値がどこでどれだけ付加されたか，経済協力開発機構 (OECD) においても，付加価値貿易 (TiVA：Trade in Value Added) 指標についての検討がなされているところである。

《参考文献》

1) 総務省　Web サイト「産業連関表」「国民経済体系における産業連関表」

(http://www.soumu.go.jp/toukei_toukatsu/data/io/t_gaiyou.htm)

2) 総務省「平成 27 年 (2015 年) 産業連関表作成基本要綱　第 2 部平成 27 年 (2015 年) 産業連関表の作成手順及び作業内容」p.88

(http://www.soumu.go.jp/toukei_toukatsu/data/io/youkou_2015.htm)

3) 落合　純「地域産業連関表の作成状況」『産業連関』第 7 巻第 2 号，pp.32-37，1997 年

4) 石川良文「日本の地域産業連関表作成の現状と課題」『産業連関』第 23 巻第 1〜2 号，pp.3-17，2016 年

5) 山下　朗「小地域産業連関表作成におけるサーベイ・アプローチの有用性と課題―釧路市産業連関表作成の過程から」『産研論集』第 45 号，pp.23-34，2018 年

6) 宮城俊彦・石川良文・由利昌平・土谷和之「地域内産業連関表を用いた都道府県間産業連関表の作成」『土木計画研究・論文集』第 20 巻第 1 号，pp.87-95，2003 年

7) 人見和美・B. Pongsun「47 都道府県多地域産業連関表の開発―内部・外部乗数による都道府県間生産誘発構造の分析」『電力中央研究所研究報告書　研究報告 Y0735』pp.1-24，2008 年

8) 萩原泰治「47 都道府県間接続産業連関表の作成と分析」『神戸大學經濟學研究年報』第 58 号，pp.33-46，2011 年

9) H. Kaneko, Kwangmoon Kim, F. T. Secretario and P. Sone : "Economic Integration and Regional Development", Chapter 16 Empirical Analysis of International Economic Dependencies Based on the Three-Nation (China-Thailand-LaoPDR) International Input-Output Table (pp.218-231), Routledge, 2017.

10) 稲村　肇・早坂哲也・徳永幸之・須田　熙「SNA 地域間産業連関表を用いた物流解析の実証的研究」『土木学会論文集』No.488 IV-23，pp.77-85，1994 年

11) Manfred Lenzen, Daniel D. Moran, Keiichiro Kanemoto, Arne Geschke : Building Eora : A Multi-region Input-Output Database at High Country and Sector Resolution, Economic Systems Research 25 (1)，March 2013.

12) Angel Aguiar, Maksym Chepeliev, Erwin L. Corong, Robert McDougall, Dominique van der Mensbrugghe : "GTAP Database : Version 10", Journal of Global Economic Analysis, Vol.4, No.1, pp.1-27, 2019.

13) 桑森　啓・玉村千治「アジア国際産業連関表の作成」『研究双書』IDE-JETRO，第 632 号，2017 年

14) 玉村千治・桑森　啓「国際産業連関分析論」『研究双書』IDE-JETRO，第 609 号，2014 年

15) OECD　Web サイト「OECD Inter-Country Input-Output (ICIO) Tables」
(https://www.oecd.org/sti/ind/inter-country-input-output-tables.htm)

16) ADB　Web サイト「Input-Output Tables (IO Tables) for Selected DMCs」
(https://www.adb.org/data/icp/input-output-tables)

17) 金子敬生「産業連関分析」「第 9 章国際分業と産業連関」有斐閣，1975 年

18) 仁平耕一「産業連関分析の理論と適用」白桃書房，2008 年

19) 金子敬生「産業連関の経済分析」「第 5 章ノンサーベイ・テクニックによる投入係数の予測」勁草書房，pp.89-105，1990 年

20) Shih, S.: Me-Too is not My Style: Chllenge Difficulties, Break through Bottlenecks, Create Values, The Acer Foundation, 1996.

21）猪俣哲史『グローバルバリューチェーン―新・南北問題へのまなざし』日本経済評論社，2019 年

22）Koopeman, R., Z, Wang and S. Wei : "Tracing Value-Added and Double Counting in Gross Exports", American Economic Review, 104（4）, pp.459-494, 2014.

23）広田堅志「国際価値連鎖における日中貿易の利益分配―製造業付加価値の比較分析を中心に」『広島経済大学研究論集』第 38 巻第 4 号，pp.28-49, 2016 年

第3章

貿易予測モデル

　本章では，前章の貿易・産業構造の動向分析や産業連関分析を用いて，貿易を予測する手法について概観する。**3-1** では貿易予測の概要を述べ，**3-2** では主要な貿易予測モデルの概要や適用例を，**3-3** では貿易予測モデルを用いた分析例を紹介する。

3-1 | 貿易予測の概要

（1）利用可能な予測事例

　海上輸送や港湾の貨物量を推計する際には，一般には，経済成長，人口の増減や構成の変化といった経済社会フレームを設定したうえで，貿易額の変化を推計し，そのうえで貨物量に変換する方法が使用される。経済社会情勢の変化だけでなく，自由貿易協定（FTA）／経済連携協定（EPA）や保護貿易政策などの国際貿易政策，為替レートなどの変化は，貿易額・量に大きな変化を与え，その結果として海上輸送量や港湾貨物量にも影響を与える。

　公的機関による貿易予測の例としては，以下が定期的に公表されており，参照可能である。しかし，いずれも短期予測あるいは現状の動向確認であり，中長期の予測ではない。

- WTO「Trade Forecast」：年2回，今後2年間の世界貿易の将来予測を公表している。貿易額に加え，貿易量や単価の動向，地域別の見通しも示している。
- WTO「World Trade Outlook Indicator」：年4回，貿易動向指数を発表している。100を超えると拡大傾向，未満の場合縮小傾向を示す。輸出注文や自動車生産量といった先行指標や，航空貨物量，コンテナ貨物量などの速報性のある指標を使用して作成されている。予測ではない。

表3-1　日本貿易会と日通総合研究所の見通しの比較

2019 年度見通し						
項目		金額（兆円）	前年度比	品種	金額（兆円）	前年度比
日本貿易会	輸出	82.5	＋0.9%	輸送機械	19.2	＋1.0%
				一般機械	16.1	-1.7%
	輸入	83.8	＋0.9%	鉱物性燃料	19.2	-4.8%
				電気機械	12.8	＋6.9%
項目		金額（兆円）	前年度比	種別	貨物量（千TEU／千トン）	前年度比
日通総合研究所	輸出	81.8	＋0.5%	外貿コンテナ	5,176	＋0.4%
				国際航空貨物	1,269	-4.4%
	輸入	81.5	＋0.6%	外貿コンテナ	7,618	＋1.4%
				国際航空貨物	1,252	＋0.1%

- 日本貿易会「貿易見通し」：年1回，今後1年間の日本の貿易の見通しを，合計額だけでなく，品目別にも示している。同会の調査委員会に参加する商社8社が，ヒアリングなどに基づいて作成している。
- 日通総合研究所「経済と貨物輸送の見通し」：年4回，今後1年間の日本の貿易および国内外貨物量の見通しを公表している。関係機関へのアンケート調査などを基に作成されている。

　表3-1は，日本貿易会と日通総合研究所の予測の比較である。両方の貿易額予測値は近いレベルのある一方，日本貿易会は貨物の品種別の傾向を示しているのに対して，日通総合研究所は輸送機関別の予測となっている。

（2）貿易予測の方法

　港湾計画や事業評価などにおいて，中長期の貿易額や貨物量の定量的な予測値が必要な場合，以下のような予測方法が考えられる。
- 企業ヒアリングなどによる積み上げ：個別の港湾・ターミナルの貨物量は，少数の大手企業の動向に大きく左右される場合が多い。このような場合には，各企業の売り上げ見通しなどに関するヒアリングにより予測する方法が考えられる。
- 時系列分析：過去のトレンドが，将来も続くものとして，簡易に推計する方法。環境に大きな変化がなく，モデル推計などが難しい場合や，他の手法の妥当性を簡易に検証するために使用されることもある。

- 多変量分析：被説明変数（貿易額や貨物量）の変化要因をピックアップし，当該項目の過去のトレンドとの相関関係を定量化したうえで，将来設定を行い，予測値を簡易に算出する方法。2国間の貿易量は，両国の経済の大きさに比例し，距離に反比例すると設定するグラビティ・モデルも例の1つ。変化要因に対する被説明変数の変化を固定しているため，大きな構造変化を伴うような場合には適さない。

- 貿易予測モデルによる分析：2章で述べた産業連関表などを用い，経済産業構造を仮定して，将来変化を推計する方法。ある国のある財の需要に占める特定の国からの輸入割合を示す交易係数の変化を算定する交易係数モデル，経済の動きを1つの連立方程式体系で定式化して経済の実績値により各パラメータを推計していく計量経済モデル，各国の企業や家計が効用を最大化するように行動するとの仮定で政策インパクトの影響を見る応用一般均衡（Computable General Equilibrium：CGE）モデルなどがある。これらのモデル分析は，一定の仮定下において構造変化を再現することができるが，モデルおよび必要なデータセットをすべて構築するには多大な時間・労力を要する。ただし，近年，比較的容易に活用可能なソフトウェアやデータセットがそろってきている。

（3）貿易予測モデルの課題

　貿易予測モデルの課題として，データセットの作成に多大な労力・時間が必要となる点がある。現状値については，GTAP（Global Trade Analysis Project）による国際産業連関データが利用可能で，これまでデータベース Ver.9 で，140か国・地域，57産業分類（品種）の 2004，2007 および 2011 年のデータが利用可能であったが，2019 年 8 月に最新の Ver.10 が利用可能となった（2014 年データが追加）。なお，2章で述べたように，他にも国際産業連関表を作成・公表している機関はあるが，算定に必要なデータがそろうのに時間を要するため，一般には 5 年程度過去の産業連関表が最新のものとなる。一方，将来設定値については，経済社会フレームでは，人口は国連による長期の推計値が存在しているが，GDPは国際通貨基金（IMF）の 5 年間予測が公的機関の中では最も長期であり，10〜15 年の将来値は民間機関などの推計値を使用するか，推計作業を行う必要がある。また，FTA/EPA は，関税率を低減させて，貿易を促進する効果があるが，個別の品目について，どの国との間で，いつ，どれだけ関税率が低下するのかを整理するのは，大変な作業となる。さらに，厳密には，貿易相手国と原産国は必ず

しも一致せず，原産地証明が受けられないと，FTA/EPAの関税率が適用されない。モデル算定を行ううえでは，ある程度の条件の簡素化は避けられず，重要ではない部分の設定に多くの労力を割くのは現実的ではなく，注目している部分のみ精緻に設定し，残りは手間のかからない設定とするなどの工夫が必要である。

また，貿易予測モデルでは，為替レートの影響評価も難しい。一般的に，為替レートは，貿易額に大きな影響があると言われている。円高であれば，輸入品の国内価格が安くなることによる増加が見込め，円安であれば人件費などを日本円で支払う国内企業の輸出は有利になる。一方，大半の貿易予測モデルでは，為替レートは意識されていなく，世界通貨（米ドル）で予測されている。為替レートの輸出入価格への転嫁であるパス・スルー率については，既往の研究の成果（表3-2）をみる限り減少してきている。このことは，企業が国際競争の中で，為替変動に対する対応力を備えてきている可能性もあるが，容易に為替レートの製品価格への転嫁をできなくなってきている部分も大きいとみられる。後者の場合，転嫁できなかったコスト増は，国内人件費の圧縮など他の部分で対応する必要が生じる。

表3-2 既往研究での為替レートの価格への転嫁（パス・スルー）率

文　献	パス・スルー率
Eiji Fujii: Exchange rate pass-through in the deflationary Japan: How effective is the yen's depreciation for fighting deflation?, Discussion Paper Series, No.1073, 2003.	日本輸入 1997 ～ 2001 年 原材料：16% ～ 41% 中間財：24 ～ 50% 完成品：55 ～ 65%
Marazzi et al. : Exchange Rate Pass-through to U.S. Import Prices: Some New Evidence, International Finance Discussion Papers, No.833, 2005.	アメリカ輸入 1980 年代：約 50% 1996 ～ 2005 年：約 20%
内閣府政府統括官（経済財政分析担当）：為替変動の輸出物価への影響分析－為替転嫁率に影響する要因は何か－，政策課題分析シリーズ 5，2009.	日本輸出 1980 年代：30% 1990 年代：10% 程度
経済産業省大臣官房調査統計グループ：為替レートと輸出金額・輸出価格の関係について，産業活動分析（平成 25 年 1 月～3 月期），2013.	日本輸出 1981 ～ 2013 年：30%
佐々木百合：日本の自動車輸出価格への為替相場のパススルーとマーケットパワー，RIETI Discussion Paper Series 13-J-052，2013.	日本自動車輸出 1988 ～ 2008 年：24 ～ 55%
法専充男：円安と日本の輸出－アメリカの輸入物価統計を用いた為替転嫁率の分析－，国際関係研究（日本大学），Vol.37，No.1，2016.	日本→アメリカ 1995 ～ 1998 年：32% 2012 ～ 2015 年：18%

3－2 | 主要な貿易予測モデル

本節では，主要な貿易予測モデルとして，グラビティ・モデル，交易係数予測モデルおよび応用一般均衡（CGE）モデルをとりあげて，その概要と適用例を示す。

（1）グラビティ・モデル

① モデル概要

グラビティ（重力）・モデルとは，ニュートンの万有引力の法則を社会科学に応用したものであり，貿易においては，i 国から j 国への貿易額 F_{ij} が式（3-1）で示される。

$$F_{ij} = G\frac{M_i M_j}{D_{ij}} \tag{3-1}$$

ここに，G：パラメータ，M：経済規模（GDP），D：両国間の距離である。すなわち，貿易額は，両国の経済規模の積に比例し，距離に反比例するとの考え方である。式（3-1）の両辺を対数化すると，式（3-2）となる。

$$\ln(F_{ij}) = \alpha + \beta_1 \ln(M_i) + \beta_2 \ln(M_j) + \beta_3 \ln(D_{ij}) \tag{3-2}$$

ここに，α，β：パラメータ（$\alpha = \ln G$）である。式（3-2）は線形方程式であるため，最小自乗法によりパラメータを特定できる。

この定式化は，直感的で非常にわかりやすいが，実際の貿易額は，式（3-1）に含まれないものの，両国間のつながりの強さを左右するさまざまな要素によって増減する。例えば，旧宗主国・植民地関係があるか，使用言語は共通か，陸上で国境が接しているか，FTA/EPA を締結しているかといった点や両国間の所得水準差も関係する。例えば，Krugman[1]は，米国と EU 諸国との貿易額をグラビティ・モデルにより分析し，推計により得られる貿易額より，実際の貿易額が多くなっているアイルランド，オランダおよびベルギーについて，アイルランドは文化的親和性があり米国にはアイルランド移民の子孫が多いこと，オランダおよびベルギーの両国は，地理的な要因と輸送費面で，最大の貿易港ロッテルダムと，それに次ぐアントワープ港の存在を要因として挙げている。そのため，グラビティ・モデルを用いた貿易分析では，このような項目を，（3-2）式の誤差項として捉える必要がある。

② 適用例

　内閣府[2)]では，FTA/EPA の貿易促進効果について，グラビティ・モデルを適用してさまざまな推計を行っている。その中で，例えば，EPA・FTA の締結状況と貿易額の関係を，式（3-3）の推計式により分析している。

$$
\begin{aligned}
\ln(Trade_{ijt}) = \alpha &+ \beta_1 \ln(Y_{it} \cdot Y_{jt}) + \beta_2 \ln(IncomeGAP_{ijt}) \\
&+ \beta_3 \ln(Distance_{ij}) + \beta_4 Adjacency_{ij} + \beta_5 Language_{ij} \quad (3\text{-}3) \\
&+ \phi FTA_{ijt} + \sum_t \gamma_t Timedum_t
\end{aligned}
$$

　ここに，$Trade_{ijt}$：t 年における i 国－j 国国間貿易額（輸出入計），Y：GDP，$IncomeGAP$：1 人当たり GDP の差，$Distance$：両国間の最大都市間距離，$Adjacency$：国境ダミー（国境が接している＝1），$Language$：公用語ダミー（共通＝1），FTA：FTA ダミー（両国が FTA/EPA を締結＝1），$Timedum$：年ダミーである。1960 年から 2005 年のデータを用いたパラメータの推計結果が，**表3-3** である。変数 FTA のパラメータは有意にプラスであり，FTA/EPA が貿易額を増大させることが確認されている。また，他の変数のパラメータも有意であり，GDP や 2 国間距離をもって貿易量を推計するグラビティ・モデルの有効性も確認できる。

　さらに，内閣府[2)]では，関税率と貿易額の関係性を分析することにより，締結国間の関税率を低下させる FTA/EPA の効果を間接的に確認している。推計式は，式（3-4）のとおりである。

表 3-3　2 国間貿易額と FTA/EPA の関係[2)]

サンプル数	207,989
決定係数　R^2	0.621
自由度調整済　決定係数　R^2	0.621

説明変数	係数	標準誤差	t 値	P 値
FTA ダミー　（FTA/EPA 締結 =1）	1.331***	0.030	44.2	0.00
GDP	0.950***	0.002	528.5	0.00
1 人当たり GDP の差	0.166***	0.003	48.9	0.00
両国の最大都市間距離	−1.196***	0.007	−180.8	0.00
国境ダミー　（接している =1）	0.171***	0.031	5.6	0.00
公用語ダミー　（共通の言語 =1）	0.738***	0.012	62.6	0.00
定数項	−26.130***	0.111	−236.4	0.00

※係数の *** は 1% 基準で有意であることを示す。

$$\ln(Export_{ijt}) = \alpha + \beta_1 \ln(Y_{it}) + \beta_2 \ln(Y_{jt}) + \beta_3 \ln(IncomeGAP_{ijt})$$
$$+ \beta_4 \ln(Distance_{ij}) + \beta_5 Adjacency_{ij} \qquad (3\text{-}4)$$
$$+ \beta_6 Language_{ij} + \beta_7 Custom_{ijt}$$
$$+ \sum_i \nu_i Countrydum_i + \sum_j \omega_j Countrydum_j + \sum_t \gamma_t Timedum_t$$

ここに，$Export$：t 年における i 国から j 国への輸出額，$Custom_{ijt}$：t 年における j 国における i 国からの輸入関税率である。関税率は，先に述べた GTAP Database の Ver.4～6 を用いて，1995，1997 および 2001 年を産業別に算定して，パラメータ推計を行っている。全産業での結果が，**表3-4** である。関税率のパラメータは，輸出に対して有意にマイナスであり，FTA/EPA 締結は輸出額の増加につながることを示している。ただし，産業別での算定結果では，電子機器および鉄鋼は有意にマイナスであったが，自動車・自動車部品および農林水産業では有意にマイナスではないとの結果であった。また，**表3-4** において，輸出国 GDP のパラメータが有意ではないが，これは，式（3-3）と異なり，式（3-4）では輸出額を目的変数としているため，輸出額は輸出相手の経済状況に依存することを示しているものである。

表3-4　輸出額と関税率の関係[2]

サンプル数	101,335
決定係数　R^2	0.310
自由度調整済　決定係数　R^2	0.309

説明変数	係数	標準誤差	t 値	P 値
輸出国 GDP	0.046	0.049	1.0	0.34
輸入国 GDP	0.486***	0.049	10.0	0.00
1 人当たり GDP の差	−0.026***	0.005	−5.0	0.00
両国の最大都市間距離	−0.544***	0.008	−71.9	0.00
国境ダミー　（接している＝1）	0.440***	0.023	19.4	0.00
公用語ダミー　（共通の言語＝1）	0.173***	0.018	9.7	0.00
輸入関税率	−0.007***	0.000	−29.4	0.00
定数項	12.063***	2.084	5.8	0.00

※係数の *** は 1% 基準で有意であることを示す。

（2）交易係数予測モデル

① モデル概要

　貿易は，多国間の多くの産業に依存することから，どこの国や地域からどれだけの貿易がされているかを示す交易係数を用いて，地域間の貿易を算定するのが，交易係数予測モデルである。

　すなわち，交易係数とは，産業連関表において，ある特定の品目の総需要の中で，特定の国からの輸入の割合を示し，r 地域における品目 i の s 地域からの輸入の交易係数は式（3-5）で表される。

$$t_i^{sr} = \frac{m_t^{sr}}{x_i^r - e_i^r + m_i^r} \tag{3-5}$$

　ここに，m：輸入額，x：生産額，e：輸出額を示す。この交易係数の変化を予測することにより，将来の品目別貿易額を推計するのが交易係数予測モデルである。

　交易係数の予測については，時系列データや，ある商品を選択することによる効用関数を考慮して算出する方法などがあり，研究事例[3]もある。また，交易係数と価格の弾性値を用いて算出する方法もあり，その概要は下記のとおりである。

　交易係数の価格弾性値（価格の変化率に対する，交易係数の変化率）σ_i^{sr} を考えると，式（3-6）のとおりとなる。

$$\sigma_i^{sr} = \frac{\Delta t_i^{sr}}{\Delta p_i^r} \tag{3-6}$$

　ここに，p：輸入価格を表す。式（3-6）により，過去の価格変化率に対する交易係数の変化率の割合，すなわち，弾性値を算定し，さらに将来の価格変化を推計することにより，交易係数の将来値が求まる。この価格弾性値は，価格が低下した場合に輸入量が増えることから，理論的にはマイナスとなる。しかし，過去の実績値に基づいて価格弾性値を算定すると，弾性値がプラスとなる場合もあり，2時点間だけでなく，多時点間で推計する方法や，プラスとなった場合には，全品目の平均的な値を用いるなどの処理が必要となる。将来の輸入価格については，輸出国での産業構造の変化による生産品価格の変化に加え，輸入国での関税率の変化も影響を与える。例えば，FTA/EPAの締結により関税率が低下すれば，交易係数は高くなり，輸入量が増える方向に働く。為替レートの変化も影響があるが，前節 **3-1** の転嫁（パス・スルー）率で述べたように，為替レートの変化がそのまますべては価格に転嫁されてはいない状況にある。

② 適用例

　貿易量予測については，単にわが国の輸出入金額や輸送量などを，時系列や人口，工業出荷額，GDP などの社会経済指標との回帰分析のみで求めるのでは，グローバルに産業が関わる時代には，決して十分とは言えないことから，世界の国や地域，各産業などの関わりや，社会経済情勢などを考慮した予測が必要不可欠である。

　このような中，将来 10〜15 年先の日本の海上貨物の輸出入量がどのようになるかを予測するために，交易係数の変化なども加味した貿易モデルを開発した事例 [4] をここで紹介する。

　将来の港湾貨物量算定のために，国土技術政策総合研究所が開発したモデルの全体構造は，図 3-1 のとおりである。産業構造変化や資本・労働などの社会経済情勢変化を考慮した生産品価格の予測，さらには輸送費用や関税などを加味した購入品価格なども考慮して，どの地域からの調達となるかを表す交易係数予測モデルも用いて，日本の相手国・地域との輸出入貿易額を算出する貿易額予測ブロックと，貿易額から海上輸送される港湾貨物量やコンテナ貨物量を算出する輸出入港湾貨物量算定ブロックに大きく分かれている。貿易モデルの世界地域は，貿易の動向や経済連携の状況，今後の成長見込みなども勘案して主要な 23 国・地域に，また，産業分類は世界貿易モデル（GTAP）のデータベースの 57 分類のうち，農水産物などの品目を一部統合し 36 分類としている。

　貿易額予測ブロックの生産品価格予測サブモデルでは，対象国・地域の各産業における産業構造，資本や労働などの価格変化を考慮し，将来の生産品価格を算出する。そして，生産品価格に，輸送費用や関税を加えた購入者価格を算出する。購入者価格は，為替レートの変化，船舶大型化などによる輸送費用の変化，FTA/EPA による関税率変化により変動することとなることから，各国・地域での購入品価格が変化し，式 (3-6) による交易係数の価格弾性値より，交易係数の将来予測を行って貿易額を算定する。貿易額予測ブロックの概念図を図 3-2 に示す。

　なお，生産品価格の推計にあたっては，通例は，資本 K，労働 L，技術進歩率 T とすると，経済学では産出量 Z が $Z = f(K,L,T)$ という関数形で表されることとなり，生産品価格の変化は，その財自体の生産に必要な労働や資本のコストが，原材料となる中間投入財の生産に必要となる資本や労働のコストも含めてどう変わるか，将来の中間投入財の投入比率や付加価値率がどう変わるかを勘案して算定されることとなる。

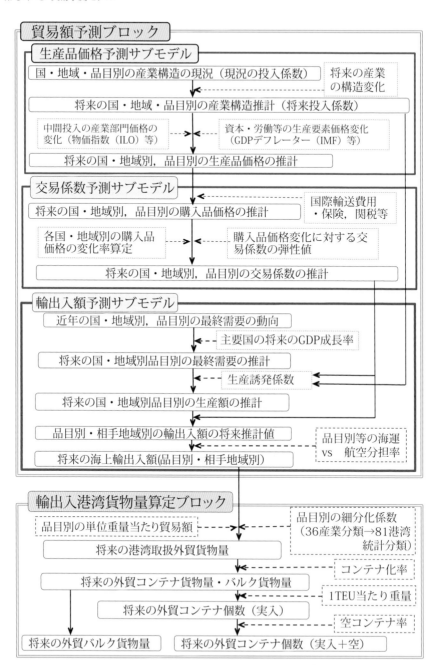

図 3-1 輸出入港湾貨物量推計モデル [4]

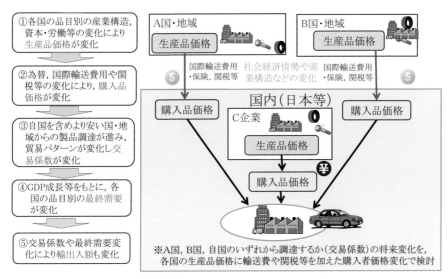

図 3-2　貿易額予測ブロックの概念図[4]

例えば，資本 K や労働 L が増加しない場合でも生産額が増えるとするヒックスの中立的技術進歩を組み込んだコブ・ダグラス型生産関数を考え，資本 K のべき乗である c と，労働 L のべき乗である $1-c$ の合計が 1 となる 1 次同次，つまり規模に対して収穫は一定で生産量の資本弾性値と生産量の労働弾性値の和が 1 となる関数を考えると，生産関数は，式（3-7）のようになる。

$$Y = a \cdot e^{bt} K^c L^{1-c} \qquad (3\text{-}7)$$

ここに，Y：産業別実質生産額，e^{bt}：技術進歩率，t：年度，K：資本投入量，L：労働投入量，a, b, c：パラメータを表す。

モデルの対象国・地域別産業別に生産関数のパラメータ推計をすることとなり，パラメータの推計には，労働に関しては，将来の生産年齢人口，失業率，消費者物価指数，資本についても，将来の金利や，資本消耗率，資本財価格などが考慮される。

ただし，ここの適用事例で紹介するモデルでは，生産関数を主要国・地域別品目別に構築して推計する場合，交易係数の推計パラメータの符号条件なども適合がよくないケースが多いことから，生産関数を用いて推計をするのではなく，将来の投入係数と付加価値率の変化を，近年の産業連関表の動向を基に RAS 法を

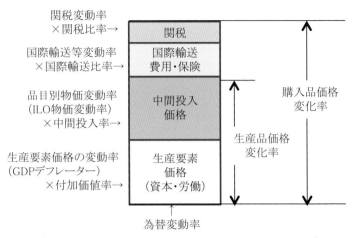

関税変動率
×関税比率→

国際輸送等変動率
×国際輸送比率→

品目別物価変動率
(ILO物価変動率)
×中間投入率→

生産要素価格の変動率
(GDPデフレーター)
×付加価値率→

関税

国際輸送
費用・保険

中間投入
価格

生産要素
価格
(資本・労働)

購入品価格
変化率

生産品価格
変化率

為替変動率

図3-3　購入者価格の構成と価格変化分析（イメージ）[4]

用いて推定し，さらに将来の各国地域の中間投入財や付加価値の価格変化率を推計して，これを掛け合わせることにより将来の生産品価格変化率を算定するという方法をとっている。

　交易係数予測サブモデルでは，生産品価格予測サブモデルで算出した生産品価格に，購入者側の調達者の手元に届くまでに輸送費用，関税などが関わり，また為替レートも調達には関わることから，購入者価格をまず算出し，購入者価格の変動に対する交易係数の変動の弾性値を算出し，将来の交易係数の変化を予測するという方法をとっている。購入者価格の変動については，購入者価格の生産品価格や輸送費用などの構成を考慮し，各要素の構成比や各要素の変動を考慮して算出することとしている（図3-3，表3-5）。

　輸出入額予測サブモデルでは，主要国・地域の最終需要の実績と，将来の国内総生産GDPをもとに，将来の品目別の主要国・地域別の最終需要の推計を行い，将来どれだけの生産額となるかを算定し，交易係数予測サブモデルの交易係数を用いて，それが自国から調達されるか，他の国・地域のどこから調達されるか，輸入額を算出する。さらに，海運と航空の輸入額の分担率を用いて，海上輸送による貿易額が，相手国・地域別，品目別に求められることとなる。

　以上が，貿易額予測ブロックの概要であるが，そのアウトプットである海上輸送による貿易額（品目別，国・地域別）をもとに，輸出入港湾貨物量算定ブロッ

表3-5　わが国の交易係数の試算結果例

品目 ＼ 調達先	日本	米国	中国	台湾	韓国	インドネシア	タイ	ベトナム	オーストラリア
01 コメ	0.986	0.009	0.002	0.000	0.000	0.000	0.000	0.001	0.000
02 小麦	0.179	0.439	0.005	0.000	0.000	0.000	0.000	0.000	0.182
03 他穀物	0.057	0.785	0.044	0.000	0.000	0.001	0.001	0.000	0.070
04 野菜果物	0.898	0.028	0.018	0.002	0.005	0.000	0.002	0.000	0.002
05 他作物	0.731	0.090	0.030	0.003	0.003	0.004	0.004	0.002	0.021
07 林業	0.772	0.075	0.004	0.001	0.000	0.001	0.001	0.002	0.002
08 漁業	0.846	0.005	0.039	0.014	0.020	0.007	0.007	0.017	0.012
09 石炭	0.049	0.063	0.196	0.000	0.000	0.101	0.000	0.017	0.505
10 石油	0.008	0.000	0.001	0.000	0.000	0.006	0.000	0.006	0.003
17 繊維	0.590	0.014	0.281	0.011	0.014	0.011	0.009	0.005	0.002
28 自動車	0.934	0.009	0.006	0.001	0.002	0.001	0.002	0.000	0.000
30 電子機器	0.791	0.022	0.069	0.025	0.019	0.004	0.011	0.001	0.000

資料：文献4のGTAP（2001年），GTAP 7（2004年）などを元にした2009年の推計値から抜粋。

クでは，港湾統計分類の81分類で算定するとともに，単位重量当たりの貿易額や，コンテナ化率などを用いて，港湾貨物量を算定する。

　具体的には，日本の港湾統計では，品種分類は81分類であるので，36分類で算出される海上貿易額を，これまでの貿易統計をもとに，81分類の港湾統計品目と，36分類の統計品目で対応関係を整理し，81分類での海上貿易額を算定する。その後は，81品目分類別に1トン当たりの貿易額単価の推移などを分析して，将来の単位重量当たりの貿易額を用いて，81品目分類別の港湾貨物量の算定，コンテナ化率（全体貨物のうちコンテナ貨物の占める比率），コンテナ1TEU当たりの重量データなどをもとに，コンテナ貨物量やコンテナ本数なども算出し，将来の港湾貨物量を算定する。

　このようにして，算定される将来の港湾貨物量は，将来のわが国の港湾の政策などを検討する際の資料として，公表されてきており，上記のモデルを活用した結果も，表3-6のように，公表がされている。

表 3-6 交易係数モデルを活用した将来の港湾貨物量の推計結果

	現 状 (2008 年)	見通し	
		2020 年	2025 年
港湾取扱貨物	31 億 4,610 万 FT	32 億 4,000 万〜 34 億 1,000 万 FT	33 億 5,000 万〜 36 億 FT
国際海上コンテナ	2 億 5,130 万 FT	3 億 1,000 万〜 3 億 3,000 万 FT	3 億 3,000 万〜 3 億 7,000 万 FT
	1,713 万 TEU	2,100 〜 2,600 万 TEU	2,200 〜 2,900 万 TEU
内貿複合一貫輸送	8 億 510 万 FT	9 億〜 9 億 3,000 万 FT	9 億 1,000 万〜 9 億 5,000 万 FT

資料：文献 5 より。

(3) 応用一般均衡モデル

① モデル概要

　応用一般均衡（CGE：Computable General Equilibrium）モデルとは，各経済主体が最適化行動を行うとの仮定のもと，相互に関連した各市場において需要と供給が均衡する需給量と価格を内生的に決定するモデルである。中でも，空間的応用一般均衡モデル（SCGE：Spatial Computable General Equilibrium）モデルは，複数の地域間の交易を表現可能なモデルである。基準年の均衡状態に対して，政策などによる変化を与えた場合の（再び均衡状態になるまでの）影響が評価可能であり，貿易政策，産業政策，環境政策など広い範囲で使用されている。

　国際貿易の分野で使用される CGE には，以下のようなモデルがある[6]。

- GTAP モデル：米国パデュー（Purdue）大学において開発されたモデル。国際機関や世界各国の機関により，全世界を網羅したデータ GTAP データベースが継続的に改良・更新されてきている点が大きな特徴である。国際貿易分析においては，非常によく使用されており，参照可能な論文も多数ある。

- LINKAGE モデル：世界銀行において開発されたモデル。GTAP データベースを用いて，定期的に更新されている。GTAP モデルに比べて拡張されている部分もあり，世界銀行における分析で使用されている。

- その他のモデル：米国ミシガン（Michigan）大学において開発されたミシガン（Michigan）モデルや，フランスの国際貿易研究所 CEPII において開発されたミラージュ（MIRAGE：Modelling International Relationships in Applied General Equilibrium）モデルは，不完全競争などを考慮した先駆的なモデルである。

② 適用例

応用一般均衡モデル（CGE）を利用した貿易政策による経済影響評価分析の例は，数多い。例えば，日米政府による TPP 締結の効果分析[7)8)]は，GTAP モデルを用いて実施されている（同一モデルではない）。また，CGE モデルを活用した港湾貨物量予測や影響評価[9)10)]も行われており，港湾投資の地域別効果を分析した例[11)]も見られる。CGE は，特に GTAP において，データセットが継続して更新され，プログラムも公開されていることに加え，政策や社会情勢の変化などへの移動速度を仮定して，各期の逐次均衡解を解く動学的モデルも利用可能となってきており，貿易予測への使用環境が整ってきているとは言える。一方で，CGE の大きな課題として，代替弾力性（後述）の設定の問題やデータセット（産業連関表）の更新に 5 年程度のタイムラグが生じることや，将来貿易の予測を行う場合には，本来，各国の産業構造の変化や為替レートの影響を考慮する必要があり，また，後述するように，GTAP モデルにおいては，初期設定では GDP が内生変数となっているため，GDP を与条件とする場合には外生変数との入れ替えが必要である点など，課題も残されている。

3－3 ｜ 貿易予測モデルを用いた分析事例

（1）GTAP モデルの概要

GTAP モデルは，関税率など貿易障壁の変化の経済への影響把握に定評のある応用一般均衡（CGE）モデルであり，前述のとおり，米国パデュー（Purdue）大学の Center for Global Trade Analysis を中心とした世界ネットワークにおいて，モデルプログラムが公開され，継続的にデータベースが更新されてきている。最新のデータベースは Ver.10，国・地域数：141，産業品目数：65，時点：2014 年である。

GTAP モデルの基本構造が**図 3-4** である。矢印は貨幣の流れを示し，各国・地域に，政府，民間家計および生産者が置かれ，政府と民間家計の総体である地域家計は効用が最大となるように行動する。その結果，各市場において需要と供給が均衡する需給量と価格が内生的に決定される。

以下では，GTAP モデルの具体的な算定内容について，概略を述べる。

GTAP モデルにおいては，生産者価格と市場価格が存在し，r 国における i 財

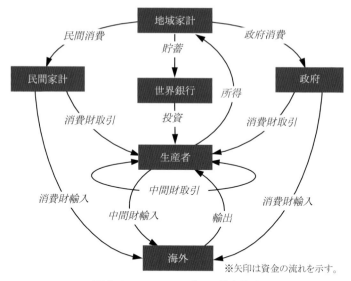

図3-4　GTAP モデルの基本構造

の生産者価格での取引額VOA_{ir}が式(3-8)，市場価格での取引額VOM_{ir}が式(3-9)で示される。

$$VOA_{ir} = PS_{ir} \cdot QO_{ir} \tag{3-8}$$

$$VOM_{ir} = PM_{ir} \cdot QO_{ir} \tag{3-9}$$

ここに，$PS_{ir} \cdot PM_{ir}$：r国におけるi財の生産者・市場価格，QO_{ir}：r国におけるi財の生産量である。両価格の間には，式(3-10)が成立する。

$$VOM_{ir} - VOA_{ir} = PTAX_{ir} = \tau_{ir} PM_{ir} \cdot QO_{ir} \tag{3-10}$$

ここに，$PTAX_{ir}$：r国におけるi財への課税額，τ_{ir}：税率である。

各市場においては，貿易財の取引について式(3-11)，生産要素の取引について式(3-12)において，需要と供給が均衡する。

$$VOM_{ir} = VDM_{ir} + VST_{ir} + \sum_{s \in REG} VXMD_{irs} \tag{3-11}$$

$$VOM_{ir} = \sum_{j \in PROD} VFM_{ijr} \tag{3-12}$$

ここに，VDM_{ir}：r国内で需要されるi財の市場価格，VST_{ir}：r国からのi財

の輸出における輸送費用，$VXMD_{irs}$：r国からs国に輸出されるi財の輸出額，REG：地域，VFM_{ijr}：r国のj産業のi生産要素に対する需要，$PROD$：生産財である。ここで，国内需要VDM_{ir}は，式(3-13)で表される。

$$VDM_{ir} = VDPM_{ir} + VDGM_{ir} + \sum_{j \in PROD} VDFM_{ijr} \qquad (3\text{-}13)$$

ここに，$VDPM_{ir}$：r国におけるi財に対する民間家計の国内需要，$VDGM_{ir}$：r国におけるi財に対する政府の国内需要，$VDFM_{ijr}$：r国におけるi財に対するj産業の中間財の国内需要である。また，世界市場では，輸出額に，関税，国際輸送費を加えると，輸入額となる(式(3-14))。

$$VXMD_{irs} + XTAXD_{irs} + VST_{irs} + MTAX_{irs} = VIMS_{irs} \qquad (3\text{-}14)$$

ここに，$XTAXD$：輸出税，VST：国際輸送費，$MTAX$：輸入税，$VIMS$：輸入需要である。この輸入需要は，式(3-15)で表される。

$$\sum_{r \in REG} VIMS_{irs} = VIM_{is} = VIPM_{is} + VIGM_{is} + \sum_{j \in PROD} VIFM_{ijs} \qquad (3\text{-}15)$$

この(3-15)式は，国内需要の式(3-13)と同じ形であり，$VIPM_{is}$：s国におけるi財に対する民間家計の輸入需要，$VIGM_{is}$：s国におけるi財に対する政府の輸入需要，$VIFM_{ijs}$：s国におけるi財に対するj産業の中間財の輸入需要である。

各産業部門(生産者)は，超過利潤がないと仮定されており，その費用構造は式(3-16)となる。

$$VOA_{jr} = \sum_{i \in TRAD} VDFA_{ijr} + \sum_{i \in TRAD} VIFA_{ijr} + \sum_{i \in ENDW} VFA_{ijr} \qquad (3\text{-}16)$$

ここに，$TRAD$：貿易財，$ENDW$：生産要素であり，式(3-16)の左辺は生産者が生産物を販売することによる収入，右辺は生産者が支払う中間投入および生産要素への支払いである。ここで，実際の生産者の支払額には税が含まれるため，市場価格との支払額は，式(3-17)となる。

$$\begin{cases} VDFA_{ijr} = VDFM_{ijr} - DFTAX_{ijr} \\ VIFA_{ijr} = VIFM_{ijr} - IFTAX_{ijr} \\ VFA_{ijr} = VFM_{ijr} - ETAX_{ijr} \end{cases} \qquad (3\text{-}17)$$

一方，GTAPモデルの生産活動は，生産者が収穫一定の技術を持ち，生産量に対して，中間投入と生産要素を，費用が最小になるように投入する。生産に必

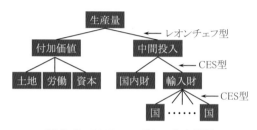

図 3-5　GTAP モデルの生産関数

要な要素・財を決定する生産関数の体系が図 3-5 である。

　ここで，生産者の費用最小化は，式（3-18）により示される。

$$QO_{jr} = e^{ao_{jr}^t} \cdot \min\left\{ QVA_{jr} \cdot e^{ava_{jr}^t}, QF_{ijr} \cdot e^{af_{ijr}^t} \right\} \tag{3-18}$$

ここに，QO_{jr}：r 国 j 産業の生産量，QVA_{jr}：r 国 j 産業の生産要素投入量，QF_{ijr}：r 国 j 産業における i 財の中間投入量，ao_{jr}：r 国 j 産業における全要素の技術進歩率，ava_{jr}：r 国 j 産業における生産要素の技術進歩率，af_{ijr}：r 国 j 産業における i 財の中間投入の技術進歩率である。

　生産者の生産要素投入量 QVA_{jr} は，土地，資本および労働の複合財として式（3-19）の CES 型生産関数で示される。

$$QVA_{jr} = e^{ava_{jr}^t} \left[\sum_i d_{ijr} \left(QFE_{ijr} e^{afe_{ijr}^t} \right)^{\frac{1-\sigma_j}{\sigma_j}} \right]^{\frac{\sigma_j}{1-\sigma_j}} \tag{3-19}$$

ここに，t：年，d_{ijr}：r 国 j 産業における i 生産要素の投入量シェア，QFE_{ijr}：r 国 j 産業における i 生産要素の投入需要量，σ_j：j 産業における生産要素の代替弾力性である。

　また，r 国 j 産業 i 生産要素の中間投入量 QF_{ijr} は，国内財と輸入財の複合財として式（3-20）の CES 型生産関数で示される。

$$QF_{ijr} = e^{afa_{ijr}^t} \left[d_{Dijr} QFD_{ijr}^{\frac{1-\sigma_{Di}}{\sigma_{Di}}} + d_{Mijr} QFM_{ijr}^{\frac{1-\sigma_{Di}}{\sigma_{Di}}} \right]^{\frac{\sigma_{Di}}{1-\sigma_{Di}}} \tag{3-20}$$

ここに $QFD_{ijr} \cdot QFM_{ijr}$：$r$ 国 j 産業における国内・輸入財 i 財の中間投入量，$d_{Dijr} \cdot d_{Mijr}$：r 国 j 産業における i 財の国内・輸入中間財のシェア，σ_{Di}：i 財の国内財と輸入財の代替弾力性である。同様に，輸入財の中間投入量も輸入財同士の

CES 関数で示される。

CES 関数の代替弾力性 σ は，0 のときコブ・ダグラス型（代替弾力性＝1），－∞のときレオンチェフ型（代替弾力性＝0）となる。GTAP モデルにおいては，代替弾力性は，財・産業別には異なるが，国・地域では共通の値となっている。この代替弾力性は，推計結果に大きな影響を及ぼすが，その推計には一定の困難さを伴い，また，状況により変化する部分もあるため，CGE の大きな課題の一つとなっている。さらに，GTAP モデルの生産関数では，図 3-5 のとおり，付加価値および中間投入はレオンチェフ型となっているため，相対価格が変化しても，固定された割合の生産要素を投入することになる。そのため，投入財同士の転換は発生しない。将来予測に使用する場合には，何らかの形で産業構造の変化を考慮することが必要なため，この点も一つの課題となる。

貿易を担う運輸セクターは世界に 1 つだけ設定されており，同セクターは輸送サービスを提供する代わりに，(3-14) 式に示すように，各国・地域間の各財の輸入 CIF 価格と輸出 FOB 価格との差額から関税を控除した金額を受け取ることとなっている。

GTAP モデルを走らせるアプリケーション（Run GTAP）では，政策などによりショックとして与えることができる外生変数として，初期設定では以下のような変数が設定されている．

- 人口（pop）
- 生産者の生産量（qo）
- 関税率（tm, tms, tx, txs）
- 税率（to, tp）
- 商品価格（$pfactwld$）
- 技術進歩率に関する変数（ao, ava, af）　など

例えば，FTA/EPA の効果として関税率低減の経済影響を算定する場合には，関税率を変化させれば良い。ここで，tm_{is}：s 国の i 財輸入における関税率変化，tms_{irs}：s 国の r 国からの i 財輸入における関税率変化，tx_{ir}：r 国の i 財輸出における関税率変化，txs_{irs}：r 国の s 国への i 財輸出における関税率変化である。関税率変化は，貿易財別に，関税率の変化率（% change rate），関税率の変化 %pt（% change power）もしくは目標関税率（% target rate）で設定できる。なお，これらの外生変数は固定ではなく内生変数と入れ替え可能である。前述したとおり，

将来予測において GDP を与条件とする場合には，代わりにいずれかの外生変数を内生変数に変更する必要があるが，変数の数が一致しなければ計算が成立しない。

　最後に，GTAP データベースについても触れておく。データベースに収納されているデータは，いわゆる均衡状態であり，世界中の全データが整合している。しかし，実際の統計データでは，このような整合はあり得ない。例えば，各国の貿易統計には不整合が存在する。すなわち，A 国の貿易統計における対 B 国輸出額と，B 国の貿易統計における対 A 国輸入額とは，本来同額になるはずであるが，ほとんど一致しない（実際には，輸出額は FOB，輸入額は CIF で計上されるため，比較するためには，輸入額から運賃・保険料を控除する必要がある）。一般には，輸入側の統計データは輸出側より精度が高い傾向があるが，GTAP データベースにおいては，各国の輸出入データの信頼度である Reliability Index を算定し，Reliability Index が高い国のデータを優先して採用する方法が用いられている [12]。したがって，データベースの貿易額は，各国貿易統計の数値とは完全には一致しない。また，データベース Ver.9 は 2015 年 3 月にリリースされており，そのデータは 2011 年値であるが，統計によっては 2011 年値が間に合っていないものもある。例えば，日本の産業連関データは 2005 年のデータが使用されており，2011 年の経済規模に合わせて調整がされている。GTAP モデルの使用にあたっては，このようなデータベースの特性を理解しておく必要がある。

（2）貿易戦争による海運貨物量への影響分析 [13]

　2017 年からの米トランプ政権は，貿易赤字への対抗措置として，通商法の適用による追加関税の賦課を進め，これが，相手国の報復措置を招き，貿易戦争の様相を呈してきた。図 3-6 に追加関税が賦課された貿易の世界貿易に占める割合の変化を示す。執筆時点（2019 年 6 月）において，世界貿易の 2.2% に追加関税が賦課されており，最大 6.5% まで拡大する可能性がある。

　この貿易戦争の影響を，GTAP モデルを用いて推計した。算定イメージを，図 3-7 に示す。追加関税が賦課されることにより，輸入価格が上昇，輸入数量が減少し，結果として，貿易・経済が縮小する。このような応用一般均衡（CGE）による政策評価は，前述の通り，推計時点からの政策の有無による差（インパクト）を評価しているものであり，GDP，人口などの変化が生じる将来予測ではない。また，GTAP モデル（データベース Ver.9）による算定結果は 2011 年の貿易

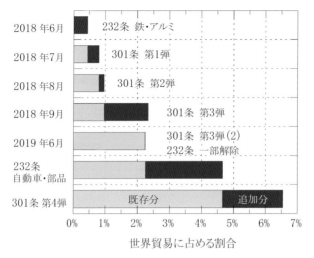

図 3-6　追加関税対象貿易の世界貿易に占める割合

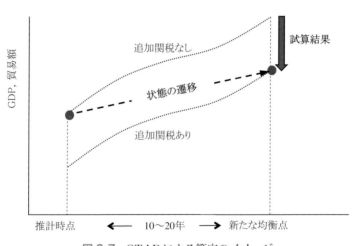

図 3-7　GTAP による算定のイメージ

額の変化で示されることから，2017 年時点に換算したうえで，さらに，**図 3-8**
の手順に従い，海運貨物量に換算した。この際，輸送割合および単価は米国貿易
統計，コンテナ貨物の容積重量比は PIERS のデータを用いている。貿易額から
貨物量への変換手法については，**4 章**において触れる。

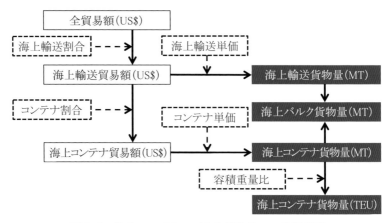

図 3-8　海上コンテナ・バルク貨物量への換算手順

算定ケースは，時系列に，以下の 7 つである。

1：232 条鉄鋼・アルミ　2018 年 7 月
2：301 条第 1 弾　2018 年 7 月
3：301 条第 2 弾　2018 年 8 月
4：301 条第 3 弾（税率 10％）　2018 年 9 月
5：301 条第 3 段（税率 25％），232 条一部解除　2019 年 6 月〔執筆時点〕
6：232 条自動車・部品（税率 25％）
7：301 条第 4 段（税率 25％）

　GDP の算定結果が，図 3-9 である。変化率では，中国のほうが米国より大きく，現時点（2019 年 6 月）の追加関税のインパクトは，米国：0.12％ に対して，中国 0.27％ 減となった。
　貿易額の算定結果が，図 3-10 である。米国のほうが落ち込みは大きく，執筆時点での追加関税のインパクトは，米国：1,900 億ドル，中国：1,800 億ドルであった。
　コンテナ貨物量では，図 3-11 のとおり，執筆時点のインパクトで米国：210 万 TEU，中国：250 万 TEU 減，最大まで追加関税賦課された場合では米国：480 万 TEU，中国：440 万 TEU 減となった。さらに，他国・地域の推計結果をまとめると，北東アジア－北米航路のコンテナ貨物量が 19〜31％ 減少することとなった。

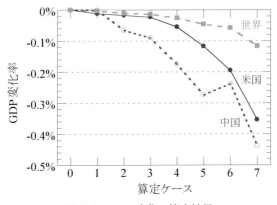

図 3-9　GDP 変化の算定結果

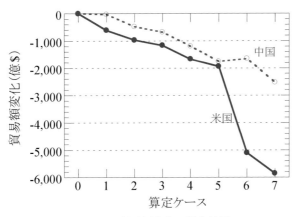

図 3-10　貿易額変化の算定結果

　バルク貨物量では，図 3-12 のとおり，執筆時点のインパクトで米国：4,000
万トン，中国：4,500 万トン減，最大まで追加関税賦課された場合では米国：1
億 3,100 万トン，中国：5,700 万トン減となった。

　ただし，これらの結果は，現実の条件を反映できていない部分もあり，相当な
幅を持って捉える必要がある。例えば，中国は，2017 年 12 月から 2019 年 1 月
の間に，関税率を 4 回引き下げているが，この影響は含まれていない。また，各
国のコンテナ・バルク貨物量については，品目別の航空利用率や単価，容積重量
比は，米国の平均値を用いており，各国の実際の値とは差がある。この算定が現
実のものとなった場合，大幅な貨物の減少が世界海運の需給バランスを崩す可能

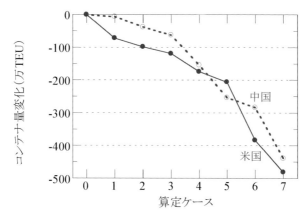

図 3-11 コンテナ貨物量変化の算定結果

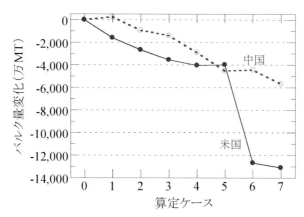

図 3-12 バルク貨物量変化の算定結果

性が懸念され，また，グローバルサプライチェーンの脱中国が加速する可能性が高いとみられる。また，サプライチェーン再編の過渡期においては，この算定結果より大きな規模の影響が，多くの国・地域に発生する可能性も想定される。

《参考文献》

1）Krugman P. R. and Obstfeld M.：International Economics Theory and Policy, 8th Edition, 2009.

2）内閣府「経済連携協定・自由貿易協定（EPA/FTA）の効果―貿易と成長を促す EPA とはどのようなものか」『政策課題分析シリーズ 2』2008 年

3）稲村　肇・河野達仁・徳永幸之・竹村洋之「国際貿易予測のための中期交易係数予測モデル」『土木学会論文集』第 583 号 / IV -38，pp.33-40，1998 年

4) 渡部富博・井山　繁・佐々木友子・赤倉康寛・後藤修一「国際間の貿易・産業構造を考慮した輸出入港湾貨物量推計モデル構築」『国土技術政策総合研究所報告』第49号，2011年

5) 国土交通省港湾局「港湾の開発，利用及び保全並びに開発保全航路の開発に関する基本方針（平成29年7月7日告示）」2017年

6) 武田史郎「貿易政策を対象とした応用一般均衡分析」RIETI Discussion Paper Series, 07-J-010, 2007年

7) 内閣官房TPP政府対策本部「TPP協定の経済効果分析」2015年

8) United States International Trade Commission : Trans-Pacific Partnership Agreement : Likely Impact on the U.S. Economy and on Specific Industry Sectors, No.4607, 2016.

9) 角野　隆・柴崎隆一・石倉智樹・馬立　強「応用一般均衡モデルを用いた東アジア地域における経済・交通連携政策が国際海上コンテナ輸送にもたらす影響の試算」『国土技術政策総合研究所資料』第258号，2005年

10) 水谷　誠・國田　淳・檜垣史彦・蹴揚秀男・太田隆史「政策効果の分析システムに関する研究Ⅲ─空間経済学の手法を応用した国際物流需要予測モデルの開発─報告書」『国土交通政策研究』第71号，2006年

11) 石倉智樹「多国多地域型空間的応用一般均衡モデルによるコンテナ港湾整備政策の国別地域別効果分析」『運輸政策研究』Vol.17 No.2，2014年

12) Gehlhar M. J. : Reconciling Bilateral Trade Data for Use in GTAP, GTAP Technical Paper, No.10, 1996.

13) 赤倉康寛「トランプ政権による貿易戦争が世界の海運貨物量に与える影響の算定」『土木計画学研究発表会・講演集』Vol.59，CD-ROM，2019年

第4章

アジアの海上輸送・
コンテナ輸送網の動向・推計

本章では，**4–1** でアジアを中心とする海上輸送に関わる貨物や船の運航などに関わる各種のデータについて，**4–2** では海上輸送量や輸送金額の推計方法・推計事例について述べる。さらに，**4–3** では，海上コンテナ航路への船の投入状況などを推計する航路網推計手法について述べ，**4–4** では，海上コンテナ貨物の輸送経路などを推計する貨物流動モデルについて手法や事例を述べる。

4–1 アジアを中心とする海上輸送に関わるデータ

（1）海上輸送に関わるデータなどの特徴

国際海上物流については，狭義には，海上輸送部分である港湾間の輸送であり，港湾貨物の消費地が臨海部である原油，鉄鉱石などであれば，海外の積み出し港から，国内の港湾までの海上輸送の状況がわかれば，海上物流の状況をほぼ捉えられることとなる。しかしながら，コンテナ貨物については，港湾の背後圏は広く内陸部などにも及ぶため，国際海上物流といった場合には，その範囲をもう少し広く捉えて，海上輸送だけではなく，相手国や国内の輸送なども含めた貨物の真の生産地と真の消費地までの流れとして捉える必要がある（図 4-1）。

また，海上輸送のみを考える場合でも，石炭や穀物などのいわゆるバルク貨物は，海外の港湾とわが国の港湾との間で積み替えなしで輸送されることがほとんどであるが，コンテナ貨物輸送では，航路の寄港地や航路サービスの状況などによっては，第三国の港湾で別の船に積み替えられて輸送されることもあることから，国際海上物流の流れを考える場合，貨物の積み替え（トランシップ）の状況についても考慮が必要となる。

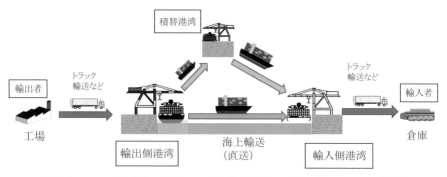

図4-1　コンテナ貨物の輸送モードと海上輸送の直送／トランシップ輸送

　一般に，貨物流動に関わるデータについては，図4-1に示した貨物の流れで言えば，港湾や陸上輸送などのそれぞれの断面でどれだけの量を扱ったかというクロスセクションデータと，貨物がどこからどこまで輸送されたかという流動データに大きく分かれる。そして，さらに流動データは，複数の輸送モードを利用して輸送されるのであれば，それぞれの輸送モードでの輸送量に着目する総流動ベースの流動と，複数の輸送モード利用であっても貨物の真の起点と終点との間の一連の流れを1つの流動と捉える純流動ベースの流動に分かれることとなる。

　したがって，国際海上輸送に関わる流動状況についての分析や検討を行う際のデータ・資料の収集においては，図4-1のように貨物の生産地から消費地までの一連の流れについて，クロスセクションデータとしてどのようなデータがあるか，純流動ベースや総流動ベースの貨物などのデータとして何があるかを意識して行う必要がある。

　また，国際海上コンテナ輸送は，定期航路，定時定曜日のウィークリーサービスが一般的であり，船社がコンテナ船を投入し，コンテナ貨物の輸送を行っている。1隻のコンテナ船は，1万TEUクラスの大型船になると100億円を超え，ウィークリーサービスの維持となると，多くのコンテナ船や，輸送に使うコンテナなど巨額の投資が必要であることから，1章でも述べたとおり，特に長距離で輸送貨物量が多いアジアと欧米などとの間の基幹航路では，船社1社単独ではなく，複数船社でアライアンスを組んでコンテナ船を投入しサービスを提供しているケースも多くなっている。

　例えば，アジアと欧米との航路の事例を図4-2に示す。

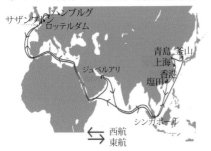

〔アジアー欧州　FE2航路〕（周回日数84日）

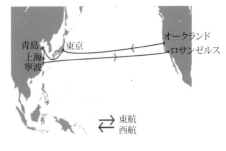

〔アジアー北米　PS6航路〕（周回日数42日）

資料：ONE の WEB（https://www.one-line.com/ja/routes/current-services）を元に作成。

図4-2　海上コンテナ航路の事例（アジア～欧米航路）

図4-2に示した航路の例では，アジアと欧州との航路では1隻の船が周回するのに84日（12週間）なので12隻のコンテナ船が，またアジアと北米との航路では，周回が42日（6週間）なので6隻のコンテナ船がウィークリーサービスのためにはそれぞれ必要となる。

ウィークリーサービスのコンテナ航路では，大型コンテナ船の寄港する港湾数は輸送の効率性などのために絞られており，欧米との航路などが寄港しない港湾の貨物は，近隣の欧米航路の寄港港湾まで小型船や中型船で輸送し，そこで欧米との航路の大型コンテナ船に積み替えて輸送される，いわゆるハブ＆スポーク構造の輸送体系が構築されている。このため，欧米航路が多く寄港するシンガポール港などでは，コンテナ貨物の取扱量のうち，周辺国の貨物が当該港湾で積み替えられる貨物（トランシップ（T/S）貨物）のシェアが非常に高くなっているという特徴をもつ（図4-3）。

このように，コンテナ貨物の流動状況は，途中で積み替えられる貨物もあることから，主要港湾でのトランシップ貨物がどの程度あるか，定期航路として運航されている航路のサービス水準（頻度，寄港港湾，投入船型など）はどのようになっているかなどの収集・分析も重要となってくる。

（2）海上輸送・コンテナ航路網に関わる各種のデータ

① 海上輸送に関わる船・船社関連のデータ

海上輸送のうち，コンテナ貨物は定期航路での輸送が基本，バルク貨物は不定期の専用船で輸送されるのが前述のとおり一般的である。したがって，貨物の流

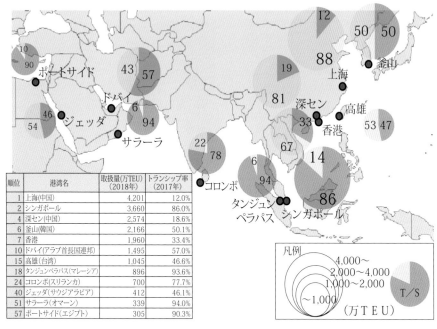

順位	港湾名	取扱量(万TEU) (2018年)	トランシップ率 (2017年)
1	上海(中国)	4,201	12.0%
2	シンガポール	3,660	86.0%
4	深セン(中国)	2,574	18.6%
6	釜山(韓国)	2,166	50.1%
7	香港	1,960	33.4%
10	ドバイ(アラブ首長国連邦)	1,495	57.0%
15	高雄(台湾)	1,045	46.6%
18	タンジュンペラパス(マレーシア)	896	93.6%
24	コロンボ(スリランカ)	700	77.7%
40	ジェッダ(サウジアラビア)	412	46.1%
51	サラーラ(オマーン)	339	94.0%
57	ポートサイド(エジプト)	305	90.3%

資料：取扱量，ランキンキングは，Lloyd's List One Hundred Ports 2019，トランシップ率は Container Forecaster & Annual Review2018/19（Drewry Maritime Reearch）を元に作成。

図 4-3　アジア主要港湾の取扱量とトランシップ（T/S）率（2017 ～ 2018 年）

動そのものを追うことが難しい場合には，定期航路での輸送が基本である海上コンテナ輸送については，就航船舶の船型クラス（積載能力）や運航頻度などのデータ，さらにはどれだけの貨物が船に積載されているかという消席率などのデータがあれば，積み替え貨物かどうかなどは判別が難しいが，総流動ベースの輸送貨物量は，間接的にではあるが推計することができる。

　これらのことから，船舶や航路なども含めて国際的な海上輸送に関わるデータとしてどのようなものがあるかを表 4-1 にとりまとめた。

　LLI/IHS データは，有料データであるが，船の諸元や運航された港湾間のデータなどが把握でき，コンテナ船のみならずバルク船についてもその動静が追えるデータである。コンテナ貨物やバルク貨物そのものの動きを追うことはできないものの，その輸送を担う船舶の流動状況（港湾間の運航状況）を追うことで，ある程度の貨物の流れを追うことができる。

　コンテナ航路データベースである MDS データ，国際輸送ハンドブックについ

ても，コンテナ船の動静が追えるので，コンテナ貨物そのものの動きは把握できないが，表4-1に掲載した。なお MDS データと国際輸送ハンドブックでは，収録されているコンテナ船の隻数や価格も大きく異なる。国際輸送ハンドブックがわが国の寄港航路を中心に航路データをとりまとめているのに対して，MDSデータは世界のコンテナ船の動静を対象にデータが取りまとめられている。例えばアセアン諸国域内などのイントラ航路の状況などの分析には，国際輸送ハンドブックの航路データよりも MDS データはカバー率が高いと言われており，用途によって適宜使い分ける必要がある。

ピアーズデータ／データマインデータは，米国の貿易に関わるデータであるが，船に貨物が積卸される際の貨物の受取証・引換証となる船荷証券（B/L：Bill of Lading）に基づいているため，輸送貨物の品目や貨物量などはじめ，利用港湾・船舶などの情報も把握が可能である。2章の表2-1の貿易に関わるデータにも掲載してあるが，海上の利用経路などが把握可能であるため海上輸送に関わるにデータとしても掲載した。

CTS データは欧州航路に関わる船社の輸送量，アジア域内協議協会（IADA）データもアジア域内の加盟船社の輸送量を公表したデータであるので，利用にあたっては留意が必要である。（公財）日本海事センターの WEB ページである「海上荷動きの動向」は，ピアーズや CTS などのデータベースをもとに集計加工したデータを掲載しているものであるが，経年的なデータなどが整理されている。

英国の Drewry 社や（公財）日本海事センターでは，コンテナの流動状況を，船社の船の就航や各種のデータをもとに推計し純流動ベースの世界のコンテナの動きなどの推計値を掲載している。その事例は図1-10にも示してあるが，推計方法などが具体的に示されていないなどの課題もある。日本郵船グループは，コンテナについてはコンテナ船の航路別の投入状況（MDS データを加工した2次データ）や航路別の運賃の状況などのデータを，バルク貨物については，世界の鉄鉱石・原油・穀物などの流動状況を推計し公表している。

② 海上輸送に関わる港湾・ターミナル関連のデータ

海上貨物については，クロスセクションデータである港湾での取扱量の統計データや，税関などのデータを活用した流動状況に関するデータなどがある。日本ならびに東アジアの主要国などの港湾取扱量に関わる統計の概要を表4-2に示す。

表 4-1　海上輸送に関わる各種のデータ

統計名	機関	対象	データ項目	貿易額	データ対象 海上コンテナ	海上バルク	流動データ	特徴など	公表頻度など
LLI/IHS 船舶動静データ	Lloyd's List Inteligence 社/IHS 社	世界の船舶の動静	・船舶毎の諸元、寄港地、入出港日などのデータ。・船舶の AIS データ（航行位置など）も取扱いあり	×	△		△	・船舶の動静データで、港湾間の船の運航状況は把握可能。但し輸送貨物の情報はなし。・AIS データ（外航 300 総トン以上と各船）の船の動静もあり。	毎月など
MDS データ	MDS Transmodal 社	世界のコンテナ船の動静	・世界の船舶毎の諸元、寄港地、入出港日などのデータ。	×	△	×	△	・船毎の動静データで港湾間の船の運航状況は把握可能。但し輸送貨物の情報はなし。	毎月など
国際輸送ハンドブック	オーシャンコマース社	世界のコンテナ航路情報	・日本を中心とするコンテナ航路の就航船舶、航路のローテーション（寄港地、寄港曜日など）のデータ）	×	△	×	△	・コンテナ航路の情報であり、輸送されているコンテナ貨物量などの情報はない。・エクセルのデータあり（有料）。	毎年
ピアーズデータ/データマインデータ	IHS 社/データマイン社	米国	・品目別に貿易額、重量のデータ有。・海上、バルク（ドライ、液体等）、コンテナの分類可。（https://ihsmarkit.com/products/piers.html）（https://www.datamyne.com/）	○	○	○	◎	・米国の情報公開法を元に通関に関わるデータを加工、集計して有料販売。・データファイルで提供される。・流動データは、発着地や港湾別にも対応。	毎月
CTS データ	Container Trade Statistics 社	欧州を中心としたコンテナ船の輸送量	・主要地域間（欧州を中心とした欧州―アジア、アジア域内など）のコンテナ船による輸送量。	×	○	×	△	・欧州定航協会（ELAA）加盟の船社の輸送量をベースにコンテナの流動量を有料にて公表（世界 7 地域、447 のサブ地域）。※（財）日本海事センターのデータ公表 WEB でも、アジア―欧州、アジア域内の輸送量のデータにてこのデータが活用されている。	毎月

データ	発行	内容					備考	頻度
アジア域内協議会（IADA）データ	アジア域内航路の加盟船社の輸送量統計	アジア域内のコンテナ輸送量	×	×	○	△	・加盟船社の輸送データに限定されており、邦船社や中小船社などでカバーできていない輸送社もあり。実際の約6割の捕捉率との報告有。	・IADA（アジア域内協議会）は、アジア域内の航路安定化のための意見・情報交換を目的に1992年に設立され、毎月的な輸送量などを公表してきたが、2018年2月末に休止。 / 休止
海上荷動きの動向	（公財）日本海事センター	世界の主要航路のコンテナ輸送量など	×	○	○	△	・アジア（14か国）と欧州間のコンテナ輸送量、アジアと北米のコンテナ輸送量、ドライバルク、コンテナ運賃の推移等公表。（アクセスhttp://www.jpmac.or.jp / relation/index.html）	・北米航路のコンテナはPIERSデータ、欧州航路はCTSを活用するなど、既存のデータを集計して公表している2次データ。 / 毎月
Drewry Container Forecaster	Drewry（英国海事コンサル）	世界の主要地域間コンテナ輸送量	×	○	○	○	・世界の主要地域間コンテナ貨物の純流動量などを各種のデータを用いて推計し公表。	・具体的な純流動データの推計方法などは公表されていないが、世界の主要地域間のコンテナ貨物の純流動ベースのOD表の推計などあり（有料）。 / 毎年
世界のコンテナ輸送と就航状況	日本郵船調査グループ編：（一財）日本海運集会所発行	世界のコンテナ船や貨物の輸送量など	×	△	×	×	・世界のコンテナ船や主要港湾のコンテナ取扱い量などのデータ。	・燃料価格、コンテナ船の運賃などの推移データもある冊子ベース。 ・アジアと欧米などの航路別のコンテナ船の投入動向がある。MDSデータ利用の2次データ。 / 毎年
Outlook for the Dry-Bulk and Crude-Oil Shipping Markets	日本郵船調査グループ編：（一財）日本海運集会所発行	世界のバルク貨物の輸送量など	×	○	×	△	・世界の鉄鉱石、原油、穀物などの主要バルク貨物の流動量などの実績データ。	・具体的な推計方法などは明らかにされていないが、各種の関連データを元に、世界のバルク貨物の荷動き量データがあり（有料）。 / 毎年

資料：各統計データのWEB、関連資料などを元に作成。

105

表4-2 アジア主要国の港湾取扱量に関する統計・データなど

国名	統計名	機関	対象	データ項目など
日本	港湾調査 (港湾統計)	国土交通省	日本の港湾	・ 統計法の基幹統計で、港湾管理者が集計し国土交通省に報告。結果は、国土交通省のWEBに公開。 ・ 81品種分類、フレート・トン単位、コンテナの区分あり。相手港湾・国ごとの海上貨物量なども分析可能。
	全国輸出入コンテナ貨物流動調査	国土交通省	日本発着のコンテナ貨物	・ 5年に1度、1か月調査。国内の輸送モードや海外での積み替え港湾なども含め、貨物の純流動の状況を追える調査。
韓国	海洋水産統計ポータル	海洋水産部 (Ministry of Oceans and Fisheries)	韓国の港湾	・ 輸出入・移出入・トランシップ別に港湾毎の全貨物量(重量)とコンテナ貨物(TEU)がある。貨物量単位はR/T(レベニュートン)(http://www.mof.go.kr/statPortal/cate/partStat.do)
中国	中国港口年鑑	交通部	中国の港湾	・ 全貨物量は、港湾別取扱量(トン)あり。一部の港湾では、輸出入別、外貿内貿別などあり。 ・ コンテナは港湾別取扱量(TEU)あり。主要ターミナルオペレーター別、輸出入別(内、実入り)、トランシップ、内貿貨物量などもある。 ・ 書籍として発刊されている。
ベトナム	統計データポータル	統計局 (General Statistics Office of Vietnam)	ベトナムの主要港湾	・ 港湾別の輸出入貨物量(トン)。(https://www.gso.gov.vn/)
	ベトナム港湾協会	ベトナム港湾協会 (Vietnam Seaports Association)	ベトナムの主要港湾・主要ターミナル	・ 港湾別、ターミナル別の輸出入別貨物量、内貿貨物量(トン)がある。コンテナ貨物取扱総量(TEU)がある。(http://www.vpa.org.vn/)
カンボジア※1	シアヌークビル港統計ポータル	シアヌークビル港湾公社 (PAS:Port Authority of Sihanoukville)	シアヌークビル港	・ 貨物種別(燃料・一般貨物・コンテナ貨物)の輸出入貨物量(トン)ならびに、コンテナ貨物(TEU)の実入り・空コンテナ別の取扱量(TEU)。(http://www.pas.gov.kh/en/page/statistics)
	プノンペン港統計ポータル	プノンペン港湾公社 (PPAP:Phnom Penh Autonomous Port)	プノンペン港	・ プノンペン港の輸出入別のコンテナ取扱量(TEU)。(http://www.ppap.com.kh/)
インドネシア	交通統計ポータルサイト	運輸省 (Ministry of Transport)	インドネシアの主要港	・ タンジュンプリオク港、タンジュンペラク港などの主要港別の輸出入別貨物量(トン)、国内の移出入別貨物量(トン)。コンテナ貨物は、4つの港湾公社がそれぞれ管理する地域別の取扱総量(TEU・BOX)。(http://dephub.go.id/ppid/informasi/)

	ポータル	管理機関	対象港	内容
シンガポール	シンガポール統計ポータル	シンガポール海事港湾庁（MPA:Maritime and Port Authority of Singapore）	シンガポール港	・全貨物量（フレート・トン）は、一般貨物（うちコンテナ貨物・非コンテナ貨物別）とばら積み貨物（うち原油・非原油別）。コンテナ貨物量、取扱量総量（TEU）のみ。(https://www.mpa.gov.sg/web/portal/home/maritime-singapore/port-statistics)
マレーシア	統計ポータル	運輸省（Kementerian Pengangkutan Malaysia）	マレーシアの港	・港湾別の全貨物量は、輸出入別、トランシップ別貨物量（フレート・トン）。ドライバルク・リキッドバルク・一般貨物、コンテナ貨物別の貨物量（フレート・トン）などあり。・コンテナ貨物量は、港湾別、輸出入、トランシップ別貨物（TEU）。(http://www.mot.gov.my/my/sumber-maklumat/statistik-tahunan-pengangkutan)
タイ	統計ポータル	タイ港湾公社（Port Authority of Thailand）	タイの主要港等	・バンコク港、レムチャバン港などの主要港湾の港湾別・輸出入別の在来貨物・コンテナ貨物量（トン）と輸出入別トランシップ貨物量（トン）、コンテナ貨物量は港湾別・輸出入別・トランシップについて取扱量（TEU）。(http://www.port.co.th/cs/internet/internet/index.html)
ミャンマー※2	ミャンマー港湾公社統計ポータル	ミャンマー港湾公社（MPA:Myanma Port Authority）	ヤンゴン港（ティラワ港）	・国内9港の管理・運営をMPAが行っているが、統計ポータルは、ヤンゴン港（ティラワ港）の輸出入別貨物量（トン）、輸出入別コンテナ（TEU）のみ掲載。(http://www.mpa.gov.mm/mpa-home)
インド	統計ポータル	海運省（Ministry of Shipping）	インドの港	・港湾別の外貿・内貿別の積揚（トン）。・港湾別のコンテナ貨物量（トン）・非コンテナ（石油、鉄鉱石、石炭、食品穀物など区分あり）別の取扱量（トン）。(https://data.gov.in/ministrydepartment/ministry-shipping)
（参考）欧州	ユーロスタット（Eurostat）	EU	EU加盟国	・国別、港湾別・品目別などの貨物量 (https://ec.europa.eu/eurostat/data/database)
（参考）米国	MARAD Open Data Portal	米国海事局（Maritime Administration）	米国の港湾	・港湾貨物量、コンテナ貨物量（TEU・トン）。(https://www.marad.dot.gov/resources/data-statistics/)

※1 カンボジアの公共事業運輸省 (https://www.mpwt.gov.kh/kh) には港湾の統計が見当たらないため、カンボジアの2つの国際港湾（シアヌークビル港、プノンペン港）の統計を掲載している。

※2 ミャンマーの運輸通信省 (https://www.motc.gov.mm/) の管轄下にあるミャンマー港湾公社が、ヤンゴン港（ティラワ港）、チャオピュー港、ダウェー港など9港の管理を行っている。(2020年1月現在)

資料：各港のWEBサイト（2020年1月現在）を元に作成。

　わが国の港湾の統計は，港湾調査，一般的には「港湾統計」と呼ばれ，毎年，
日本全国の港湾管理者が港湾の利用状況に関わるデータを集計して国土交通省に
提出し，それが集計・整理されて，国土交通省から公表されている。港湾統計で
は，港湾での貨物取扱量のみならず，流動表として，どこの国との貨物輸送であ
るかの情報も収集されている。貨物量は TEU ベース，トンベースで整理されて
いるが，トンについてはフレートトン（FT）と呼ばれる単位である。フレートト
ンは，容積は 40 立方フィートの容積（1.133 m³）を 1 トンとし，重量は 1,000 キ
ログラムを 1 トンとして，容積と重量のいずれか大きいほうの数字をもって計算
するトン数であり，重量トン（MT：メトリックトン）とは異なる。海外の港湾では，
重量トン（MT）を使用している港湾も多いことから，トン数ベースの分析などの
際には留意が必要である。さらに言えば，フェリー（自動車航走船）では，トラッ
クなどの輸送については，トラックに積載されている貨物量ではなく車両長さに
応じて 9 m 以上は 70 FT などと計上することとなっているのでこの点にも注意
が必要である。

　また，全国輸出入コンテナ貨物流動調査は，5 年に 1 回の 1 か月調査ではある
が，税関データとのリンクにより，わが国を生産・消費地とする貨物が，国内の
どのような輸送モードや港湾を使って，海外のどの港湾まで輸送されたか，途中
で積み替えなどがされているかどうかなど，純流動ベースで貨物の流動状況を追
える貴重なデータである。

　なお，表 4-2 には掲載していないが，貨物の純流動を捉えるために国土交通
省が 5 年に 1 度実施している全国貨物純流動調査（通称「物流センサス」）と呼ば
れる調査でも，国内での純流動のみであるが海上コンテナの輸送状況も一部捉え
ることができる。ただし，物流センサスは，鉱業・製造業・卸売業・倉庫業から
出荷される貨物が調査対象であり，また純流動を把握できる調査は 3 日間の調査
であるので，留意が必要である。ウィークリーサービスが基本の国際コンテナ輸
送などにおいては，3 日間の調査対象に入っていない貨物もあり，輸出入貨物は
上記 4 業種から出荷される場合を除き把握できていないなど，その利用にあたっ
ては調査の対象などをよく理解したうえで利用する必要がある。

　韓国，中国，アセアンの主要国の港湾取扱量に関わる統計・データも表 4-2
に示したとおりである。港湾貨物の取扱量（トン）やコンテナ貨物（TEU）を集計
して公表している国は多いものの，海外からのトランシップ貨物の状況などまで
公表しているものは，非常に少ない。

その他，欧米の港湾の統計についても，**表4-2**に参考までに示してあるが，米国海事局のMARADデータは，前出のピアーズデータを情報ソースとて，港湾輸送量などを公表しているデータである。ユーロスタット（Eurostat）は，EU加盟国の港湾の統計などをデータベース化したものであるが，国別や主要港でのコンテナ貨物の取扱いなどが時系列データとして検索できるものの，貨物の流動状況の把握は難しい。

4－2 │ 海上輸送量・輸送金額の推計

（1）海上輸送量・輸送金額の推計方法

海上輸送量・海上輸送に関わる輸送金額の推計については，輸出国と輸入国の間の輸送に，船の積み替えなどがなければ，輸出側の国と輸入側の国の貿易統計や港湾での取扱量などの集計により，どこからどこまで輸送されたかという流動金額・流動量が把握できる。ただ，海上コンテナなどの場合は，途中の港湾で積み替えられて輸送されることがあるためそれを考慮した分析・検討が必要となる。貿易統計では，輸入では，原産国や，海外のどの港湾や空港から輸入されたのかがわかるが，途中で積卸しされて加工されるなどして付加価値がつけられていると，必ずしも，積み込まれた港湾や空港のある国と原産国とが一致しないことにも留意が必要となる。

以下に海上輸送量の把握方法について述べる。

① 貿易額からの海上輸送量の把握

原油・石炭・鉄鉱石・穀物といったバルク系の貨物であれば，航空機で輸送されることはまずないので，貿易統計で海運か航空かの区分ができていない場合でも，その貿易額の把握が可能である。前述の積出港の国と原産国が必ずしも一致しない場合があることに留意しながら，貿易額を貨物量に換算することで海上輸送量も追えることとなる。

ただ，製品や部品などは，同じ製品でも，非常に急ぐ場合には航空機で輸送するなど，コンテナ船で輸送されるものもあれば，航空貨物で輸送されるものもあり，輸送モードの区別が非常に難しい。

HSコードの6桁や9桁までを用いれば非常に細かい品目分類があり，海上輸

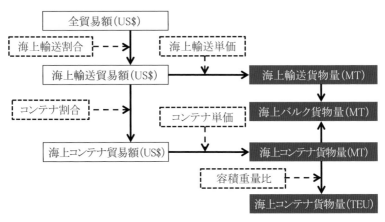

図 4-4　海上コンテナ・バルク貨物量への換算手順

送と航空輸送の分担率の分析を行えば，HS コード別に海上輸送か航空輸送かなどの区分ができるが，HS コード 6 桁ベースでの分析には労力がかかる。3 章では，貿易モデルによる算定結果を貨物量へ変換したが，その際には，簡易な方法として HS コード 2 桁での作業を行った。その手順を，図 4-4 に示す。まず，全貿易額を海上と航空に分類し，次いで，海上貿易額をコンテナとバルク（非コンテナ）に分類し，それぞれ単価を用いて貨物量（MT：メトリックトン）に換算し，さらにコンテナ貨物については，容積重量比を用いて TEU 単位に換算した。この際，本来は，各国の貿易統計や海運貨物データを用いることが望ましいが，例えば日本の貿易統計では，貿易量が単一単位では把握できないなど，データの入手が困難な部分が多い。そこで 3 章の算定では，米国の貿易統計と海上貨物データ（ピアーズ）を用いて換算係数を作成し，これを全世界に適用している。その際に，米国は陸上でカナダ・メキシコと隣接していることを踏まえ，陸上越境がない場合には，カナダ・メキシコとの貿易を控除した換算係数を使用している。この方法によるコンテナ貨物量の換算精度を検証したのが，図 4-5 である。中国の輸入が過小評価となっているが，他は，概ね再現ができている。なお，各国のコンテナ量は第三国間の積み替え（トランシップ：T/S）を控除しており，中国では推計が入っている。また，3 章で述べたとおり，GTAP データベースの貿易額も，各国統計とは完全には一致していない。

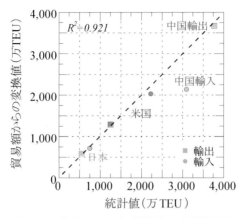

図 4-5　海上コンテナ貨物量の再現性確認

② 海上輸送量をダイレクトに算定する方法

　上記のように，途中積み替えもあり，また航空機でも海上コンテナでも輸送される品目については，貿易統計で，日本や米国のように既に輸送モード別や海上コンテナの貿易額が把握できる場合を除いて，貿易額から海上輸送量を把握するのは厳しい。

　海上コンテナ輸送は，前述のとおり，ウィークリーサービスを基本とした定期サービスであることから，どのような航路がどこの国のどの港湾との間で張り巡らされていて，どの程度の消席率で輸送されているのかの想定ができれば，主要国・港湾の海上コンテナの輸出入取扱量の統計データなどもあることから，総流動ベースの海上コンテナ貨物の推計が可能である。

　また，トランシップ貨物量などの取扱量が主要港・国でわかれば，積み替えによる貨物量などを総流動から除外していくことで，真の貨物の出発地と到着地間の流動である純流動ベースの貨物流動についても，その把握が可能となる。

　以下，(2)では，コンテナ貨物について，航路データから総流動OD量を推計する手法を，(3)では，さらに純流動ベースのOD量を推計する手法を，そして(4)ではバルク貨物流動の推計手法の事例を紹介する。

(2) 海上コンテナ輸送の総流動 OD 量の推計
① 総流動と純流動

　コンテナ貨物の大きな特徴の一つが，容易に積み替え，トランシップが可能な

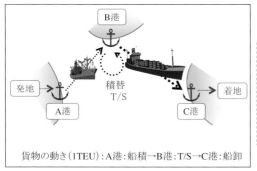

図 4-6　コンテナ貨物の経路とカウント方法

点である。船社は，この特徴を活かして，大型船による輸送コスト削減を進める
ために，拠点港湾にコンテナを集めるハブ＆スポーク構造の輸送体系を構築して
きている。このため，コンテナ貨物の輸送量を把握しようとするときには，扱う
データが輸送経路に従った総流動か，最初船積港〜最終船卸港のみを捉えた純流
動かについて，留意することが必要である。図 4-6 にコンテナ貨物の経路とカ
ウント方法を示すが，総流動では船による輸送経路の通りに B 港でのトランシッ
プ（T/S）を考慮してカウントするのに対し，純流動ではトランシップを考慮せず，
最初船積の A 港から最終船卸港の C 港への流動として把握される。貿易統計
上は，発地が輸出国，着地が輸入国となり，発地から A 港や C 港から着地にお
いて，貨物が国境を越えて輸送されている場合には，輸出入国と最初船積・最終
船卸国が異なるものとなる。

② コンテナ総流動量の推計手法

　ここでは，コンテナ貨物の総流動 OD 量の推計手法 [1][2] について述べる。総流
動は，船舶の動きに対応している。この船舶の動きは，船舶動静データ（表 4-1
における LLI/IHS 船舶動静データ）として実績が入手可能であり，コンテナ船
のスケジュールデータ（表 4-1 における MDS データおよび国際輸送ハンドブッ
ク）を利用する方法もある。船舶動静データの例を，表 4-3 に示す。

　この船舶の動きを，コンテナ貨物の動きに変換するにあたって留意が必要なの
は，コンテナ船は寄港した港湾ですべてのコンテナを卸すわけではないとの点で
ある。

　そこで，式（4-1）に示す積卸率 L を導入して推計を行う。

表4-3　船舶動静データの例

IMO 番号	船名	港湾	国	入港日時	出港日時
942****	***********	大阪	日本	2018.4.25 08:50	2018.4.26 05:45
942****	***********	神戸	日本	2018.4.27 08:09	2018.4.28 02:48
942****	***********	名古屋	日本	2018.4.28 20:06	2018.4.29 12:42
942****	***********	横浜	日本	2018.4.30 21:24	2018.5.1 23:42
942****	***********	シンガポール	シンガポール	2018.5.8 19:21	2018.5.10 01:26
942****	***********	スエズ	エジプト	2018.5.22 16:16	2018.5.22 16:16
942****	***********	ロッテルダム	オランダ	2018.5.30 10:33	2018.6.1 09:25
942****	***********	ハンブルグ	ドイツ	2018.6.2 05:21	2018.6.3 08:09
942****	***********	サザンプトン	イギリス	2018.6.4 18:04	2018.6.5 15:08
942****	***********	ルアーブル	フランス	2018.6.6 15:17	2018.6.8 00:04
942****	***********	スエズ	エジプト	2018.6.16 17:15	2018.6.16 17:15
942****	***********	シンガポール	シンガポール	2018.6.28 21:26	2018.6.30 00:38

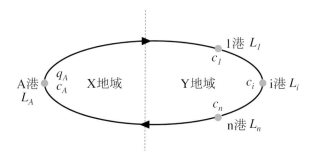

図 4-7　想定する航路サービス

$$L = \frac{Q}{2C} \tag{4-1}$$

ここに，Q：コンテナ取扱量，C：コンテナ輸送能力（TEU Capacity の総計値）。

具体的には，式（4-1）より，各コンテナ船が各港湾で積み卸したコンテナ量は，各港湾の積卸率と輸送能力により算定できる。ここで，図4-7のようなX―Y地域間の航路サービス（ループ）を想定する。このコンテナ船がX地域のA港において積んだ，または卸したコンテナ量 q_A は，Y地域の1～i～n港において卸される，または積まれる。当該コンテナ船の各港での輸送能力（TEU Capacity ×寄港回数）を c，各港の平均的な積卸率 L とすると，このコンテナ船によるA港からi港へのコンテナ量 q_{Ai} は，式（4-2）となる。

$$q_{Ai} = q_A \frac{c_i L_i}{\sum_i c_i L_i} \tag{4-2}$$

　ここで，各港湾の平均積卸率 L は実入コンテナ取扱量と寄港船の TEU Capacity の総計値から算定され，例えば，A 港の平均的な積卸率 L_A と，各船の A 港での輸送能力 c_A により，輸送量 q_A が算定できる。各コンテナ船が積み卸したコンテナ量の総和は，各港湾の取扱量に等しくなるはずであるが，式 (4-2) で使用している積卸率は港湾平均であり，各船の真値ではないため，実際のコンテナ量とは差がある。そのため，各港湾，あるいは，港湾をまとめた国単位のコンテナ取扱量をコントロール・トータルとして，フレーター法により収束計算を行うことで，総流動量が推計される。この方法を用いれば，国間や港湾間のコンテナ総流動量だけでなく，例えば各アライアンスによる輸送量も推計が可能であり，図 4-8 のとおり，ピアーズデータを精度良く再現できている。東アジア関係の 2000 年から 2010 年にかけての流動量の推移を示したのが表 4-4 である。世界の

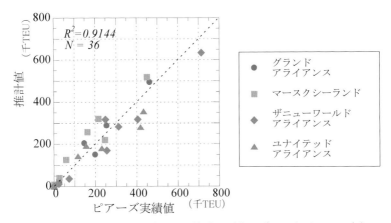

図 4-8　総流動量推計手法の再現性確認（東アジア―米国，1999 年）

表 4-4　東アジア関係総流動量の推移

（単位：千 TEU）

	2010 年		2000 年		'10/'00
北米―東アジア	24,358	13.8%	12,118	14.9%	2.01
欧州―東アジア	27,753	15.7%	10,843	13.3%	2.56
東アジア域内	49,887	28.2%	21,532	26.4%	2.32
東アジア―他地域	18,807	10.6%	6,731	8.3%	2.79
東アジア計	120,804	68.4%	51,224	62.9%	2.36
世界計	176,645		81,499		2.17

コンテナ総流動量に占める東アジアのシェアは増加してきており，中でも，欧州と東アジア，東アジアと他地域との貨物量の伸びが大きかったことがわかる。

（3）海上コンテナ輸送の純流動 OD 量の推計
① コンテナ純流動量の推計手法

(2) では，コンテナ船の動きとコンテナ貨物の総流動が対応していることを利用した総流動 OD 量の推計手法について述べた。ここでは，さらに，総流動 OD 量を基にした純流動 OD 量の推計手法[3]について述べる。

純流動は，総流動からトランシップを控除し，最初船積港〜最終船卸港を OD として捉える（図 4-6）。そのためには，トランシップ流動を推計する必要が生じる。Drewry[4]では，世界全体や主要港湾のトランシップコンテナ量を推計している。各国・地域の港湾統計においても，トランシップコンテナ量を示している場合もある。これらを利用して，世界各国・地域の輸出入トランシップ率を推計した結果が，表 4-5 である。国・地域により大きな差があり，東南アジアや欧州・地中海はトランシップ率が高くなっていた。

純流動 OD 量を推計するためには，総流動 OD 量を直航とトランシップに分離し，それぞれの流動を推計する必要がある。わが国の輸出を例に，推計の考え方を示したのが図 4-9 である。上側のトランシップ流動の推計では，わが国から他国・地域へ輸送されたコンテナのうち，ある割合のコンテナがトランシップされ，さらに，他国・地域へ輸送される。その割合は，輸入国・地域の輸入側ト

表 4-5　世界各国・地域のトランシップ（T/S）率推計値（2014 年）

国・地域	輸出	輸入	合計
日本	1%	1%	1%
韓国	49%	53%	50%
中国	24%	29%	26%
台湾	38%	39%	39%
東南アジア	57%	58%	57%
南アジア・中東	16%	19%	17%
北米	12%	11%	11%
中南米	19%	20%	20%
欧州・地中海	55%	53%	54%
アフリカ	9%	9%	9%
オセアニア	2%	1%	2%
世界合計	35%	35%	35%

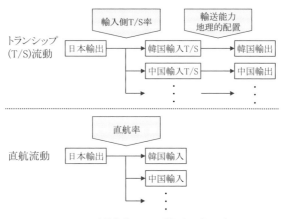

図 4-9　純流動 OD 量推計の考え方

ランシップ率となる。また，トランシップされる韓国などからどこの国・地域に輸送されるのかは，相手国・地域別の輸送能力に比例すると仮定し，さらに，地理的配置によって，トランシップが生じない国・地域を控除した（例えば，日本輸出—中南米トランシップ—北米輸入）。一方，下側の直航流動の推計では，直航貨物量を，直航率 R_D を式（4-3）と定義して推計を行った。

$$R_D = 1 - \sqrt{R_{TSE} R_{TSI}} \tag{4-3}$$

　ここに，R_{TSE}：輸出国・地域の輸出側トランシップ率，R_{TSI}：輸入国・地域の輸入側トランシップ率である。すなわち，わが国から韓国への直航コンテナ量は，わが国の輸出トランシップ率と韓国の輸入トランシップ率の相乗平均より算定する。この推計では，各国・地域のトランシップ率を相手によらず一定としており，さらに，各国輸出コンテナ量も，トランシップ流動量と直航流動量の合計とは一致しない。そのため，各国の純流動コンテナ取扱量をコントロール・トータルとして，フレーター法により収束計算を行って，推計値を算出する。

　以上の方法を用いた東アジアと欧米との基幹航路の流動量推計結果について，既往の調査研究[4)5)6)]と比較したのが図 4-10 である。本推計の結果は欧州航路の東航で少し大きめであったが，他の航路は既往の調査研究の推計結果とある程度整合していた。

　推計結果により，航路種別のシェアの経年変化を見たのが，図 4-11 である。欧州・北米・アジアの 3 地域間の基幹航路，それ以外の地域間流動の南北航路と，

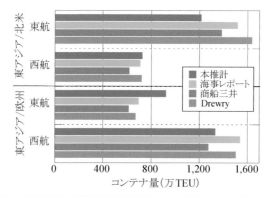

図 4-10　基幹航路の推計結果と既往の調査研究との比較（2014 年）

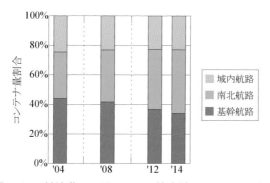

図 4-11　純流動 OD 量における航路種別のシェアの変化

域内航路とに分けると，域内航路は一定割合で，基幹航路のシェアが減少し，南
北航路が増加していた。

② 純流動量の将来推計

　これまで推計してきた純流動 OD 量は，海上貿易量である。(2) の総流動 OD
量は船舶動静から直接推計が可能なため精度は高いが，一方で総流動にはトラン
シップが含まれているため，将来予測にあたっては，どこでトランシップがどれ
だけされるなど，輸送体系の変化を何らかの方法で推計する必要があり，難しい。
一方，海上貿易量は，3 章での貿易予測により将来予測が可能である。各国・地
域のコンテナ量の将来予測値と，現状のコンテナ純流動 OD 量があれば，簡易
な方法として，現状の OD を踏襲した将来予測が可能である。将来予測にあたっ

ては，各国・地域の GDP 予測値と，コンテナ量の対 GDP 弾性値を使用して，発生・集中コンテナ量予測値 V_P を予測する必要がある（式(4-4)）。

$$V_P = V_C \varepsilon R_{GDP} \tag{4-4}$$

ここに，V_C：コンテナ量実績値，ε：弾性値（$= R_{CON} / R_{GDP}$），R_{GDP}：GDP 伸び率，R_{CON}：コンテナ量伸び率。コンテナ量の対 GDP 弾性値について，過去の実績値の推計結果を，表 4-6 に示す。2004 年を起点として，2008 年までと 2014 年までとを比較すると，先進国・地域では，2014 年までの弾性値が低下していた。これは，世界不況後に貿易量の伸び率が低下しているスロートレードの影響と，新興国とは異なりコンテナ化が概ね進展してしまっていることが要因と考えられ

表 4-6　各国・地域のコンテナ量の対 GDP 弾性値

国地域	'04 – '08	'04 – '14	国地域	'04 – '08	'04 – '14
日本	3.04	2.70	中南米	2.76	3.02
韓国	1.64	1.48	中東	2.72	3.00
中国	0.86	0.54	欧州	2.99	1.80
台湾	-0.54	0.84	地中海	1.24	2.73
東南アジア	1.34	1.48	アフリカ	2.16	2.27
南アジア	2.00	1.70	オセアニア	1.89	1.93
北米	4.18	2.75			

表 4-7　各国・地域の将来実入コンテナ純流動量の推計値

（単位：万 TEU）

国・地域	2014 実績		2030 年基本ケース		2030 年低成長ケース	
	輸出	輸入	輸出	輸入	輸出	輸入
日本	569	838	650	956	630	926
韓国	616	366	1,013	581	916	525
中国	4,429	2,642	8,914	5,421	7,788	4,731
台湾	410	369	547	493	513	462
東南アジア	1,526	1,412	3,603	3,452	3,079	2,947
南アジア・中東	858	1,641	2,577	4,324	2,144	3,656
北米	1,224	1,988	2,367	3,770	2,086	3,319
中南米	1,221	1,302	2,227	2,393	1,975	2,120
欧州・地中海	1,743	1,895	2,760	2,949	2,510	2,681
アフリカ	434	482	1,077	1,217	916	1,034
オセアニア	329	411	595	752	528	667

※実入コンテナ。海外トランシップ貨物（T/S）は控除，世界合計の輸出入調整済み。

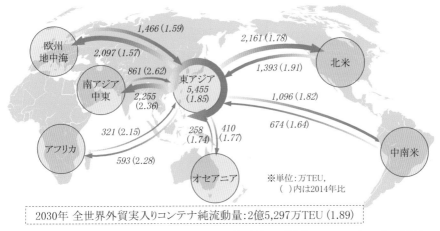

図 4-12　2030 年世界実入コンテナ純流動の推計結果（基本ケース，東アジア関連）

るが，長期的には，弾性値は低下していく傾向が想定される。

　国際通貨基金（IMF）の Economic Outlook による GDP 実績および推計値を
ベースに，中長期の予測を独自に加え，将来のコンテナ貨物量の対 GDP 弾性
値を設定して，各国・地域のコンテナ純流動量を推計した結果が，表 4-7 で
ある。基本ケースに加え，さらに，対 GDP 弾性値を一律に 3/4 低下させた低
成長（スロートレード）ケースも算定を行った。この純流動量を用い，各国・
地域間純流動 OD はプレゼントパターンを踏襲するとして，2030 年の世界純
流動 OD 量を推計した結果が，図 4-12 である。大きな流動量が見られたの
は，東アジア域内であり，次いで，東アジア－北米・欧州の地域間（基幹航路
に相当）に加え，大きな伸びを示した東アジア－南アジア・中東も同程度の流
動量になると予測された。図 4-13 は，北東アジア（日本・中国・韓国・台湾）
発コンテナの相手地域割合であるが，東南アジアおよび南アジア・中東向けの
割合が増加していき，北米，欧州・地中海向けとほぼ同程度になるとの推計結
果であり，これは低成長ケースでもほとんど変わりがなかった。東西基幹航
路は，中長期的には，輸送コンテナ量の面では特別な位置づけではなくなる可
能性が高い。東アジア－北米間の各国・地域の割合の推計結果が，図 4-14 で
ある。上図では，日本の割合は減少する一方，中国や東南アジアの割合が増加
していたが，増加率では東南アジアが高かった。下図では，東南アジアの中
で，特にベトナムやインドネシアの伸びが大きかった。この結果を踏まえて，

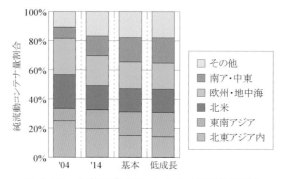

図4-13 北東アジア発コンテナの相手地域割合

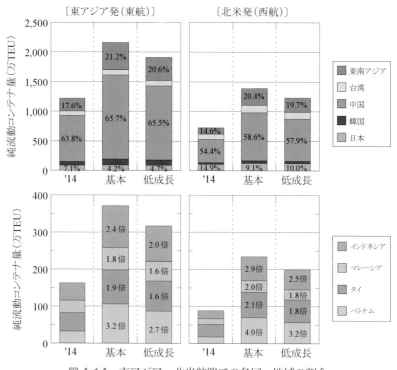

図4-14 東アジア－北米航路での各国・地域の割合

2018年7月に公表されたわが国の「港湾の中長期政策（PORT 2030）（国土交通省港湾局）」における国際コンテナ戦略港湾政策では，北米航路の維持・拡充のため，東南アジア貨物の取り込みが盛り込まれているところである。

（4）海上バルク輸送の OD 量の推計

① バルク貨物流動の特徴

　バルク貨物とは，「ばら」の荷姿で輸送される資源などを指す。中でも，輸送量の多い石炭，鉄鉱石および穀物は三大バルク貨物と言われる。これらの輸送は，少数の特定荷主による不定期輸送であり，バルクキャリアとの船種が多種の貨物を取扱い可能であることも相まって，輸送船型や輸入港湾などの分析は容易ではない。着岸バースも，企業専用バースが多い。コンテナ輸送とは異なり，一般的には輸送途上での積み替えはないが，一部，大型船で長距離を輸送し，荷揚港港湾に合わせて小型船に積み替える場合もある（例えば，ヴァーレによるブラジルからの鉄鉱石輸送では，40 万トンクラスのヴァーレマックスが入港できない港湾に向けて，マレーシアでの積み替えが行われている）。バルク貨物輸送の全般的な状況については，表 4-1 に示した日本郵船のバルク貨物の見通しなどの資料にて確認が可能であるが，表 4-2 のわが国の港湾統計では，公表されている集計後のデータでは，船舶と貨物の関係性は分析できない。そこで，ここでは，船舶動静データを用いた海上バルク輸送 OD 量の推計手法[7]について述べる。なお，わが国のバルク貨物流動については，2009 年より，国土交通省にてバルク貨物流動調査が実施されるようになっており，5 年毎のデータではあるが，活用可能となっている。

② バルク貨物流動の推計手法

　三大バルク貨物について，北東アジアにおける輸送実績を，船舶動静データを用いて，図 4-15 のフローで特定した。品目別の輸送船は，船舶構造，輸送実績および長期用船情報を活用して特定し，各種資料より品目別の世界の積出港を整理し，船舶動静データにて輸送船が積出港に寄港した場合に，当該品目を輸送したと判定して，輸送実績および荷揚港を特定するとの手順である。表 4-8 にイメージを示すが，石炭輸送船が，積出港のニューキャッスル港（豪）を出港し，その後，木更津，水島および北九州に寄港して，ヘイポイント港（豪）に向かった場合に，日本の 3 港湾への石炭輸送と判定する。このようなバルク貨物の複数港湾での荷揚げは，特に日本では多く見られる。この方法による推計結果を，既往のデータ[8]と比較したのが表 4-9 である。推計値は，既往データの概ね 7〜9 割程度となっていたが，その差の原因は，バルクキャリア以外での輸送もあること，輸送船や積出港を完全には網羅できていないことが原因と考えられる。

121

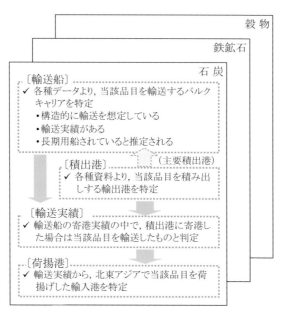

図4-15　東アジア－北米航路での各国・地域の割合

表4-8　石炭輸送船の輸送実績特定例（イメージ）

IMO番号	船名	港湾	国	入港日	積出港	荷揚港
915＊＊＊＊	＊＊＊＊＊＊＊＊＊＊＊	ニューキャッスル	オーストラリア	2007.6.23	○	
915＊＊＊＊	＊＊＊＊＊＊＊＊＊＊＊	木更津	日本	2007.7.16		1
915＊＊＊＊	＊＊＊＊＊＊＊＊＊＊＊	水島	日本	2007.7.22		2
915＊＊＊＊	＊＊＊＊＊＊＊＊＊＊＊	北九州	日本	2007.7.25		3
915＊＊＊＊	＊＊＊＊＊＊＊＊＊＊＊	ヘイポイント	オーストラリア	2007.8.6	○	

表4-9　推計結果と既往データとの比較（2007年）

（×100万）

品目		貨物量単位	石炭	鉄鉱石	穀物
日本	Clarkson	MT	200.8	138.9	28.3
	港湾統計	FT	177.4	136.8	28.3
	推計結果	MT	141.2	109.6	24.2
中国	Clarkson	MT	19.9	377.1	31.8
	推計結果	MT	21.6	199.5	26.3
韓国	Clarkson	MT	83.3	46.2	13.6
	推計結果	MT	56.9	42.9	11.2
台湾	Clarkson	MT	69.9	16.0	7.9
	推計結果	MT	38.2	9.4	4.2

注：MTは重量トン，FTはフレートトン。

③ わが国へのバルク貨物輸送の分析例

バルク貨物流動の推計結果をもとに，北東アジア諸国での１寄港当たりの平均荷揚量を，図 4-16 に示す。荷揚量が多いほど効率が良いこととなるが，日本は石炭および穀物では最も１寄港当たりの荷揚量が少なく，鉄鉱石でも中国に次いで少なかった。これは，前述したとおり，日本は複数港揚げが多く，いずれの品目においても，１回の輸送における平均寄港数が最多であることと，鉄鉱石を除いて輸送船型が小さいことが原因である。日本荷揚港の多くは，高度成長期に整備されており，受け入れ能力の制約が大きい。

例えば，鉄鉱石輸送について，寄港船の満載喫水に 10% を加えた必要水深と，荷揚港の最大バース水深を比較したのが，図 4-17 である。わが国では，必要水

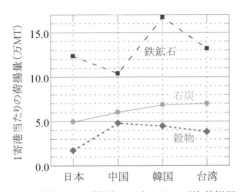

図 4-16　北東アジ諸国での輸送１回当たりの平均荷揚量（2007 年）

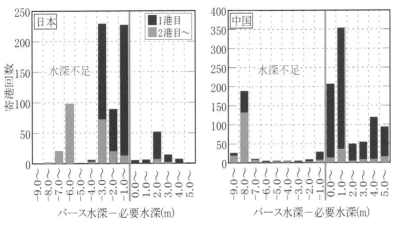

図 4-17　北東アジア諸国での輸送１回当たりの平均寄港数（2007 年）

深がバース水深を超えた寄港が約8割に及び，1港目においても数多く見られていることから，積み量を制限（喫水を浅く）して入港している可能性が高い。なお，2港目以降では，1港目で荷揚げをしているため，実際の必要水深は浅くなる。

これに対し，中国では，1港目の寄港において必要水深がバース水深より大きいケースはほとんど見られなかった（例外である不足水深 -8 m 程度の寄港は，いずれも上海港宝山の寄港）。1980〜90年代には，日本の瀬戸内海沿岸の製鉄所に寄港可能な20万トンクラスの瀬戸内マックスが開発されたが，2000年代に入り，中国の鉄鉱石需要が巨大となり，中国への距離がオーストラリアより遠いブラジルからの輸送を効率化するため，30万トン超に加え，40万トンクラス（ヴァーレマックス）の鉄鉱石船が就航してきた。中国では，多くの港湾で大型船を制限無く受け入れ可能であるが，同等の能力を有しているのは日本では大分港のみである。そのため，輸送コストに大きな差が生じ，この差は製品の競争力に直結する。石炭や穀物においても同様の状況にあり，例えば，穀物では日本の主要な穀物荷揚港の入港制限に合わせた全長225 mのパナマックス船であるジャパンマックスが標準船型の一つであったが，これを超える8万トンのパナマックスや，9万トン超の新パナマ運河に対応したネオパナマックスが出現してきている。

このような状況に対応し，わが国産業の競争力強化と国民生活の安定のために，国全体としての安定的かつ効率的な資源・エネルギー・食糧などの海上輸送網の形成を図る国際バルク戦略港湾政策が推進されている。当該政策では，輸送効率化のため，企業間連携によって大型船を仕立て，特定貨物輸入拠点港湾にて受け入れ環境を整え，他港へは2港目以降，もしくは，フィーダー輸送により対応することとなっている。

4-3 海上コンテナ航路網の推計手法

（1）コンテナ船の投入状況

アジアを中心とする海上コンテナ貨物量の増大に伴い，上海港，釜山港，シンガポール港など，東アジアの港湾を中心に，新たなコンテナターミナルが整備されてきたほか，より多くの貨物を効率よく輸送するためにコンテナ船の大型化も大きく進展した。

表4-10，表4-11は，2007年と2017年の世界のコンテナ船の航路別の就航

表4-10　世界のコンテナ航路へのコンテナ船の投入状況（2007年）

（2007年12月）

| 航路区分 | 主要東西航路 | | | | | | 主要南北航路 | | | | | | 主要域内航路 | | | | | | | その他 | 総計 |
船型クラス	欧州－アジア－北米	欧州－北米－アジア	東アジア－欧州	東アジア－北米	北米－欧州	中東・南アジア－欧州	東アジア－南米	東アジア－アフリカ	アジア－豪州	欧州－中南米	欧州－アフリカ	北米－中南米	北東アジア南アジア－アジア	東南アジア南アジア－中東	東南アジア南アジア－東南アジア	中東・南アジア－東南アジア	中東・南アジア－	北米イントラ	欧州イントラ		
－999TEU	0	0	0	0	16	0	0	16	8	0	46	55	151	47	270	137	86	55	352	44	1,283
1000－1999	0	0	6	19	18	0	0	44	27	21	50	31	102	65	36	16	38	61	62	15	611
2000－3999	12	0	103	73	107	24	80	59	49	89	20	45	21	112	2	4	6	12	17	107	942
4000－5999	23	63	95	259	51	11	7	7	13	17	7	6	3	16	0	0	0	0	9	0	587
6000－7999	12	0	143	26	6	6	6	0	0	0	0	0	0	0	0	0	0	0	0	0	199
8000－9999	0	0	95	15	0	0	0	0	0	0	0	0	0	0	0	0	0	0	0	0	110
10000－	0	0	8	0	0	0	0	0	0	0	0	0	0	0	0	0	0	0	0	0	8
隻数合計（隻）	47	63	450	392	198	41	93	126	97	127	123	137	277	240	308	157	130	128	440	166	3,740
総船腹量（千TEU）	240	290	2,707	1,801	625	158	283	286	246	357	210	241	380	534	223	122	150	179	445	367	9,843
船腹量シェア	2.4%	2.9%	27.5%	18.3%	6.3%	1.6%	2.9%	2.9%	2.5%	3.6%	2.1%	2.4%	3.9%	5.4%	2.3%	1.2%	1.5%	1.8%	4.5%	3.7%	100.0%
平均船型（TEU）	5,110	4,597	6,014	4,594	3,155	3,865	3,045	2,270	2,537	2,814	1,705	1,756	1,373	2,225	726	774	1,152	1,398	1,011	2,209	2,632
週間サービス数（便/週）	4.0	5.0	57.5	65.2	35.5	7.3	11.0	16.1	22.7	21.7	34.6	57.6	100.5	63.4	250.8	161.4	81.4	57.4	334.4	30.5	1,417.9
年間輸送能力（千TEU）	1,065	1,193	17,385	15,755	5,612	1,449	1,828	1,901	2,904	3,158	2,456	3,441	6,709	6,172	8,782	6,153	4,248	3,610	14,654	2,620	111,094

注：アジア＝東アジア＋東南アジア＋南アジア＋中東，東アジア＝北東アジア＋南アジア＋中東，東アジア＝日本，韓国，中国，極東ロシア，北東アジア＝日本，韓国，中国，極東ロシア，台湾，香港エリア。
資料：2007年12月 MDSデータを元に作成。

（2017年12月）

表4-11 世界のコンテナ航路へのコンテナ船の投入状況（2017年）

航路区分 → 航型クラス ↓	主要東西航路 東アジアー欧州	東アジアー北米	中東・南アジアー欧州	主要南北航路 東アジアー南米	東アジアーアフリカ	アジアー豪州	欧州ー中南米	欧州ーアフリカ	北米ー中南米	主要域内航路 アジア（東アジア・中東）北東アジアーアジア	東アジアー中東・南アジア	北東アジアー東南アジア	東南アジアー中東・南アジア	中東・南アジアー南アジア	北東アジアー南アジア	北米イントラ	欧州イントラ	その他	総計
ー999TEU	0	5	2	0	0	0	1	0	19	30	31	11	160	74	18	22	200	22	595
1000ー1999	0	0	10	0	0	9	25	17	30	37	244	38	155	106	71	58	220	29	1,049
2000ー3999	11	8	40	9	0	47	18	59	77	51	134	32	36	39	83	48	51	34	777
4000ー5999	0	105	92	12	10	84	96	0	15	29	55	108	56	0	24	2	36	0	724
6000ー7999	10	94	45	35	21	11	0	0	22	8	0	54	0	0	0	0	15	0	315
8000ー9999	37	183	26	41	55	21	11	51	9	0	0	32	0	0	0	0	0	14	480
10000ー13999	86	76	0	8	12	11	0	0	0	0	0	32	0	0	0	0	0	0	225
14000ー17999	76	6	0	0	0	0	0	0	0	0	0	0	0	0	0	0	0	0	82
18000TEUー	69	0	0	0	0	0	0	0	0	0	0	0	0	0	0	0	0	0	69
隻数合計（隻）	289	477	215	105	98	183	151	127	172	155	464	307	407	219	196	130	522	99	4,316
総船腹量（千TEU）	4,005	3,762	1,107	776	842	952	661	665	599	426	991	1,721	665	287	469	262	847	281	19,318
船腹量シェア	20.7%	19.5%	5.7%	4.0%	4.4%	4.9%	3.4%	3.4%	3.1%	2.2%	5.1%	8.9%	3.4%	1.5%	2.4%	1.4%	4.4%	1.5%	100.0%
平均船型（TEU）	13,859	7,887	5,149	7,387	8,591	5,204	4,377	5,239	3,483	2,748	2,136	5,606	1,634	1,311	2,394	2,012	1,622	2,835	4,476
週間サービス数（便／週）	27.0	57.5	35.7	13.5	9.0	19.5	25.4	18.0	41.4	57.7	152.2	67.4	269.3	143.7	106.0	55.4	288.1	27.1	1,413.8
年間輸送能力（千TEU）	19,185	22,579	8,754	5,025	3,980	5,041	5,268	4,415	5,166	5,371	15,110	15,930	16,874	9,335	10,969	4,861	19,340	2,391	179,592

注：アジア＝東アジア＋東南アジア＋南アジア＋中東、東アジア＝北東アジア＋東南アジア、北東アジア＝日本、韓国、中国、台湾、香港エリア。
資料：2017年12月MDSデータをもとに作成。

状況を分析したものである。世界に就航する大型コンテナ船は，各航路とも2007年に比べて2017年のほうが投入されている船の平均船型は大型化し，投入されている船の積載能力の合計である総キャパシティも大きく増えている。

　航路別にみると，2007年，2017年とも当時の最大船型クラスのコンテナ船が，東アジア－欧州航路に投入されており，2007年の平均船型は6,014TEUに対し，2017年では13,859TEUと非常に大型化が進んでいることがわかる。年間の輸送能力も増えているものの，東アジア－欧州航路の投入隻数やサービス数は減少している。

　次に大型船が投入されているのが，東アジア－北米航路であり，2007年の平均船型4,594TEUが，2017年には7,887TEUとなっている。そのほか，中東・南アジア地域と欧州を結ぶ航路，東アジアと南米を結ぶ航路についても，大型船が投入されている。

　また，小型の1,000TEUや2,000TEUクラスのコンテナ船については，2007年，2017年のいずれにおいても，北東アジア地域のイントラ航路，東南アジアのイントラ航路，欧州のイントラ航路に多く投入されている。アジア域内でも，北東アジアと東南アジアを結ぶ航路については，北東アジアのイントラ航路や東南アジアのイントラ航路よりも，少し大型のコンテナ船が投入されている。これは，コンテナ貨物輸送需要の増大により，主要な東西航路である欧州－アジアや，北米－アジアなどに大型船が投入され，それに伴い，既存の大型船が順々に他の航路へと投入変更されるカスケード現象が起こり，主要な域内航路においても，船の大型化が進んだものである。

（2）海上コンテナ航路網推計手法

　海上コンテナ貨物の輸送は，大型船のコンテナ船ほど，貨物が集荷できれば寄港地を絞るほうが効率的な輸送となるので，シンガポールなどのハブ港湾に寄港し，周辺諸港などの貨物はハブ港湾に中小型船で輸送するというハブ＆スポークの形態となる。たとえば東アジアと欧州との輸送であれば，シンガポールとロッテルダム港の両地域のハブ港湾の間は，2万TEUクラスの超大型コンテナ船で，寄港地を絞り混みながら一度に大量に輸送し，ハブ港湾への集荷やハブ港湾からの輸送は，中小型船などで行うような輸送形態である。

　一方，東アジア域内などの距離が比較的短距離となる航路については，大型船での輸送よりも，小型・中型船での輸送のほうが，輸送頻度や港湾での積み卸し

作業面で有利となり，大型船に比べればより多くの港湾に寄港もできるというメリットがある。

　このような状況も勘案し，東アジア・欧州・北米といった主要地域間で輸送すべき純流動ベースのコンテナ OD 貨物量があり，投入可能なコンテナ船が船型クラス別にわかっているとすると，アジアと欧州，アジアと北米との間の航路に，どのようなクラスの船がどの程度投入されることとなるか，そのマクロな推計方法をここでは考える。

① 純流動ベースの海上コンテナ貨物量 OD

　表 4-12 は，2017 年の世界の主要地域間の海上コンテナ貨物の純流動ベースの OD 表を，既存の資料などをもとに推計したものである。このような，途中の積み替え貨物の輸送，いわゆるトランシップ貨物の輸送を考えない純流動ベースの OD 表がある時に，どのクラスのコンテナ船がどの航路に投入されることとなるかを考える。コンテナ貨物の OD 表には，途中の積み替えなどを考慮した総流動ベースの OD 表もあり，その総流動のほうが，実際に就航している船舶で輸送されているコンテナ貨物量を積み上げればよいので，推計も容易である。ただ，将来の各国・地域からのコンテナ貨物量が大きく変化した場合や，港湾の整備などで積み替えなどの状況が将来的には変わる可能性があることから，コン

表 4-12　東アジアを中心とするコンテナ貨物の純流動（2017 年）

（単位：千 TEU）

2017 年			アジア				北米	欧州	中南米	アフリカ	豪州・太平洋	合計
			東アジア		南アジア	中東						
			北東アジア	東南アジア								
アジア	東アジア	北東アジア	16,172	10,901	2,548	3,879	14,566	11,599	2,579	3,199	1,746	67,187
		東南アジア	12,411	1,322	530	559	3,109	1,004	103	251	293	19,583
	南アジア		548	261	198	866	1,152	1,031	142	463	65	4,726
	中東		1,868	315	566	1,416	581	1,504	34	1,178	26	7,488
北米			6,138	1,041	906	951	478	2,324	2,542	562	335	15,277
欧州			4,885	1,714	660	2,579	4,244	7,269	1,462	2,634	475	25,922
中南米			1,449	89	131	276	2,725	2,136	1,768	414	202	9,190
アフリカ			643	166	307	440	308	1,679	69	548	24	4,184
豪州・太平洋			1,114	316	184	210	296	222	195	100	261	2,898
合計			45,225	16,127	6,030	11,176	27,459	28,768	8,894	9,349	3,427	156,455

資料：(公財) 日本海事センター　SHIPPING NOW 2018-2019/ データ編　世界のコンテナ荷動き (推計)，「世界の国際海上コンテナ流動 OD 量の中長期見通しの試算」(土木学会論文集 B3，赤倉康寛ほか，2017) を元に作成。

テナ船の投入や将来の港湾インフラのあり方などを考える際には，まずは純流動ベースの OD 表を推計して，それをベースに船の投入がどうなるか，途中の積み替えがどうなるか，その結果，総流動ベースの OD 表がどうなるかを検討する必要がある。

② 投入コンテナ船のクラス別隻数など

検討を行う時点で投入されるコンテナ船がどの程度あるか，船の積載能力別に，どの程度の隻数が投入可能かを整理する必要がある。具体的には表 4-10 や表 4-11 に示したように，各船型クラス別にどの程度のコンテナ船が投入できるかを想定する必要があり，特に将来の推計などにおいては，どの程度の大きさのコンテナ船が就航しているか，また，船齢が古いコンテナ船は，スクラップなどされることなども考慮して，どの程度のコンテナ船が投入できるかを整理する必要がある。

③ 基幹航路などへのコンテナ船の投入検討

世界のコンテナ船による輸送については，表 4-10 や表 4-11 に示したように，大型化が進み最大船型が異なる 2007 年と 2017 年の 2 時点においても，より長距離で，輸送貨物量の多い航路に大型コンテナ船を投入することにより，輸送の効率化が図れ，より安くコンテナを輸送できることから，アジア－欧州やアジア－北米などのいわゆる基幹航路に，超大型コンテナ船がまず投入されてきている。

このマクロな世界のコンテナ船の投入状況に基づき，基幹航路へのコンテナ船の投入クラス・投入隻数を算定することを考える。

（1）でみたとおり，2007 年や 2017 年とも，超大型船は，東アジア－欧州航路にまずは投入され，次に東アジア－北米航路に投入されている。長距離で輸送コンテナ貨物量が多い航路に，超大型コンテナ船を投入することにより，規模の経済により 1TEU 当たりの輸送費用が安くなるので，このような投入となっている。また，アジア域内の，東アジア（北東アジア，東南アジア）域内や東アジアと中東・南アジアとのコンテナ航路への投入をみると，その貨物量が多いこともあり，多くのコンテナ船が投入されている。ただし，輸送距離が東アジアと欧米航路ほどは長くなく，コンテナ船の 1 周回当たりの日数もそれほど長くかからない航路も多いため，1 サービス当たりの投入隻数は多くても数隻程度である。船型は，中距離の東アジア－中東・南アジアが 2017 年の平均船型で 5,000TEU を超えるも

のの，北東アジアと東南アジア航路は 2,000TEU 程度，北東アジア域内航路（イントラ航路）は，1,600TEU 程度の平均船型となっている。

　以上の東アジアと欧米との航路や，アジア域内で各航路への船の投入能力，実際の各地域間の海上コンテナ貨物の純流動 OD 量，それに基づくコンテナ船の消席率を 2017 年で算定したものを**表 4-13** に示す。

　東アジアから欧州への航路の消席率は，2017 年で 65.7%（2007 年では 70 %），東アジアから北米への消席率は，2017 年で 78.3 %（2007 年では 53%）と，多少のばらつきはあるものの，7〜8 割程度の欧州や北米向けの貨物が積載されて輸送されている状況が読み取れる。

　この状況を踏まえると，将来の東アジアと欧米との間で輸送すべき海上コンテナ量（純流動）が所与で，投入できるコンテナ船の船型クラス別隻数が所与の場合，より長距離で貨物量の多い東アジア－欧州の OD 貨物量について，貨物量が多い方向（2017 年では東アジアから欧州向け）の貨物量を，消席率 7〜8 割で輸送できるように，超大型コンテナ船の投入を検討することとなる。具体的には，ウィークリーサービスが基本のコンテナ輸送では，1 ループどの程度で周回できるかで投入する船の隻数が決まるため，2017 年では平均 11 隻程度で運航されているので，まずは巨大船の側から 11 隻程度のコンテナ船を投入し，その平均積載能力の 7〜8

表 4-13　主要航路へのコンテナ船の投入と純流動貨物量（2017 年）

航　路	平均船型 (TEU)	投入隻数 (隻)	サービス数 (便／週)	1サービス当たり投入隻数 (隻)	輸送能力 (万 TEU／年) ①	純流動貨物量 ②	消席率 (＝ ②／①)	備　考
東アジア→欧州	13,859	289	27	10.7	1,919	1,260	65.7%	東アジア→南アジアや，東アジア域内貨物等も積載される。
東アジア→北米	7,887	477	57.5	8.3	2,258	1,768	78.3%	東アジア→中南米貨物や，東アジア域内貨物等も積載される。
東アジア→中東・南アジア	5,606	307	67.4	4.6	1,593	752	47.2%	東アジア域内や東南アジア域内貨物，豪州→中東・南アジア貨物等も積載される。
北東アジア－東南アジア	2,136	464	152.2	3.0	3,022	2,332	77.2%	北東アジアイントラや，北東アジア→欧州・豪州・アフリカなどの貨物等も積載される。
北東アジアイントラ	1,634	407	269.3	1.5	1,687	1,617	95.9%	北東アジア→欧米・豪州・アフリカなどの貨物等も積載される。

※東アジア＝北東アジア＋東南アジア，北東アジア＝日本＋中国＋韓国＋台湾エリア。

割程度のOD貨物量が輸送されるとする。その後も，同様にサービス投入を検討し，東アジアから欧州のOD貨物量がなくなるまで，コンテナ船の投入を検討する。

　東アジアから北米への航路についても，同様であるが，欧州航路に比べて少し小さいコンテナ船が投入されていることを勘案し，東アジア－欧州航路への船の投入が終わってあとに，北米航路の船の投入を考えることとなる。

　ただし，アジア－北米航路への投入船型には，ある程度の幅があるので，すべてを大型船でということではなく，過年度の投入船の分布なども参考に，その投入船型を考える必要がある。

　アジア域内の航路については，「北東アジア－東南アジア航路」，北東アジアと東南アジア，さらには南アジア・中東地域とを結ぶ「北東アジア－南アジア・中東航路」は，より近距離の「北東アジア域内航路」に比べると，輸送距離も長く，中型船などの投入となっている。これらのアジア域内航路へのコンテナ船の投入

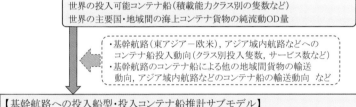

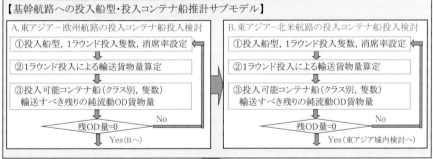

図 4-18　基幹航路などへのコンテナ船の投入算定フロー

については，輸送すべき貨物量である純流動ベースの OD 貨物量をベースに，北東アジア域内航路については小型船などの投入を想定することとなるが，その際には，欧州航路や東南アジア航路などの船舶にも，北東アジア域内航路で輸送できる貨物が積載されていることから，それらの他航路での輸送貨物量を除いた貨物量を輸送するための投入船の隻数や船型を算定する必要がある。

「北東アジア－東南アジア航路」などの船の投入についても同様で，北東アジアと東南アジアなどとの純流動ベースの輸送貨物量のうち，一部は北東アジアと欧州航路などで輸送される貨物もあるので，それらを考慮したうえで投入船舶数や船型を算定することとなる。

以上を勘案し，アジアと欧米との基幹航路や東アジア域内航路などへの船舶の投入隻数・船型などの算定は，図 4-18 に示すフローに沿って算定できることとなる。ただし，今後の南アジアや東南アジアをはじめとする地域の発展や，コンテナ海上輸送需要の増大，開発途上国などでの港湾整備などによって，超大型コンテナ船が投入される航路や，貨物が集荷されるハブ港湾などが変わることが想定されることや，他の地域との主要航路に，域内の貨物などがどの程度積載されるかなども変わりうるので，将来の推計にあたってはそのあたりをどのように推計・シナリオ設定するかなども含めて検討する必要がある。

4-4 コンテナ貨物流動予測モデル

（1）コンテナ貨物の流動モデルの構造など

全国輸出入コンテナ貨物流動調査データを用いれば，国内の貨物の生産・消費地と海外との OD 貨物量に対して，輸送経路や利用港湾などの実績が追えるので，その経路などを再現する貨物流動モデルの構築が可能である。モデルは，何を評価するモデルかによって，どのモデル構造でどのようなモデルを構築するなどが変わってくる。貨物流動に関わる主要なモデル構造と各モデルの特徴，国全体の将来予測など実用的な適用性などを表 4-14 に示す。

わが国のコンテナ貨物の全国ベースの代表的なモデル構造としては，貨物のOD 間の輸送経路候補毎の一般化費用（費用＋時間×時間価値）が最小となる経路が選択されるとする犠牲量モデルや，経路の選択は各輸送経路の効用に関わるとして，時間や費用以外の説明変数も導入可能なロジットモデル，さらには，OD

表 4-14　貨物流動モデルの代表的なモデル構造とその適用など

項目	犠牲量モデル	ロジットモデル	ネットワークモデル
A．モデル概要	・一般化費用（＝所要費用＋所要時間×貨物の時間価値）が最小となる経路が選択されるとするモデル。	・選択肢の中から効用（確定項，誤差項）が最大となる選択肢を選ぶとする離散選択モデル。誤差項にガンベル分布想定がロジットモデル。非集計型，集計型あり。	・OD 間の輸送経路を，ノード（点）とリンク（線）で表現し，各リンクに距離や時間などの抵抗やサービス水準（LOS）を持たせ，費用最小化などで各経路の利用を算定。
B．説明変数	・各経路の輸送時間，輸送費用，貨物の時間価値（分布）。	・各輸送経路共通（費用，時間等）。 ・経路固有の変数，選択肢のダミー変数の導入も可能。	・リンクコスト関数（リンクの交通量が増えると所要時間も変動），ノードでの貨物の積替え，船舶の待ち時間，費用などの考慮も可能。
C．複数経路再現など	・ある OD 間で複数の経路選択がある状況は貨物の時間価値分布を実績の輸送経路選択を最も再現できるように推計することにより検討が可能。	・非集計ロジットモデルは，個人は選択肢の中から効用最大となる選択肢を選択。集計ロジットモデルでは，複数の選択肢の選択状況も表現が可能。	・確率的に経路が選択されるとしてロジットモデルなどの離散選択モデルを用いる確率的経路選択では，複数経路の選択が表現できるものの，計算は膨大。
D．貨物の時間価値など	・貨物の時間価値分布を想定し，時間価値の分布形を輸送経路の実績の再現性が高まるようにパラメーター推計。	・説明変数の費用と時間が推計されたパラメーターから算定は可能。時間価値は分布形をもつ形ではない。	・各経路の輸送費用設定に時間価値を考慮し一般化費用として，時間価値を外生的に与えることが可能。
E．港湾政策など，実用的流動モデルへの適用性など	◎　将来予測などの操作性がよい。候補経路の総当たりで犠牲量最小経路選択とすればよく，将来予測などに適用がしやすい。 ○　時間価値分布により，急ぐ貨物，急がない貨物の区分可能。 ×　説明変数が，時間と費用，時間価値分布だけであり，他の要因と選択との関係が議論となることあり。	◎　説明変数に，様々なものが検討可能で，商慣習による経路選択なども考慮可能。 △　集計型は，品目別や相手地域別などの作成するなどの工夫も必要。 ×　非集計型は将来の個別荷主の状況想定が難しく将来予測への適用難。 ×　将来予測では，各 OD ペア毎に候補経路の検討などが必要となる場合は，モデル操作性は良くない。	△　国際海上輸送の場合，日本と海外との貨物だけでなく，第 3 国間の OD 貨物量の設定，それに関わるリンクやリンク関数の設定も必要となり，膨大データ，情報が必要。

　交通量をいくつかに分割して計算する分割配分法や利用者均衡配分法により交通ネットワークの配分交通を求める方法を海上コンテナ輸送に応用するモデル（以下「ネットワークモデル」と呼ぶ）などがある。

　各モデルとも，一長一短があるので，どのモデルを用いるかなどは，利用できるデータや評価の目的などを勘案して決める必要がある。

（2）犠牲量モデルによる貨物流動モデル

① 犠牲量モデルの概要

　犠牲量モデルは，輸送ルートの選択にあたり，各ルートの費用と所要時間の費用換算分から構成されるルート毎の総犠牲量が最も小さいルートが選択されると考えるモデルである。ルート毎の総犠牲量は輸送経路の費用と輸送にかかる時間に貨物の時間価値を乗じたもので，式（4-5）で表現される。ルート r の総犠牲量 S_r はルート r の所要時間 T_r と時間価値 α の積にルート r の利用に要する費用 C_r を加えたものとなる。

$$Sr = Cr + Tr \cdot \alpha \tag{4-5}$$

　ここに，S_r はルート r の総犠牲量，C_r はルート r の費用，α は貨物の時間価値，T_r はルート r の所要時間を表す。

　なお，式（4-5）の費用，時間については，当該ルート r に関わるトラック輸送・港湾での荷役・海上輸送などのすべての費用や時間を考慮するほか，港湾でのコンテナの積み替えや輸出入の諸手続，コンテナ船の待ち時間などに要する時間などについても考慮し設定する。

　犠牲量を用いたルート選択の考え方を図 4-19 に示す。図の縦軸は総犠牲量，横軸は時間価値であり，3 本の直線は仮に選択肢となるルートが 3 つあった場合

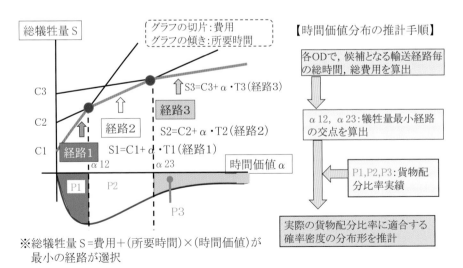

図 4-19　犠牲量モデル概念図

の各ルートの総犠牲量 S1，S2，S3 を表している。図中の C_i，T_i は，それぞれルート $i(i=1〜3)$ を選択した際の輸送費用と輸送時間を表す。したがって，各直線の切片が輸送経路毎の総費用を，また横軸が時間価値を表すので，直線の傾きが輸送経路毎の所要時間を表すこととなる。図の S1 の直線は，切片が小さく，傾きが大きいので，3 つの経路の中では一番費用が安いが所要時間もかかる経路，また S3 の直線は，切片が大きく費用は一番高いが直線の傾きは小さいので所要時間は一番短い経路を表していることとなる。

犠牲量を用いた経路選択では，貨物の時間価値によって総犠牲量が最小になるルートが異なることとなり，ルート 1 とルート 2 の時間価値の交点を $\alpha 12$，ルート 2 とルート 3 の交点を $\alpha 23$ とすると，時間価値 0 から $\alpha 12$ まではルート 1（費用は安いが時間がかかる経路），時間価値 $\alpha 12$ から $\alpha 23$ まではルート 2，$\alpha 23$ より時間価値の大きいところではルート 3（費用は高いが所要時間が短い経路）の経路の総犠牲量が最も小さいルートなので，それぞれの時間価値の大きさに応じて選択されるルートが変わることとなる。

各ルートの選択確率を図 4-19 の P1，P2，P3 で表わしているが，輸送経路別の実際の選択確率がわかれば，各ルートの費用や時間から境界時間価値 $\alpha 12$ や $\alpha 23$ が求められるので，実際の経路別の貨物比率をよりよく再現できる時間価値の分布を推計することとなる。

なお，時間価値の分布形には，対数正規分布を想定して検討をしている事例が多い。

② 日本発着のコンテナ貨物の利用港湾・経路推計例

犠牲量モデルを適用して，輸送実績に最もあうような貨物の時間価値分布のパラメータを推計することで，貨物流動モデルを構築した事例[9]を紹介する。

わが国発着のコンテナ貨物の流動状況については，表 4-2 で示した全国輸出入コンテナ貨物流動調査（5 年に 1 度，国土交通省実施）を用いると，貨物の純流動を追うことが可能である。したがって，貨物の輸送経路の実績がわかることから，その輸送経路毎の貨物輸送量の実績をもとに，図 4-19 に示すように，輸送経路は各経路の輸送費用と輸送時間の貨幣換算分（貨物の時間価値を乗じたもの）の総和が一番小さい経路が選択されるとする犠牲量モデルを適用して，輸送実績に最も合うような貨物の時間価値分布のパラメータを推計することで，貨物流動モデルを構築した事例[9]を紹介する。

　図4-20に示すとおり，日本は47都道府県をベースとした区分として代表港を設定し，アジアについても，中国3地域（北部・中部・南部），台湾，韓国，タイ，フィリピン，東南アジア2地域（北部・南部）の9地域に区分し，代表港を設定している。そして，候補となる輸送経路の輸送費用や輸送時間の設定にあたっては，航路の寄港頻度から算定した平均待ち時間や，規模の経済も考慮した船型別の海上輸送コストなども考慮している。

　図4-21が，実績の輸送経路別貨物量を最も再現するように推計された貨物の時間価値分布の推計結果，図4-22が，その時間価値分布をもとにした，中国3

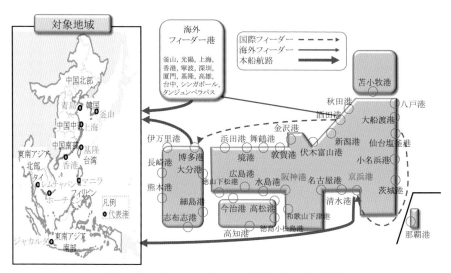

図4-20　日本とアジアとの対象地域や設定港湾

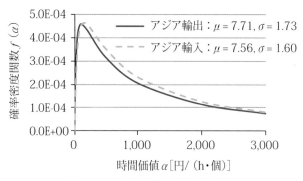

図4-21　時間価値分布の推計結果

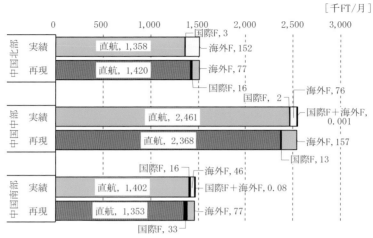

資料：文献 9 より。

図 **4-22**　貨物流動モデル現況再現性（中国輸入貨物）

地域との輸送量の実績値とモデルでの再現値の比較結果である。

（3）ロジットモデルによる貨物流動モデル

① ロジットモデルの概要

　ロジットモデルとは，ある選択の効用 U_i を，非確率的に決まる効用 V_i と独立なガンベル分布に従う確率変数とを用いて式 (4-6) のように仮定し，この効用が最大となる選択肢を選択するとのモデルである。

$$U_i = V_i + \varepsilon \tag{4-6}$$

　モデルにおいて，選択肢 i が選択される確率 P_i は式 (4-7)，効用 V_i は式 (4-8) で表される。

$$P_i = \frac{\exp(V_i)}{\displaystyle\sum_i \exp(V_i)} \tag{4-7}$$

$$V_i = \alpha X_1 + \beta X_2 + \cdots \tag{4-8}$$

　ここに，$\alpha, \beta, \cdots$：パラメータ，$X_1, X_2, \cdots$：説明変数である。ここで，説明変数間の類似性がある場合に，当該選択確率が高くなることが知られており（赤バス－青バス問題），その場合には，入れ子構造を用いたネスティッド・ロジットモ

デルを使用する必要がある。

　また，ロジットモデルには，個別データ（例えば個人）をそのまま使用する非集計ロジットモデルと，集計されたデータ（例えば，２地点間貨物量）を用いる集計ロジットモデルがある。統計データなどを用いる場合には集計モデルになるが，適切な個別データが入手できる場合には非集計モデルが有効であり，交通行動分析において，広く使用されるようになってきている。

②　トランシップ港湾選択モデル

　欧米基幹航路の維持・拡充を図る国際コンテナ戦略港湾政策では，高い経済成長を持続している東南アジア地域からの広域集荷により，北米基幹航路の維持・拡大を推進することが掲げられている。この施策による，わが国港湾での積み替え（トランシップ：T/S）コンテナ量を，集計ロジットモデルにより推計した[10]。対象とする流動は図 4-23 のとおり，東アジア地域－米国間コンテナのうち，わが国およびわが国と競合し得る北東アジア（中国・韓国・台湾）において，現にトランシップされている貨物であり，対象年は 2008 年および 2013 年である。

　一般には，荷主は，輸送時間，輸送コスト（運賃）および輸送品質の３つの要因で輸送経路を選択するとされている。この中で，定時性や荷傷みの頻度などである輸送品質は数値化が難しいことから，輸送時間および輸送コストを説明変数の候補とした。ただし，海外港湾での港湾諸費用は，世界銀行のデータ[11]を用いて推計した。また，日本の港湾でトランシップを行う場合には，現状では，ターミナル間移動をせざるを得なくなる場合が多いことから，その移動時間・費用も計上した。モデルの検討結果が，表 4-15 である。モデル１は，寄港便数より平

最終船卸・最初船積国／代表港	
韓国	釜山
中国北部	青島
中国中部	上海
中国南部	香港
台湾	高雄
フィリピン	マニラ
ベトナム	ホーチミン
タイ	レムチャバン
マレーシア	ポートクラン
シンガポール	シンガポール
インドネシア	タンジュンプリオク

T/S国／代表港	
日本	京浜
韓国	釜山
中国中部	上海
中国南部	香港
台湾	高雄

米国

※青島は，トランシップ（T/S）実績がほとんどないため，T/S港から除外した。

図 4-23　モデルの対象流動

表 4-15　モデルのパラメータ推定結果

モデル	説明変数	パラメータ	t 値	符号条件	尤度比
1	総輸送時間（h）	-0.019	-2.24**	○	0.28
	輸送コスト（円/TEU）	-0.022	-1.19*	○	
2	寄港便数（便/週）	0.027	1.61	○	0.29
	輸送時間（h）	-0.017	-1.70*	○	
	輸送コスト（円/TEU）	-0.024	-1.81*	○	
3	寄港便数の逆数	-24.7	-1.61	○	0.29
	輸送時間（h）	-0.016	-1.61	○	
	輸送コスト（円/TEU）	-0.027	-2.03**	○	

※パラメータの有意水準 5%：**，10%：*

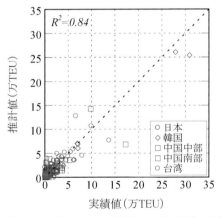

図 4-24　モデルの再現性確認（最終船卸・最初船積国別・T/S 港別）

均待ち時間を算定して，海上輸送時間に追加したケースであり，モデル 2 および
モデル 3 は寄港便数を 1 つの説明変数としたケースである。いずれのモデルも符
号条件を満たしており，尤度比も高いが，パラメータの t 値においてモデル 2 お
よびモデル 3 は有意水準 10% 以下とならない説明変数が見られたことから，モ
デル 1 を選択した。同モデルによるトランシップコンテナ取扱量の再現性を確認
した結果が，図 4-24 である。決定係数は 0.84 であり，一部乖離があるものの，
概ね現況を再現できている。

③ 施策実施による日本トランシップコンテナ量の変化

トランシップコンテナの日本集荷施策としては，以下の3つを想定した。

a) 東南アジアシャトル便就航：海峡地（シンガポール，マレーシア）へのシャトル便が増加して現存サービスの半分がシャトル便になり，当該サービスの船型は 4,000TEU クラス（現状シャトル便の平均船型）に大型化する。

b) わが国港湾でのトランシップ円滑化：わが国港湾でトランシップを行おうとする場合，他国に比べて，荷卸・荷積ターミナルが異なる場合も多いと想定されたが，これが他国並みに円滑化される。

c) トランシップコンテナ荷主へのインセンティブ付与：インセンティブ額は1万円／TEU。

以上の施策を実施した場合のわが国港湾でのトランシップコンテナの増加量を，図 4-25 に示す。効果としては，トランシップ円滑化のケースが一番大きく出ており，北米航路に換算して，週 0.45 便に相当する貨物量であり，全施策を実施した場合には，週1便近い貨物の集荷が見込まれることとなる。

実際の状況について，北米航路東航において，北東アジアにてトランシップコンテナ量の多い経路について，わが国におけるトランシップ集荷の可能性を検討した[12]。まず，直航，主要港トランシップおよび日本トランシップ経路の貨物量と輸送日数を比較した結果が，表 4-16 である。直航と主要港トランシップ経路とを比較すると，輸送日数では同レベルか，経路によってはトランシップのほうが速くなっており，競合していた。一方，主要港トランシップと日本トランシッ

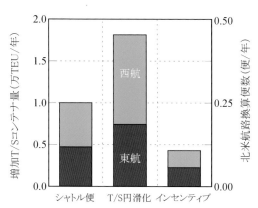

図 4-25　施策実施による日本トランシ ップ（T/S）コンテナの増加量

表 4-16　直航・主要港トランシップ（T/S）および日本 T/S 経路の比較

最初船積港	最終船卸港	直航経路		主要港 T/S 経路					日本 T/S 経路（2017 年）			
		貨物量	日数	T/S 港	貨物量	日数	船社	横持	貨物量	日数	船社	横持
タンジュンプリオク → ロングビーチ			−	シンガポール	4,790	28	MSC	無	0	30	KL/NYK	無
台中 → ロングビーチ		9,743	19	廈門	2,333	19	MSC	無	−	−		
ハイフォン → ロングビーチ			−	塩田	9,069	21	Maersk	無	7	21	NYK	有
塩田 → ロングビーチ		106,266	14	光陽	17,846	15	SM Line	無	684	45	KL/MOL	無
レムチャバン → ロングビーチ			−	光陽	7,334	20	SM Line	無	3,117	26	MOL	有
ホーチミン → ロングビーチ		19,362	19	光陽	8,452	17	SM Line	無	1,550	24	KL/NYK	有
ハイフォン → ロサンゼルス			−	香港	14,549	22	MOL	無	0	28	NYK	有
タンジュンプリオク → ロサンゼルス		11,975	26	高雄	6,311	22	APL	無	0	30	KL	有
ホーチミン → ニューヨーク		12,161	32	シンガポール	1,669	30	APL	無	0	46	NYK	有
タンジュンプリオク → ニューヨーク			−	シンガポール	4,555	29	APL	無	0	49	Hpg/NYK	有
ハイフォン → ロサンゼルス		836	20	塩田	5,661	19	Maersk	無	0	28	NYK	有

※ T/S 港において，荷卸ターミナルと荷積ターミナルが異なる場合は横持ち：有りとした。

表 4-17　日本（T/S）経路の ONE 発足および東南アジアシャトル便による変化

最初船積港	最終船卸港	直航	主要港 T/S			日本 T/S（2017 年）		日本 T/S（2018.4 以降）		日本 T/S（シャトル化後）
		日数	T/S 港	日数	横持	日数	横持	日数	横持	日数
タンジュンプリオク → ロングビーチ		−	シンガポール	28	無	30	無	30	有	23 〜 26
台中 → ロングビーチ		19	廈門	19	無	−	−	−	−	−
ハイフォン → ロングビーチ		−	塩田	21	無	21	有	21	有	19 〜 21
塩田 → ロングビーチ		14	光陽	15	無	45	無	43	有	19 〜 22
レムチャバン → ロングビーチ		−	光陽	20	無	26	有	21	有	20 〜 21
ホーチミン → ロングビーチ		19	光陽	17	無	24	有	25	有	20 〜 25
ハイフォン → ロサンゼルス		−	香港	22	無	28	有	25	無	18 〜 23
タンジュンプリオク → ロサンゼルス		26	高雄	22	無	30	有	27	無	23 〜 27
ホーチミン → ニューヨーク		32	シンガポール	30	無	46	有	−	−	−
タンジュンプリオク → ニューヨーク		−	シンガポール	29	無	49	有	−	−	−
ハイフォン → ロサンゼルス		20	塩田	19	無	28	有	25	無	18 〜 23

※ T/S 港において，荷卸ターミナルと荷積ターミナルが異なる場合は横持ち：有りとした。

プ経路とを比較すると，基本的には日本トランシップのほうが遅いが，同じ輸送日数のハイフォン港→ロングビーチ港においても，日本トランシップ経路はほとんど利用されていなかった。これは，横持ちの有無が影響しているとみられる。主要港トランシップでは，すべての経路で同ターミナル内でのトランシップがなされていたが，日本では横持ちが生じるケースが多かった。これに対して，**表 4-17** に示すように，2018 年 4 月より邦船 3 社が統合して ONE が発足したため，

サービスが統合され，一部の経路の輸送日数が速くなり，横持ちが減少した。さらに，東南アジアシャトル便を就航させた場合，東南アジア側，もしくは，日本側の曜日を変更したとして輸送日数を算定すると，多くの経路において，主要港トランシップと輸送日数面では同等レベルになっており，東南アジアからの集荷による北米航路の維持・拡充の可能性が確認された。

《参考文献》

1) 赤倉康寛・高橋宏直「船舶動静データに基づく外貿コンテナ総流動量推計手法」『土木学会論文集』第 681 号 /IV-52，pp.87-88，2001 年

2) 赤倉康寛・高橋宏直「主要アライアンスの外貿コンテナ流動量及び基幹航路の消席率の推計」『土木学会論文集』第 737 号 /IV-60，pp.175-188，2003 年

3) 赤倉康寛・荒木大志・玉井和久「世界の国際海上コンテナ流動 OD 量の中長期見通しの試算」『土木学会論文集 B3』Vol.73 No.2，pp.I_989-I_994，2017 年

4) Drewry：Container Forecaster & Annual Review.

5) 国土交通省「海事レポート 2015」2015.

6) 高橋克弥「船社と港湾物流」『(公社)日本港湾協会平成 27 年度物流講座資料』2015 年

7) 赤倉康寛・二田義規・渡部富博「北東アジアにおける三大バルク貨物取扱バースと船型の関係」『土木学会論文集 D』Vol.65 No.3，pp.363-347，2009 年

8) Clarkson：Dry Bulk Trade Outlook.

9) 佐々木友子・赤倉康寛・渡部富博「我が国の国際海上コンテナ貨物の経路選択モデル構築」『沿岸域学会誌』第 30 巻第 3 号，pp.79-90，2017 年

10) 古山卓司・赤倉康寛・佐々木友子「東アジア・米国間のコンテナ貨物流動に関するトランシップ港湾選択モデルの構築による我が国港湾施策の効果分析」『国土技術政策総合研究所資料』第 993 号，2017 年

11) The World Bank：Doing Business（http://www.doingbusiness.org/）

12) 古山卓司・赤倉康寛「日本・韓国トランシップコンテナ流動量実績の推計と航路網との関係性の考察」『土木計画学研究発表会・講演集』Vol.57，CD-ROM，2018 年

第5章

グローバルサプライチェーンの
リスクマネジメント

　本章では，グローバルサプライチェーンやそれを支えるグローバルロジスティクスが有する途絶，混乱リスクの発見，分析・評価，対応のあり方について述べる。5−1では，グローバルサプライチェーンやグローバルロジスティクスなどについて概説し，グローバルサプライチェーンに関わる途絶・混乱などの各種のリスクとしてどのようなものがあるかについて述べる。それらのリスクについて，5−2ではタイの洪水による工場のストップを事例に供給サイドのリスクについて，5−3では輸送に関わるリスクの中でも特に海運・港湾などに関わりが深いリスクについて，さらに5−4では，商流リスクのほか，グローバルサプライチェーンファイナンスに関わるリスクについて述べる。そして，5−5では，グローバルロジスティクスにおけるリスクの発見方法や分析，評価手法などリスクの分析手法を概説し，さらに5−6ではグローバルロジスティクスに関する海運や港湾に関わるリスク分析の事例を紹介する。

5−1 | グローバルサプライチェーンに関わる各種のリスク

　サプライチェーン，ロジスティクス，物流などという言葉がよく使われるが，図5−1にそれらの関わりや概要などを示す。

　国内での商品取引においても，売り手と買い手の間で，まずは売買条件（対象商品，数量，金額，物の受け渡しや金銭の支払い方法・時期など）が決められ，その契約に沿って輸送や金銭の支払いが行われることとなる。商品の取引は，一般的に，何をどこからどこまで運ぶかという「物流」と，売買条件などの情報や金銭，商品の所有権などの流れである「商流」の双方から成り立っている。

　物流は，英語ではPhysical Distributionであり，直訳すれば「物的流通」で，

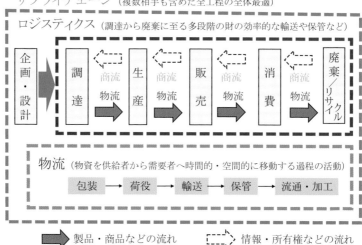

資料：文献 1 を元に作成。

図 5-1　サプライチェーン・ロジスティクス・物流などの概念図

まさに物の移動，ある地点からある地点に商品などを輸送することを表す。なお物流は，図 5-1 に示したとおり，包装，荷役，輸送，保管，流通・加工やこれらに関わる情報通信などの諸活動からなる。

　ロジスティクスは，兵站（へいたん）とも呼ばれ，戦争の際に，武器や弾薬，食料などをはじめとして，必要な時に必要な所に必要なものをいかに届けるかというところから発達したものである。定義は，文献によりいろいろあるが，「原材料の調達から，生産，販売，消費，廃棄に至るまでの多段階にわたる財の効率的，効果的な輸送や保管」と捉えることができる[1]。生産と販売の間，販売と消費の間などをつなぐのが，図 5-1 にも示したとおり，物流であり，情報や金銭の流れが商流となる。

　さらに，サプライチェーンは，ロジスティクスをさらに拡大し，製品の企画・設計をその初期段階に組み込むことが多く，調達，生産，販売，消費，廃棄，リサイクルといった各段階にわたり，複数のステークフォルダー（利害関係者）が関わり，個別企業や関わる企業全体での最適化を目指すものである[1]（図 5-1）。

　さて，わが国のみならず世界のモノづくり産業は，より低コストで高品質な生産体制と，欧米，中国などの大消費地における市場をにらみ，アセアン諸国や

表 5-1　グローバルサプライチェーンに関わるリスク

区　分	概　要
供給リスク	グローバルサプライチェーンを構成する素材・部品・製品の生産工程が機能停止・混乱を起こすリスク。
輸送リスク	グローバルサプライチェーンにおいて，素材・部品・製品などの輸送に関わるグローバルロジスティクスが停止・停滞し，調達・生産・出荷などが円滑に行えなくなるリスク。
商流リスク	グローバルサプライチェーンにおいて行われる財やサービスの取引に伴う情報のやりとりや，決済などの資金のやりとりが停止・混乱するリスク。複数の国の企業などが関わるグローバルサプライチェーンでは，国際的な企業間の取引や，資金決済の効率化など資金繰りの効率性に関わる金融サービス（サプライチェーンファイナンス）のリスクもある。

BRICs，東欧などにおいて，調達，生産，配送拠点の戦略的な展開，グローバルサプライチェーンを展開してきた。その結果，発達したサプライチェーンは，輸送，在庫，生産コストの最小化に向けて高度に管理されたロジスティクスシステムとして，現代企業の国境を越えたビジネス活動にとって不可欠な生産要素となっている。

　一方で極限なまでに無駄を省いたサプライチェーンは，サプライチェーンを構成する企業の生産や輸送などの一部に破断が生じると，サプライチェーンシステム全体の機能停止に結びつき，その緻密さと余裕代の無さの面で，現代経済社会が抱える脆弱性の典型をなしている。

　グローバルサプライチェーンでは，自然災害にとどまらず，地域紛争やテロ，事故，サイバーアタックなどのさまざまな社会現象によってももたらされるものも考えられる。商品開発から製造，販売などを一貫して行うサプライチェーンでは，表 5-1 のとおり，大きく下記の 3 つの区分のリスクに分かれる。

（1）供給リスク

　供給リスクは，サプライチェーンを構成する素材・部品・製品の生産活動に関わるリスクである。例えば，スマートフォンや自動車などの製造を考えると，たとえ 1 つの部品の供給が滞っても組立ラインが止まることとなり，サプライチェーンの継続性が生産システムの死活を握る。サプライチェーン上にある素材や部品の製造，製品の組立などの各生産部門のいずれかの機能が停止するリスク

が，この供給リスクである。

（2）輸送リスク

　輸送リスクは，サプライチェーン上における素材・部品・製品などの輸送が停止または停滞するリスクである。グローバルロジスティクスの輸送手段は，海上輸送や航空輸送，陸上輸送の組み合わせによって構成されるが，このうち，海上輸送を担う船舶は，どの国の主権下にもない「公海」を航行するほか，国際航路や国際運河などの狭隘航路を通行し，また港湾に入出港するため，船舶事故や地域紛争による航路閉鎖，海賊被害，自然災害による港湾の機能不全，労使紛争による港湾サービスの停止・低下などのリスクにさらされる。

　地球温暖化の進展に伴いこれまでも，特に東アジアやメキシコ湾沿岸の港湾物流ターミナルなどにおいては，巨大台風や熱帯低気圧などがもたらす強風，高潮による港湾施設の被災やターミナルの閉鎖が発生してきた。また，環太平洋造山帯における火山活動，地震活動の活発化は，日本をはじめとする太平洋沿岸域港湾における地震，津波リスクを高めている。これら港湾においてはテロによる港湾等施設の破壊やサイバー攻撃による港湾機能麻痺，コンビナート火災などによる港湾航路の航行障害などにも注意が必要となっている。

　さらに今後の船舶の大型化は，狭隘な国際航路や港湾への入出港航路などにおける衝突，座礁，沈没などの船舶事故のリスクを高めるほか，油流出や可燃性ガスなどの危険物の放出，船舶火災などの大規模化をもたらす。航路管制や港湾入出港管理，貿易手続きなどのデジタル化の進展は，外部からのハッキングやサイバーテロのリスクの増大と表裏一体である。

（3）商流リスク

　商流リスクは，物が生産者から需要者に輸送される一方で，その物の取引のために所有権や資金などがやりとりされることとなるが，それらの資金や情報などの流れが停滞または阻害されるリスクである。

　なお，複数の国の多くの企業との取引が生じるグローバルサプライチェーンでは，国際的な企業間の取引や，資金決済の効率化など資金繰りに関わる金融サービス（グローバルバリューチェーン）のリスクもある。

　自動車や電機，機械，プラントなど日系企業は，海外の子会社などを通じて現地企業などの間で部品などのサプライチェーンを構築し海外事業を拡大してきた

が，重層的に張り巡らされたサプライチェーン間で日々発生する決済などの管理が複雑になり，また売掛金などの回収リードタームも企業の負担につながっている。このため，世界の金融機関は，キャッシュ・マネジメント（資金管理・資金決済），貿易金融などの「トランザクションバンキング」にも注力しはじめている。

　トランザクションバンキングでは，企業の生産・販売活動の流れを捉えて，それと関連する決済・融資・有価証券管理などさまざまなメニューを提供（サプライチェーンファイナンス）する[2]。

　グローバルロジスティクスにおけるサプライチェーンファイナンス（SCF）においては，商習慣や法体系，政治情勢，自然条件などが異なる国々が有するさまざまなカントリーリスクと，電子取引にかかわるリスクとを切り離して考えることはできない。多数の中堅・中小企業も含めたわが国企業の海外進出が新興国マーケットとの貿易の拡大・多様化を急速に進展させるなか，サプライチェーンファイナンスが抱える金融リスクや情報セキュリティ上の課題が，グローバルロジスティクスに関わる新たなリスク課題として注視されている。

5－2 | 供給リスク

　グローバルサプライチェーンでは，国境を越え汎地域規模，地球規模でのビジネス活動を可能とする一方で，その途絶による大きなビジネスリスクを伴うものとなっている。

　これまでも，地震や津波，洪水などの自然災害に起因する部品工場や生産工場などの供給停止，ストや事故など人為災害による供給停止などが，**表5-2**に示すとおり，色々なところで起きてきている。

　以下では，まず，現代産業のサプライチェーンが有するリスクの事例として，国内での自動車産業における部品供給停止リスクを取り上げる。そして，次に，自然災害によって引き起こされたグローバルサプライチェーンの途絶が国境を越えて大きく経済活動に打撃をもたらした2011年のタイ国チャオプラヤ川洪水災害の事例を紹介する。

表5-2　生産拠点の災害による供給停止例

災害種別		災害名	発生(西暦年)	生産拠点へのインパクト	影響期間
自然災害	地震	阪神淡路大震災	1995	自動車等製造業，化学，食品工業等被災	1週間〜数か月
		熊本地震	2016	自動車部品，半導体製造業等が操業停止	約10日間
	津波	東日本大震災	2011	臨海部コンビナート，内陸製造業（自動車，IC等）が操業停止	数か月程度
	河川洪水	タイ国チャオプラヤ川洪水	2011	バンコク周辺工業団地（家電，自動車部品等）が浸水，操業停止	数か月程度
人為災害・事故	テロ・地域紛争	米国同時多発テロ	2001	部品供給停止による自動車組立ラインの停止	n.a.
		サウジ石油関連施設攻撃	2019	サウジ国内原油生産の1/2（世界供給量の5%）の停止	数週間〜数か月
	火災・爆発	アイシン精機工場火災	1997	自動車部品供給停止	3週間強
		メキシコ湾油流出事故	2010	約78万キロリットルの原油流出（史上最悪）	約3か月
		天津港化学倉庫爆発	2015	爆風による自動車製造業その他工場操業停止	2週間程度
		愛知製鋼知多工場爆発事故	2016	自動車向け特殊鋼の供給停止	1週間
Na-Tec災害		福島第一原発事故	2011	放射能汚染による部品工場等操業停止	8年間以上（継続中）
		千葉製油所火災	2011	千葉港エネルギー資源受け入れ停止	2週間弱

資料：企業HPなどを元に作成。

（1）国内における自動車産業の部品供給途絶の事例

　日本のモノ作り産業の頂点に位置する自動車産業を例にとると，数万個に及ぶ部品類のどれ一つの供給が滞っても自動車組立ラインが止まると言われている。このため，日本国内，国外を問わず，これらの部品類を的確に確保し，組み立て工場に搬入することが自動車産業の最重要事項の一つとなっている。このように，現代のモノ作り産業においては，国境を越えたサプライチェーンの継続性が生産システムの死活を握る。

　自動車エンジンの重要部品のひとつにプロポーショニング・バルブ（PV）がある。トヨタ自動車は，PVの供給の90％を傘下の大手自動車部品メーカーであるアイシン精機に依存していたが，1997年2月1日に同社刈谷事業所第一工場の火災事故によってPVの供給が途絶えると，国内の全工場で完成車生産ラインの操業を停止せざるを得ない事態に陥った。トヨタ自動車だけでも7万台以上の減産となった他，三菱自動車工業の主力工場にも影響が及んだ。

　また，2011年3月の東日本大震災時には，東北地方の自動車部品メーカーなどが被災し部品供給が停止し，4月後半から5月末にかけてトヨタ自動車の北米の完成車製造ラインの操業水準は，平常時の20％程度の水準にまで低下した[3]。

　さらに，2016年の熊本地震災害時には，ドアやエンジンなどの部品生産を行っているアイシン精機系列の生産工場が被災したため，トヨタ自動車九州の組み立てラインが4月18日〜23日に操業を停止したほか，ホンダ自動車工業も4月18日〜22日の生産を停止し，さらにその影響は中部地方や東北地方のトヨタ自動車組み立て工場にも波及した。

　このように自然災害や事故，テロ行為などによって幾度も部品供給が停止し，生産ラインを止めざるを得なかった経験から，日本の自動車メーカーは，主要部品の規格共通化や在庫の積み増し，部品サプライヤーの分散化などを進めることによって自動車部品サプライチェーンの停止リスクの低減を推進することとしてきた。

　しかしながらその一方で，世界市場において繰り広げられる厳しい価格競争は，わが国の自動車メーカーに対して，サプライチェーンの継続上重要なリダンダンシー（多重性）の確保を容易には許容しないのも現実であると言える。

（2）タイ国チャオプラヤ川洪水災害の事例

① 工業団地冠水の概要

　タイ中部に位置するチャオプラヤ川に沿ってバンコク中心街へと向かうアユタヤ県周辺地域には，日本をはじめとする海外企業が多数立地する工業団地が開発されていた。工業団地の分布と日系企業の入居数を図5-2に示す[4]。

　2011年10月初旬に，チャオプラヤ川の洪水が拡大し，日系企業が多く進出しているアユタヤ県を中心とした上記の工業団地も冠水した。

　チャオプラヤ川の洪水による冠水はバンコク市内にまで及び，排水は年末までかかったため，450社に及ぶ日系企業の工場が操業停止し，生産チェーンの寸断による大きな影響を及ぼした。

　このタイの水害は，東日本大震災同様，グローバルなサプライチェーンに大きな影響を与えた。日系企業の中でも特に自動車，家電製品，産業機械関係の事業所は，東日本大震災からの復旧途上にあった時期にタイ洪水被害に遭遇したため，被災はさらに大きくなったものと考えられる。

資料：JETRO「緊急特別：タイ洪水に関する情報（2011年12月26日時点）」を元に作成。浸水エリアは、
　　　国土交通省「第２回新たなステージに対応した防災・減災のあり方に関する懇談会（2018年10月
　　　30日）」配布資料などを元に作成。

図5-2　アユタヤ県などバンコク郊外の工業団地の分布と浸水状況

② 自動車産業・パソコン産業への影響

　被害の中でも，自動車産業への影響は非常に大きかった。首都バンコクの周辺
地域には自動車関連産業が集積し2010年の生産台数は160万台に達し，そのう
ちの80％以上が日本車であった。トヨタ，ホンダ，日産，三菱など日系自動車
メーカー8社が進出し，1日当たり6,000台の生産能力を有していた。このうち
ロジャナ工業団地に立地していたホンダの組み立て工場が冠水したほか，多くの
部品サプライヤーが操業停止し，その影響は近隣のアセアン諸国，日本，ブラジ
ルにも及んだと報告されている[5]。

　図5-3に，トヨタ自動車が発表した情報に基づき作成したタイ内外の自動車
工場への影響を示す。

　タイに立地したトヨタ自動車の車両工場自体は浸水被害をまぬがれたが，自動
車部品のサプライヤーの事業所が被災したため，タイ国内のトヨタモータータイ
ランドの3事業所（サムロン工場，ゲートウェイ工場，バンポー工場）は10月10
日から操業停止に追い込まれた。また，40日後の11月21日から操業を再開し
たものの，部品供給状況に合わせ生産水準を調整しながらの操業を余儀なくされ
た。

　このような自動車部品供給の停止の影響はタイ国内にとどまらず，10月24日

各地の車両工場	2011年10月				2011年11月				2011年12月
	10/10~	10/17~	10/24~	10/31~	11/7~	11/14~	11/21~	11/28~	12/5~
タイ国内[※1,※3]	稼働停止							生産再開（稼動レベル調整）	
日本	平常レベル稼働		稼動レベル調整[※2]			平常レベル稼働			
北米（米国,カナダ）	平常レベル稼働			稼動レベル調整		平常レベル稼働			
インドネシア,フィリピン,ベトナム	平常レベル稼働			稼動レベル調整			平常レベル稼働		
南アフリカ[※3]	平常レベル稼働			稼動レベル調整					
マレーシア	平常レベル稼働				稼動レベル調整		平常レベル稼働		

※1 トヨタモータータイランド3工場（サムロン，ゲートウェイ，バンポー）。水による直接的な被害はなし。
※2 タイからの部品供給が滞る可能性があるため，完成車の生産水準を調整。
※3 タイおよび南アフリカの車両工場においては，部品の供給状況に鑑み，12月5日以降も引き続き稼動レベルを調整。

図 5-3 トヨタ自動車の車両工場への影響

から1か月間，日本国内のトヨタ自動車車両工場においても生産水準の調整が行われるなど，北米，インドネシア，フィリピン，ベトナム，南アフリカ，マレーシアに及んだ。

また，タイは世界シェアの5割を占めるハードディスクドライブ（HDD）の生産国であったが，世界最大手のHDDメーカーであるウェスタンデジタル（米国）の工場に加えて，HDD向け小型モーターを生産する日本電産やミネベア，磁気ヘッドを生産するTDKなどの日系企業の事業所が冠水したため，中国におけるタイ製のHDDを用いたパソコン生産に影響が生じた。

日系企業はデジタル一眼レフカメラの生産拠点をタイに集中しているが，ソニーが全世界向けの9割以上を生産するハイテク工業団地や，ニコンの生産拠点があるロジャナ工業団地が冠水被害に遭い，両社のデジタルカメラ生産に大きな影響を与えた（図 5-4）。

タイの水害被害が東日本大震災被害と異なる点は，部品工場のみならず組立工場なども含む生産チェーン全体が冠水した工業団地に集積し，高効率の生産クラスターを形成していたため，上流から下流に至る広範囲な生産工程が同時被災し生産チェーンを寸断したことにある。その結果，部品から最終組立にいたるさまざまな代替工場探しが必要となり，水位が下がった後の翌年1月から2月

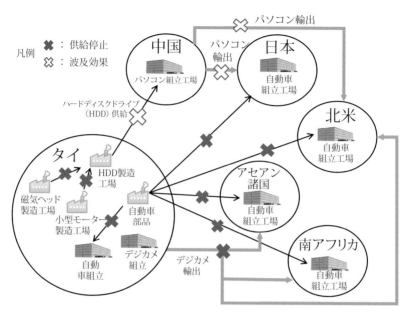

図 5-4　チャオプラヤ川洪水被害の波及効果の概念図（自動車・パソコン産業）

まで混乱が続く事態を引き起こした。

　タイは，アセアン諸国の中にあって，比較的安定した電力供給や空港，港湾などの物流インフラの充実，中国やアセアンなどのアジア市場への近接性，タイ国政府の外資系企業誘致政策など優れたビジネス環境を有する。このため，世界のモノづくり産業にとっては，タイを中心とした海外生産ネットワークを構築することがグローバル市場における競争戦略上欠かせないものとなっている。

　一方で，東日本大震災やチャオプラヤ川洪水の教訓は，規模の経済性追及を目指した生産拠点の集中と集積の戦略がはらむサプライチェーン途絶のリスクを明らかにした。上記のタイについて言えば，自然災害のみが生産拠点の展開上のリスクではない。2006 年以降繰り返されたタクシン派，反タクシン派の対立による政情混乱などを含む人為的災害のリスクも忘れてはならないものとなっている。

5－3 │ 輸送リスク

　グローバルサプライチェーンに関わる輸送には，航空，海上コンテナ，国際フェリーなどさまざまな輸送モードがあるが，一部の高価で軽量な部品・商品などを除いて，その多くが海上コンテナで輸送されている。海上輸送は，地震，津波や濃霧などの自然現象による機能の停滞や停止，港湾労働争議などによる国際港湾機能の麻痺など，これまでもグローバルロジスティクスに悪影響を与えた事例が多く存在する。また，近年では地域紛争による航行障害がグローバルロジスティクスを遮断するリスクが増している。

　グローバルサプライチェーンの港湾や海上輸送に関わる災害によって，ロジスティクスが停滞・停止した一例をまとめると表 5-3 のようになる。

　国境を越えたモノ作り産業の活動は，海上コンテナ輸送などの安価な海上輸送によって支えられてきた。このため，生産分業・連携のグローバル化，サプライチェーンの高度化の進展は，これらの海上輸送の途絶による社会経済へのインパクトを巨大化・広域化させる。

　2001 年 9 月 11 日に発生した米国同時多発テロの直後には，アメリカ国内空港や港湾における厳重な警戒態勢が敷かれ，海外からのスムーズな部品調達輸送の維持が一時的に困難になった。このため，フォードモーターとトヨタ自動車の米国生産工場が生産ラインの停止に追い込まれる事態が発生した[6]。

　自然災害によって港湾の機能が停止し，グローバルロジスティクスに多大な影響を及ぼした事例も多い。例えば，1995 年に発生した阪神淡路大震災では，倒壊した岸壁の補修やコンテナガントリークレーンの再整備などの港湾機能の全面復旧に約 2 年 2 か月が費やされたため，外航船の寄港が従前の 7 割程度まで回復するまでに約 7 か月を要した。このため，荷主，船社は，神戸港への寄港を大阪港などの国内他港や釜山港などアジアの周辺港経由に振り替えることを余儀なくされ，貿易活動に大きな遅延が生じた。またその結果，震災前まではコンテナ貨物取扱量の約 4 分の 1 を占めた神戸港の中継貨物（国際トランシップ貨物）は震災後激減し，現在では数％の水準にまで低下した。この事例から岸壁などの港湾インフラやガントリークレーンなどの大型荷役機械が自然災害などによって被害を受けると，その復旧には長時間を有し，グローバルロジスティクスに与える影響が大きいことがわかる（図 5-5）。

　一方，2002 年および 2014 年〜15 年にかけて発生した北米西岸港湾の閉鎖（ロッ

表 5-3　港湾・海運機能の災害による停滞・停止例

災害種別		災害名	発生 （西暦年）	港湾，海運へのインパクト	影響期間
自然災害	地震	阪神淡路大震災	1995	神戸港閉鎖。北米・欧州基幹航路停止，コンテナ等迂回輸送。	数か月〜半年間
		ノースリッジ地震	1954	ロサンゼルス港のクレーン基礎・桟橋構造物変形。	不明
	津波・津波	東日本大震災	2011	東北太平洋岸港湾閉鎖。コンテナ・穀物・エネルギー資源等迂回輸送。	数か月以上
	高潮・暴風	台風ミメ（14 号）	2003	釜山港クレーン 11 基倒壊。コンテナターミナル閉鎖・荷役機能低下。	10 か月〜1 年間
		21 号台風災害	2018	阪神港一部ターミナル閉鎖。	数日間
	霧	中国沿岸濃霧	2018	上海港等の閉鎖（100 時間以上），滞船の発生（1,500 隻以上）。	約 1 週間
人為・技術災害	労働争議	北米西岸港湾ロックアウト	2002	ロサンゼルス港港等北米西岸港湾における滞船，迂回輸送。	11 日間 （港湾閉鎖）
			2014〜15		約 4 か月
		韓国貨物連帯スト	2006	トラック輸送停止による釜山港等の機能麻痺。	5 日間
	火災	苫小牧製油所火災	2003	苫小牧港西港への船舶入出港停止。	4 日間
		その他製油所火災	2010 2019 など	ムンバイ（2010 年），大連（2011 年 /2017 年），フィラデルフィア（2019 年）。	─
		大連市原油パイプライン爆発	2010	原油流出，港湾ターミナル閉鎖。	N/A
		天津港化学倉庫爆発	2015	爆風によるコンテナ散乱。天津港コンテナターミナル閉鎖。	N/A
		大型コンテナ船火災	2002 2013 2018 など	Maersk Honam（2018 年アラビア海），MOL Comfort（2013 年インド洋），MSC Flaminia（2013 年北大西洋），Rena（2011 年ニュージーランド沖），MSC Napoli（2007 年英仏海峡），Hyundai Fortune（2006 年アデン湾），Hanjin Pennsylvania（2002 年インド洋）。	─
	船舶事故	第十雄洋丸事件	1974	LPG・石油混載タンカーの衝突・炎上により東京湾口航路閉塞。	20 日間
		ダイヤモンドグレース号油流出事故	1997	原油タンカーダイヤモンドグレース号が東京湾口中の瀬航路で座礁・漏油。東京湾口航路閉塞。	2 日間
		シンガポール海峡タンカー衝突事故	1997	シンガポール海峡において石油タンカー同士が衝突。重油流出。	1 か月
	テロ・地域紛争	マースク社サイバー攻撃	2017	AP モラー社の 17 ターミナル運営停止。全世界 76 港でコンテナ船混雑発生。3 億ドルの損失。	2 週間
		ホルムズ海峡通航船攻撃	2019	タンカー等航行船舶保険の料率上昇。	─
	海賊	ソマリア沖海賊	2005〜	船団護衛コストの発生	─
		船社破産	1986 2016 など	US ライン（1986 年），朝暘商船（2001 年），三光汽船（2012 年），Global Maritime Investments Ltd（2015 年），第一中央汽船（2016 年），韓進海運（2016 年）。	─

資料：企業 HP などを元に作成。

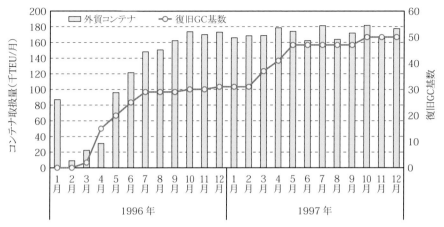

資料：神戸港大観 1995 年及び 1996 年を元に作成。

図 5-5　神戸港の復旧過程（阪神淡路大震災）

クアウト），荷役スローダウンは，日本，中国を中心とするアジア諸国と米国間のサプライチェーンに大きな混乱を生じ，日系企業の北米事業所向け迂回輸送コストの高騰や港湾における米国向け消費財の停滞，米国農産品の日本への供給停止などが発生した。2002 年の港湾ロックアウトにおける，輸送費高騰，滞船料，迂回輸送経費，一時保管料および食料品の腐敗などによる販売機会の損失などによる損害額は 1 日当たり 1.5 億ドルと見積られた[7]。なお，2014〜15 年の混乱については，影響分析の評価事例として 5−6 において詳述する。

　最近の事例では，2018 年 3 月末から 4 月初頭にかけて，中国・上海港，寧波港，連雲港，青島港，大連港などの主要港において大規模な濃霧が原因で入港停止（ポートクローズ）が発生し，上海港ではピーク時はコンテナ船 1,550 隻の滞船が生じている[8]。

　また，2019 年 6 月にホルムズ海峡において発生したタンカー襲撃事件は，当該航路を通過する船舶保険の料率を大幅に上昇させた。2019 年 6 月 13 日に日本の海運会社が運航するタンカーが攻撃されて以降，通常の保険とは別に，ミサイルや機雷などで被害を受けた場合に適用される「戦争保険」の料率が，ホルムズ海峡周辺を 1 回通過するごとに船体価格の 0.025 % から 10 倍の 0.25 %（船体価格 100 億円の一般的な大型タンカーの場合，通過するたびに 2,500 万円の支払い）まで高騰し[9]，輸送コストに大きな負担が強いられることとなった。

5−4 商流・サプライチェーンファイナンスのリスク

　グローバルロジスティクスに関わるさまざまな途絶・混乱リスクを考える中で，商流やサプライチェーンファイナンスに関わるリスクに注目する。まず，サプライチェーンファイナンスの概要や進展事例を解説したあと，現代のサプライチェーンファイナンスに伴うリスクについて述べる。

（1）商流・サプライチェーンファイナンスの概要

① 商流・サプライチェーンファイナンスとは

　部品や製品などの売買に伴って物が動くのが物流（物的流通）であるが，その売買に伴い流れる所有権や情報などの流れが商流（商取引流通）である。

　製品の企画・設計，調達，生産，販売，消費などを複数の企業間で行うサプライチェーンでは，その部品や製品などの包装・荷役・輸送・保管などからなる物的流通（物流）が発生するが，それに合わせて商流が発生し，資金や情報が複数の企業間でやりとりされることとなる（図5-1）。

　国内の取引を考えると，製品や商品の売り手は，注文を受けて製品・部品などを出荷するが，その製品・商品と同時に現金を受け取っているかというと，必ずしもそうでない。一般的には，月末にまとめて資金を回収するなどの，後払いの信用取引が多い。飲食店などの店頭に，毎朝，野菜や魚などが届けられているが，配達側が毎日代金を回収している様子を見かけることはほとんどない。毎日の現金の取引は面倒であり，信用取引で後日の回収となっている。

　企業間の取引においても，注文を受けて商品や部品を出荷するが，前払いでの発送のケースでない限り，通例の企業間取引では，まずは売り手側が買い手側からの注文を受けて製品・部品を出荷し，その後，商品の代金を支払ってもらう権利である売掛債権（受取手形や売掛金）で，現金を回収することとなる。売り手側の資産でいえば，この取引で，出荷するまでは在庫，出荷して買い手側から代金を受け取るまでは売掛債権，そして現金となった段階で「現預金」となる[2]。

　サプライチェーンファイナンスは，上記のような企業間の取引，サプライチェーンにおける資金決済の効率化や，企業の資金繰りの効率性の改善に貢献する金融サービスである。一般的には短期の貸付けを利用することによって，供給者（売り手）と買い手の両者の資本の効率的な利用に資する。そのファイナンスには，商流の段階に応じて，図5-6に示すように，在庫や売掛金（物やサービス

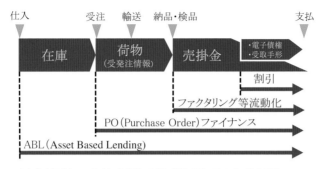

手形割引　　　：売上代金決済として受けた受け取り手形を銀行が買い取る形で資金提供。

ファクタリング　：会社が保有する売掛債権を第三者に譲渡する対価として，資金を受け取ること。
　　　　　　　　※債権流動化は，決済期日が到来するよりも前に会社が保有している売掛債権を銀行などの第三者に譲渡
　　　　　　　　する（ファクタリング）あるいは担保とすることによって資金の提供を受ける（売掛債権担保融資）などがある。

POファイナンス：発注に紐づく受注情報を電子記録債権化して，その債権を担保にした金融機関からの融資。

ABL　　　　　：企業が保有する在庫，機械設備や売掛債権等，これまで担保としてあまり活用されてこなかった動
　　　　　　　　産等を活用した資金調達の方法，動産・債権担保融資。

資料：商流ファイナンスに関するワークショップ（2013年7月10日，日本銀行金融機構局金融高度化セ
　　　ンター）資料を元に作成。

図5-6　商流と様々なファイナンス

の代金の受取りの権利），受取手形（手形で所有している代金受取り権利）などの
それぞれの段階に応じて，その資産評価などを通じて資金の調達（供給）が行わ
れている[2]。

② サプライチェーンファイナンスの概要

　サプライチェーンファイナンスでは，供給者（売り手）がその代金の回収の権
利である売掛債権を銀行または金融業者へ割引して販売し，そのため供給者が債
権を早く回収できるメリットがあり，一方で買い手は一般的には期日を延長して
支払うことができる。

　グローバル化の進展により多くの企業が供給網を張り巡らし，異なる国々でさ
まざまな企業と取引し部品などの供給を受けることが多くなってきている。この
ような多国間で多岐にわたる取引に関わる支払いを効率的かつ円滑に進めるため
に，サプライチェーンファイナンスが重要な役割を果たしてきている。

　一般的な海上輸送を利用した貨物の輸出について，貨物の流れや書類の流れ，
ならびに資金の流れを，図5-7に示す。海外との取引では，売主の輸出側企業
と買主の輸入側企業との間で売買契約が成立しても，輸出側からすると貨物を

送ってもその代金が回収できるのかとの懸念がある。また，輸入側としても，代金は支払ったものの，きちんとした品質，契約どおりの数量の貨物が届くのかなど，国内取引以上にさまざまな不安が伴うこととなる。

そのため，図5-7に示すように，銀行がその支払いを確約する信用状L/C（Letter of Credit）を発行するなどにより，輸出側企業は相手に品物が届く前に代金回収ができるほか，輸入側企業は，代金を前払いしなくてもよいということとなっている。

③ サプライチェーンファイナンスの進展

サプライチェーンファイナンスは金融機関によって提供されるのが一般的であるが，買い手がしきるプラットフォームや金融機関と連携し金融サービスを提供するプラットフォームが急成長してきている。

図5-7に示したような貿易に伴う銀行を介した決済は，世界の主要銀行間の

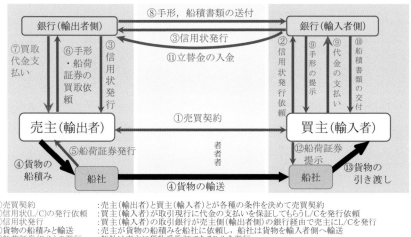

①売買契約 ：売主(輸出者)と買主(輸入者)とが各種の条件を決めて売買契約
②信用状(L/C)の発行依頼 ：買主(輸入者)が取引現行に代金の支払いを保証してもらうL/Cを発行依頼
③信用状発行 ：買主(輸入者)の取引銀行が売主(輸出者側)の銀行経由で売主にL/Cを発行
④貨物の船積みと輸送 ：売主が貨物の船積みを船社に依頼し，船社は貨物を輸入者側へ輸送
⑤船荷証券(B/L)の発行 ：船社は売主に貨物受取証であるB/Lを発行
⑥手形・船荷証券の買取依頼 ：売主は代金請求書として「為替手形」を作成しB/L等とともに取引銀行に買取りを依頼
⑦買取代金支払い ：輸出者側銀行はL/Cにより輸入地の銀行の代金支払いを確約しているため将来回収を前提に売主に代金の立替え払い(手形の買い取り)
⑧手形・船荷書類の送付 ：L/C発行の輸入者側銀行に売主から買い取った手形とB/Lを送付
⑨手形の提示と代金支払い ：L/C発行銀行は手形を買主に提示し代金の支払いを請求し，買主は手形の金額を支払う
⑩船積書類の交付 ：代金の支払いを受けて貨物の引き取りに必要なB/Lを交付
⑪立替金の入金 ：買主から支払いを受けた銀行は 輸入地の立替え払いをしていた銀行に代金を入金
⑫船荷証券の提示 ：買主は商品が届いたら貨物引き取りのためのB/Lを船社に提示
⑬貨物の引き渡し ：買主はB/Lと引き換えに，荷渡指図書(D/O)を入手して貨物の受け取り

資料：「図解 貿易実務ハンドブック（ベーシック版）第6版」日本貿易実務検定協会，日本能率協会マネジメントセンターを元に作成。

図5-7　海上輸送における貨物・書類・資金の流れ

決済ネットワークである国際銀行間金融通信協会の送金ネットワーク SWIFT（Society for World Interbank Financial Telecommunication）という貿易データの銀行間マッチングシステムを利用してなされるが，中継銀行などを介するため手数料が高い，送金に 2〜3 日かかるなどの課題もある [10)11)]。

　このようななか，特に技術革新やオンライン経済の進展により一連の取引を機械化，自動化し効率を高める動き，金融（ファイナンス）と技術（テクノロジー）を融合させたフィンテックが発達してきている。特にブロックチェーンに代表される分散台帳技術：（DLT：Distributed Ledger Technology）は技術の信頼性が高く，改ざんされるリスクが極端に低く，低コストであることからサプライチェーンファイナンスに革新をもたらしつつある（図 5-8）。

　分散台帳では，すべての取引（トランザクション）が記録されることとなり，また取引時にハッシュ関数という呼ばれる関数で計算された前のブロックのハッシュ値をデータとして引き継ぐため，前のブロックのデータが書き換えられるとハッシュ値の変化が生じることとなるので改ざんが難しいほか，特定のネットワーク管理者がおらず複数の参加者が共同でネットワークを維持するので，ネッ

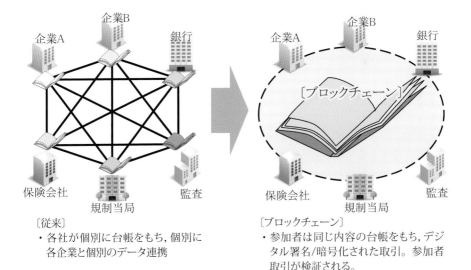

〔従来〕
・各社が個別に台帳をもち，個別に各企業と個別のデータ連携

〔ブロックチェーン〕
・参加者は同じ内容の台帳をもち，デジタル署名/暗号化された取引。参加者取引が検証される。

資料：農林水産省「第 2 回食の安全・信頼に関する新たな知見の蓄積勉強会」（2018 年 8 月 31 日）日本 IBM 資料を元に作成。

図 5-8　ブロックチェーンの概念図

トワークが機能不全を起こしにくいという特徴がある[12]。

　分散台帳を活用した国際間送金システムへの取組みや，仮想通貨技術を活用した国際間の銀行決済などへの取組みも既に進んできており[13]，近い将来ブロックチェーンを利用したサプライチェーンファイナンスが主流になってくると見込まれる。

　従来のサプライチェーンファイナンスでは，金融機関が取引に介在する場合，買い手の信用リスクの審査や支払いの実行などを書類に基づいて行なっている場合が多かった。サプライチェーンファイナンスの多くが国際取引に関するサービスであり，厳密な審査が重要であるのは当然であるが，そのため取引が煩雑であり時間がかかり効率が悪いという問題点がある。

　分散台帳技術は，そのような問題点を克服してくれる可能性が大きく，現在，民間と政府が協力していくつかの国で分散台帳技術を使ったサプライチェーンファイナンスの試みがなされてきており，国際的に飛躍的に発展すると見込まれている。

　また，これまでは費用面などからサプライチェーンファイナンスを利用できなかった企業も，分散台帳技術が導入された場合サプライチェーンファイナンスを利用できるようになる可能性が大きい。

　分散台帳技術を利用したサプライチェーンファイナンスの利点を整理すると以下のようになる。

- 関係者への情報の滞りない流れの確立
- 不正や二重支払いなどの防止
- 金融業務の効率化
- 書類の少量化，簡素化
- 取引時間と費用の短縮
- より正確な信用リスクの分析

（2）サプライチェーンファイナンスの進展事例

　ここでは，サプライチェーンファイナンスの取組み事例を紹介する。

① 事例1：日立製作所のブロックチェーン技術実用化[14][15]

　（株）日立製作所では，ブロックチェーン技術の実用化に向けて取組みを進めている。

　2017 年 10 月からは，（株）みずほフィナンシャルグループ・（株）みずほ銀行とサプライチェーン領域におけるブロックチェーン技術の活用促進に向け，共同実証を開始している。本実証実験を通じて，サプライチェーンマネジメントシステムにおけるブロックチェーンの実用化に取り組むとともに，将来的には，サプライチェーンファイナンスの実現も検討していくこととしている。

　複数の国にまたがる資材の海外調達業務では，各拠点・各業務での受発注，納期に関する情報（台帳）の管理が複雑となっており，発注登録や，注文書と請求書の照合・相互承認，総合的なコスト管理に時間を要するといった課題がある。調達業務にブロックチェーン技術を活用することで，各拠点・業務間で受注・入金データを共有し，サプライチェーン全体の状況把握が可能となるとともに，部品の供給元などに関する情報を記録することで，信頼性の高いトレーサビリティ管理を実現できるとしている。

　具体的には，2017 年 10 月より，グローバルな資材調達が必要な装置や部品などのサプライチェーンを，ブロックチェーン技術を用いて統合的に管理するアプリケーションのプロトタイプの開発に着手している。本アプリケーションを IoT プラットフォーム「ルマーダ（Lumada）」上に構築し，日立グループの複数のアジア拠点における受注・入金データや部品に関する情報などの統合管理効果を評価・検証していくこととしている。

　これにより，日立製作所は調達や在庫管理の業務効率を向上し負荷軽減を図るほか，受発注に関する迅速な意思決定が可能となるとしている。また，みずほ側では，受発注情報に応じた迅速な決済や融資の提供が可能となるなど，企業側の受発注システムと銀行サービスをシームレスに連携させることで，サプライチェーンファイナンスへの応用が期待できることとなる。加えて，受発注情報や決済履歴などのビッグデータ蓄積・利活用による，新たなビジネス機会創出にもつながる可能性があるとしている。

　そして，2019 年 3 月には，ブロックチェーンを活用した安定性の高い取引を支援する「Hitachi Blockchain Service for Hyperledger Fabric」の発売を開始している。ハイパーレッジャーファブリック（Hyperledger Fabric）とは，Linux 財団のプロジェクトとして進められているハイパーレッジャー（Hyperledger）プロジェクトの元で開発されているブロックチェーンのオープンソースで誰でも利用できるブロックチェーン基盤であり，複数企業間の取引などに適していると言われている。ハイパーレッジャーファブリックの利用環境をマネージド型クラウド

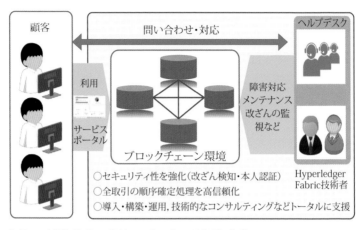

資料：日立製作所プレス資料 2019 年 3 月 14 日を元に作成。

図 5-9　日立のブロックチェーンサービスの概要 [15]

サービスとして提供するサービスが発売されている。

　ブロックチェーンにおける複数企業間の全取引の順序を確定する処理を高信頼化できる独自の分散合意技術（分散型システムにおいて取引を同一の結果に確定させるための技術）や，台帳の監視ツールによるデータ改ざんの検知などのセキュリティ機能を併せて利用することで，生産・流通プロセスでのサプライチェーンマネジメントや貿易業務など，多くの組織が企業や国・地域をまたいで行う複雑で大量の取引を確実かつ安全に行なうことができ，安定的な取引が可能となるとしている（図 5-9）。

② 事例２：シンガポール金融庁と香港金融庁の越境貿易プラットフォーム構築 [16]

　シンガポール金融庁と香港金融庁が国際貿易連携ネットワークを共同で構築することで 2017 年 11 月 15 日に覚書に調印している。

　このネットワークは分散台帳技術（DLT）を利用した越境インフラで，まず 2 国間の貿易や貿易金融をデジタル化し，さらにアジア全体や国際的に普及させていくことを目指している。この主な目的は貿易および貿易金融をより低価格，より安全で効率的に行うことである。現在の書類による貿易金融にかわるこの 2 国間の仕組みは，世界で初めての試みであり，貿易金融プロセスをデジタル化することにより効率化と同時にリスクの軽減にも貢献する。シンガポールと香港当局は他国へも参加を呼びかけている。

（3）サプライチェーンファイナンスに関わるリスク

　国際取引では，ブロックチェーンやフィンテックを用いることによって，資金の取引や情報のやりとりは飛躍的に効率的となるであろうが，どの段階で，先方にお金を振り込むか，実際の商品の数量や品質などをどの段階で，どこまで確認して取引を行うこととするか，取引相手の与信をどのように考えるかが，実際には大きな課題となってくる。

　サプライチェーンファイナンスの現状と進展をふまえ，その主なリスクをあげると表5-4のとおりとなる。

① 為替リスク

　海外との取引では，売買価格が為替の影響を受けることから，為替の変動が大きければ，貿易取引に関わる価格も大きく変動することとなる。円建てや外貨建てなど色々な支払いがあるが，為替相場の変動リスク回避方法としては，外貨の受け渡しの時期の為替をあらかじめ取り決めておく為替先物予約や，為替相場の動きをみてその権利行使の選択をできる通貨オプションなどがある。

② 国際取引に関わる法リスク

　サプライチェーンファイナンスは，多くの場合国際取引に関わるサービスであるため，その根拠となる法律や規制も多国に及ぶ場合が多い。何か事態が発生した場合，どの国の法律や規制に基づくかを取引参加者が十分理解し体制を整備していないために，損害が膨らんだり事態が悪化してしまうリスクがある。

表5-4　サプライチェーンファナスに関する主要リスク

リスク	概　要
為替リスク	為替差損に関わるリスク
国際取引に関わる法リスク	問題発生の場合は多国に及ぶが，関係者が受け入れられるような根拠となる法律や規則などが未整備
不正リスク	書類やデータ改ざんのリスク
集中リスク	同一の技術やデータを使うことによる集中リスク
オペレーショナルリスク	中央管理されていない場合，誰が責任をとるかというリスクもある
資金洗浄防止（AML）／テロ資金供与防止対策（CFT）に関わるリスク	資金洗浄やテロリスト・ファイナシングなどが遵守されない場合のリスク
サイバーリスク	巨大プラットフォームが機能不全となる場合のリスク

　特に分散台帳技術を使ったサプライチェーンファイナンスが普及すると，国際取引が一層増大する可能性が高いが，その一方で国によって許容する技術や仕組みが引き続き異なる状況が続く場合，訴訟が増大するリスクも考えられる。

③ 不正リスク

　現在のサプライチェーンファイナンスリスクとして考えられる最も一般的なリスクは書類の改ざんなどによって行われる不正リスクである。このリスクは分散台帳技術を使ったサプライチェーンファイナンスによって，減少することができると見込まれる。

④ 集中リスク

　分散台帳技術を使ったサプライチェーンファイナンスで考えられるリスクとしては，多くのサプライチェーンファイナンスの利用者が同一の技術提供者やデータを使うことによる集中リスクがある。もしその技術提供者に誤りがあったり，データが利用できなくなった場合，多大な損害が生じる危険がある。

⑤ オペレーショナルリスク

　分散台帳技術を使ったサプライチェーンファイナンスで考えられる別のリスクとして，分散台帳技術はさまざまなグループや個人が参加して構築されている仕組みであるため，もしその内部統治に不備があった場合，その改善や回復に手間がかかるというリスクがある。また，もしデータや仕組みに不備があった場合に誰が最終的な責任主体となるのかも不明確であるリスクがある。

⑥ AML/CFT（資金洗浄防止 / テロ資金供与防止対策）に関わるリスク

　上記のオペレーショナルリスクに関連したリスクとして，取引参加者の一人あるいは一部が資金洗浄防止（AML：Anti-Money Laundering）やテロ資金供与防止対策（CFT：Combating the Financing of Terrorism）のルールを遵守しなかった場合，そのサプライチェーンファイナンスのプラットフォームに参加した他の参加者にも資金洗浄防止やテロ資金供与防止対策の遵守義務違反や風評リスクなどで多大な損害が及ぶ可能性がある。

⑦ サイバーリスク

これもオペレーショナルリスクに関連したリスクであるが，分散台帳技術を利用したサプライチェーンファイナンスのプラットフォームを利用する取引が普及し，市場の寡占化が進んだ状況で，もしその巨大なプラットフォームが機能不全の事態に陥った場合，広範囲で大規模な損害が発生するリスクがある。

上記のとおり，ロジスティクスの情報や資金の流れにおいて，今後はフィンテックやブロックチェーンなどがどんどん導入され，手続きの簡素化や迅速化が図られることとなると考えられる反面，グローバルロジスティクスは，国際間の企業取引が関わることとなり，表5-4 に示したように，さまざまなファイナンス・商流に関わるリスクが生じることとなる。

特に，国際取引では，相手国の取引の慣習などを，どこまでどう理解して相手企業と付き合うか，個別の企業では，そのようなリスクへの対応も十分に配慮しながら，海外との取引や海外展開などを推し進めているが，思わぬ落とし穴もある。

たとえば，数年前に，中国での売上げが7割を占め，連結最終利益も4期連続で黒字を計上，売上げ高も2,000億円を超えていた福井県老舗の会社（江守ホールディング）が，破綻したというニュースがあった。新聞報道などによれば，破綻の主な原因は「中国子会社の経営者の不正取引」と「信用リスク管理の不備」ということである。中国の経営者が，内部規則に違反し，親族の会社と取引を行い，最終的な販売先が仕入れ先と同一の「売り戻し取引」を行なっていたなどで損失を招いたほか，主に信用付与（商品の代金支払い猶予期間を通じて実質的に融資を行なうこと）によって主要取引先との取引を行なっていたが，信用リスクの評価が甘く，中国の経済成長の鈍化にともない信用リスクが顕在化した際に多大な損失を被ることとなった（図5-10）。

この事例のように，特に海外での信用リスク引き受けは，日本国内との環境との違いを十分に認識したうえで行う必要があることが重要である。

例えば，中国の場合，決済に関する商慣習が日本とは大きく異なる。表5-5 は，中国での企業の主な借り入れ先について，整理をしたものである。

日本と同様に，銀行からの借り入れはもちろんあるが，従来は禁止されていた企業間の貸付についても，2015年から，原則可能となっているほか，民間企業が銀行に資金を預け，銀行が手数料をとって，他の民間企業に資金を貸す委託貸付という制度も中国では行なわれており，日本とは大きく制度が違うことがわかる。

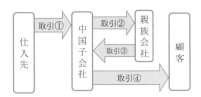

〈売戻し取引〉 〈親会社との往復の売買取引〉

※取引①でX社から仕入れた商品が，　　　※取引②と③が親族会社との往復の
　取引③でX社に再販売（売戻し）　　　　　売買取引

注）図中の矢印の方向は販売を示す。

資料：江守グループホールディングス（株）「中国子会社における追加調査結果のご報告」2015年3月
　　　16日を元に作成。

図5-10　売り戻し取引などの構図

表5-5　中国での主な企業の借り入れ方法

区　分	概　　　　要	備　　　考
（1）銀行借入	一般的な借り入れ	
（2）企業間貸付	法令「貸付通則」に基づき企業間貸付は禁止されていたが，2015年の最高人民法院の司法解釈で生産・経営のための企業間貸付は原則有効となった。	36％を超える利息は無効。24％以下は強制執行が可能など，有効な利息についての解釈も示されている。
（3）委託貸付	銀行に金銭を企業が預けると，銀行が手数料をとって他の企業に貸し付ける制度。	利息や貸付期間は，貸す側と借りる側で自由に決定することが可能。

資料：『中国ビジネス法体系　部門別・場面別第2版』日本評論社，pp.192-193，2017年をもとに作成。

　サプライチェーンの相手として，海外企業との取引をする場合に，相手企業が信頼できるか，危ない企業ではないか，輸出であれば，きちんと商品を販売して代金が回収できるか，輸入であれば，お金を支払ってちゃんと要求どおりの品質の品物が届くかなど，与信管理（代金を確実に回収，貸し倒れ金を最小にする）をしっかりと行う必要がある。

　企業間貸付や，委託貸付などが行われている場合には，銀行以外の発行する手形の信用リスクが高いかどうかも含め，流動性資産担保の安定性など，信用情報の蓄積・活用を図る必要がある。この分野はまだまだ改善の余地が大きく，グローバルロジスティクスの商流では，このような環境の違いを理解したうえでリスクを引き受けることが肝心である。

5－5 グローバルロジスティクスのリスク分析方法

（1）リスク対応の基本

　一般的に，リスクへの対応戦略には，「回避」「転嫁」「軽減」「受容」がある。リスクマネジメントの用語では，「回避」とは投資や事業などの継続をあきらめる選択肢であり，また「転嫁」とは保険を掛けたり事業そのものをアウトソーシングすることを意味する。「軽減」はもっとも一般的なリスク対応であり，例えば施設の耐震化，防火など災害が発生したとしてもその被害の程度を軽減できるような投資を行うことと考えると理解がしやすい。他方，特段の対策を講じないでそのままにしておく「受容」と言う選択もリスク対応戦略の中に含まれる。リスク対応を行うよりも，リスクが顕在化した際に必要な投資を行い復旧すればよいという考え方である。

　上記のような考え方を図示すると，図5-11のようになる。図5-11は，リスクマップにおける「回避」「転嫁」「軽減」「受容」の相対的な位置関係（リスクポジショニング）とリスクコントロールの概念を模式的に示したものである。

　リスクポジショニングは，従来の防災政策でもっぱら考えられてきたリスクの「低減」のみにとどまらない，より広範なリスク対応戦略の視座を与える。

　図5-11の右側の図は，リスクコントロールのイメージを示す。自然災害については，施設の耐震化などの脆弱性の低減や津波浸水市街の高台移転による再建などの「被害低減」が主たるリスクコントロールの手段となるが，人為災害では事故の発生防止の強化などの「発生率の低減」もリスクコントロールの手段となる。

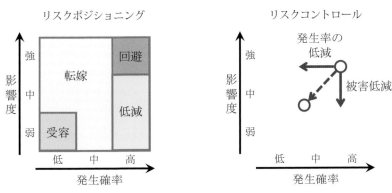

図5-11　リスクマップのリスクポジショニングとリスクコントロール

リスクコントロールの成果は，被害低減の効果と発生率の低減の効果を合成した新たなリスクマップ上の位置（ポジション）として表現される。リスクコントロールの結果，事業をあきらめなければいけなかった「回避」が，保険を掛ければよい「リスク転嫁」になれば，リスクコントロールの効果は大きい。

（2）グローバルロジスティクスのリスク分析方法

グローバルサプライチェーンやそれを支えるグローバルロジスティクスは，多国間多地域間にまたがる。そのため，どこにリスクがあるか，生産ネットワークがどのように広がり，どこにどう依存して取引や輸送がなされているか，どこがウィークポイントでどこを強化する必要があるかなど，グローバルサプライチェーンやグローバルロジスティクスが関わる物流や商流上の結びつきが途絶するリスクを分析・評価し，対応していくことは，国境を越えた経済活動を的確に維持していくうえで不可欠である。

ここでは，そのためのリスク分析，評価の方法論について述べる。

① リスクマネジメントの考え方

リスクマネジメントの一般的な手順は，図5-12 に示すとおり「リスクの発見」，「リスクの影響分析」，「リスク評価」，「リスク対応」の４段階から構成される。このうちのリスクの発見，影響分析，評価までのプロセスは一般的にリスクアセスメントと呼ばれる。

グローバルロジスティクスの途絶リスク回避のためのマネジメントを行う際も，海上輸送ルート上のチョークポイントでの発生が予想，想定される危機的な事象（ハザード）を抽出するとともに，海上輸送行為に対する脅威の内容をまず把握することが重要である。

次に，当該ハザードに対する狭隘国際航路や運河，港湾などの海上輸送インフラの脆弱性を評価し，それらの結果として生じる海上輸送ルートの途絶や航行障害の程度・期間（航行容量の低下などおよびそれらが生じる期間：リスクレベル）を想定する。

一方で，当該海上輸送ルートの途絶や航行障害に対する許容の範囲（リスク基準）を評価，設定する必要がある。

そして，上記のリスク基準およびリスクレベルを比較することによりリスク評価（リスクに対する対処が必要か否かの判定）を実施する。すなわち，リスクレ

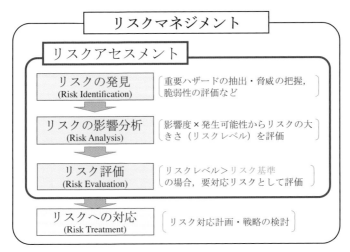

資料：文献 17 を元に作成。

図 5-12　リスクマネジメントの流れ

ベルがリスク基準以内にあれば，リスクは受容され，リスクが顕在化しても顕著な被害の発生，ましては破滅的な事態には至らないものと予想されるため，特段の対策を講じる必要は小さい。一方，リスクレベルがリスク基準を超過する場合は，社会的，経済的に許容しえない事態が出来する可能性が高いことから，何らかの対策を講じ，そのような事態の発生を未然に防ぐ必要性が生じる。

　グローバルロジスティクスは，ロジスティクスチェーンを構成するノード（港湾のような結節点）やリンク（例えば航路のような輸送ルート）のどれかが途絶すれば，結果としてロジスティクスチェーン全体に途絶もしくは何らかの障害が発生し，ひいてはサプライチェーンの途絶，生産チェーンの停止に発展するリスクを有する。

　そのような視点に立つと，港湾や洋上の航路，海峡，運河などの特定の箇所における自然災害，人為的災害などの特定のハザードに対する個別の分析では十分なリスクマネジメントが可能とはならない。グローバルロジスティクス全体を対象とする，リスクの波及を考慮したオールハザードアプローチが不可欠たるゆえんであろう。

② リスクの発見

　グローバルロジスティクスをとりまくさまざまなハザードを概観し，事業継続上優先して考える必要があるハザードを発見するための手法として「リスクマトリックス」や「リスクマップ」がある。

　(1)でも述べたとおり，リスクの扱いの方向性を検討するためには，リスクマップにおけるリスクポジショニングの考え方が有効である。リスクマトリックスやリスクマップは，リスクの重大性を評価しその取扱いを考えるリスクポジショニングの基礎となる。

　図5-13に，リスクマトリックスの形態を模式的に示す。リスクマトリックスは，平面座標上にハザードの発生確率（Probability）と社会経済などに与える影響の程度（Consequence）をとり，それぞれを「大」，「中」，「小」で区分したものである。図5-13に示すような3段階の強度区分以外にも5区分するものなどさまざまなものが使われている。リスクマトリックスでは，考えうるハザードをこれらのマトリックスの中に記入することによってグローバルロジスティクスを取り巻くリスクを「見える化」し，ロジスティクス機能継続に向けて対応すべきリスクの検討と選定を進めることができる。

　ハザードを離散型の情報として扱うリスクマトリックスに対して，リスクマップでは，ハザードの発生確率と影響度の平面上に自由に記入しその位置関係を可視化する。

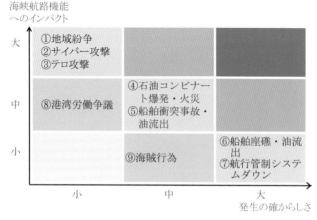

図5-13　リスクマトリックスの事例（狭隘海峡航路）

　一方，グローバルロジスティクスが内包する脆弱性を発見するためには，グローバルロジスティクスをネットワークシステムとして認識する必要がある。海運・港湾輸送については，船舶の一般海域や狭隘海峡，運河の航行，錨・停泊，港湾への入出港，バンカーリング〔給油〕，貨物の荷役，港湾搬出入，保管，陸上輸送手段への受け渡しなどのロジスティクスチェーンを構成する個々の要素とそれらのつながりを一連のプロセスとして捉えることが不可欠である。

　次に，これらのプロセスを維持するために用いられる資源（上記の海運・港湾物流についていえば，船舶，船員などの熟練労働力，レーダー・航行管制システム，無線通信システム，航路，航行管制，灯台，入出港管理システム，パイロット，荷役機械，タグボートなど）を抽出する必要がある。

　プロセスと資源の中から，どのような災害が原因となるかを問わず，いったん失われるとグローバルロジスティクスの維持が困難になり長期間わたって途絶が発生するボトルネック・プロセス（例えば，代替が困難な運河などの通過）や経営資源（運河の閘門，航行支援システムなど）を抽出すると，それらがチョークポイント特定の糸口を与える。

　グローバルロジスティクスのプロセス分析には，例えば，IDEF0（Integration DEFinition0）の手法を用いた業務フロー分析の手法などが有効であると考えられる。IDEF0 は，企業，組織の業務プロセスをアクティビティ（活動）に着目して階層化し，表記するモデリング手法で，複雑な業務プロセスを，業務活動を表す単純な箱型の図形（仕事カード）を業務の順序関係を表す矢印で結んで体系的に表すとともに，仕事カード毎に投入すべき資源や規範を明記する。したがって，業務フロー図を作成すれば，ある一連のグローバルロジスティクスを構成する個々の業務活動とその実行に必要な経営資源の抽出が容易となる。災害時にボトルネックとなる経営資源発見のための業務フロー分析の手法は文献 18 に詳しい。また，チョークポイントにおけるプロセス／経営資源の喪失を頂上事象とするフォールトツリー解析（FTA：Fault Tree Analysis）や故障モード影響解析（FMEA：Failure Mode Effect Analysis）を用いた帰納的推論を行うと，その発生原因となる災害の同定や発生経路の分析を実施することができる。

　上記のようなアプローチをとることによって，現下のグローバルロジスティクスを支える海上物流部門において発生しうる機能途絶リスクを網羅的に把握する可能性が見えてくる。

③ リスクの影響度分析

　国際海上輸送ネットワークの途絶，障害による影響は，代替ルート輸送の実施に伴う，「代替輸送費用の増加」，「輸送時間の増大」，「在庫ロスの発生」，「機会損失の発生」などを勘案して計測し評価することができる。

　一方，積み上げ方式による影響分析では，途絶，障害の影響を被った貨物の量に基づいて，輸送や保管に要する費用の増加を負の影響額として算出する。さらに，輸送時間の増加に伴い，貨物の時間価値相当分の利子負担や機会費用，さらには生鮮品や季節品などの在庫ロスや港湾などにおける雇用の喪失による損失額なども加算することができる。

　上記のような直接的な負のインパクトが地域経済や世界経済に波及してゆく効果は，2章で紹介した産業連関モデルや3章で紹介したCGE（応用一般均衡）モデルなどの数学モデルによって間接被害として測定することができる。

④ リスク評価・対応

　①で述べたように，リスク評価は一般的に，リスク分析結果から得られるリスクの大きさ（リスクレベル）とリスクを許容しうる限界点（リスク基準）を比較することによって実施される。

　海上輸送ルートの途絶や航行障害，港湾機能の停止などによってサプライチェーンが途絶または機能低下し，その状態が一定以上の長期間にわたるようになると，サプライチェーンによって生産活動を維持している企業や財・サービスの供給を受けている市場にとって耐えがたい状況が生じ，企業は市場を失うことになる。

　リスク基準は，このような事態が発生すると懸念される海上輸送ルートの途絶や航行障害の程度・期間を表す。リスク基準は，サプライチェーンの途絶や機能低下の結果，生産チェーンが停止するなどの事態を招き，生産チェーン構成企業に著しい被害が生じたり，地域経済や社会，場合によっては世界経済にも無視しえない負のインパクトを与えるなどの事態を想定して評価される必要がある。例えば，エネルギーや資源穀物のサプライチェーンのリスクの基準としては，長期にわたる供給不足を引き起こし需要側に深刻な在庫不足を生じさせるような重大な国際海上輸送ルートの航行障害をイメージするとわかりやすい。

（3）海上輸送におけるリスク・脆弱ポイントの発見方法

　ジャストイン・タイムや集中生産・一括調達による製造コストの削減，在庫最小化などによってより効率的な生産を実現する現代のサプライチェーンマネジメントは，地球規模の広がりを持つ生産，調達ネットワークとこれを支えるグローバルロジスティクスによって，特定の財の集中生産や国境を越えた複雑で重層的なモノの流れが可能となった事によってもたらされたものである。このようなサプライチェーンの高度化，緻密化の歴史において，国際コンテナ輸送に代表される海運分野の物流革新は，大量の財や資源・エネルギーの安価な輸送の面でグローバルロジスティクスの発展に貢献してきた。他方で，国際海運に要請される安定的で定時性の高い大量一括輸送は，とりもなおさず，グローバルサプライチェーンの脆弱性の一環を成す。

　コンテナ船の大型化は，船社の合併と買収（M&A）を促した。1990年代終わりに10を超える船社やそのアライアンスで運営されていた世界の基幹航路は，現在では2Mアライアンス，ザ・アライアンス，オーシャンアライアンスの3つのアライアンスに集約されている。日本の欧州・北米航路のコンテナ貨物の約半分は，邦船3社のコンテナ部門の統合によって登場したオーシャン・ネットワーク・エクスプレス社（ONE）の輸送に依存する。コンテナ船社としては世界第8位の船腹量を有していた韓進海運（韓国）が2016年に経営破たんすると，同社のコンテナ船が世界各国の港湾で入港拒否に遭うなどグローバルロジスティクスに大きな混乱が生じた。グローバルロジスティクスの安定性が特定の船社・グループの経営状況への依存度を高めつつあると言える。

① 海上交通の脆弱地点（ホットスポット）とチョークポイント

　地理的に見ても，世界海運ネットワークには危険の原因となる事象であるハザードにさらされる可能性の高い脆弱地点（ホットスポット）が多数存在する。

　例えば，スエズやパナマのような国際運河，マラッカ・シンガポール海峡やホルムズ海峡などの国際海峡は，国際航路ネットワークの重要なノード（結節点）であるが，狭隘な海域に船舶の航行が集中し，航路幅員が狭く，水深にも十分な余裕がない場所もみられる。このため船舶事故やテロ行為などに対する脆弱性が高く，航路閉鎖や航行障害の発生リスクが高い脆弱地点（ホットスポット）を形成していると言える。

　また，これらの脆弱な結節点は，いったん事故やテロなどによって航路閉鎖や

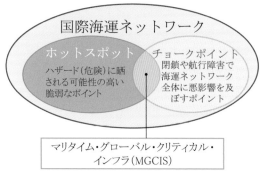

図5-14　国際海運の重大インフラ

航行障害が発生すると，航路ネットワーク全体に大きな悪影響が及ぶ，いわゆる海上輸送のチョークポイントを形成している。マラッカ海峡通航貨物の世界貿易額に占めるシェアは2007年の13%から2017年には18%に上昇しており[19]，マラッカ海峡の閉鎖，航行障害は直ちに世界経済に大きな影響を及ぼす。

　国際リスクガバナンス協議会（IRGC）では，海上輸送のチョークポイントであり，かつさまざまな途絶リスクを有するホットスポットとなっているマラッカ・シンガポール海峡のような重要な国際海上交通インフラを「マリタイム・グローバル・クリティカル・インフラストラクチャー（MGCIS）」と命名している[20]（図5-14）。

　MGCISは，自然災害や人為的な災害によっていったん障害が発生すると世界海運に著しい機能障害が生じるおそれがあることから，グローバルロジスティクスのリスクマネジメントや機能継続マネジメントを行ううえでの着眼点とすることができる。

　なお，MGCISは国際海峡や航路，運河にとどまらない。東京湾や大阪湾のような世界貿易や生産の拠点であり，グローバルロジスティクスの重要ノードを形成している地域の出入り口となる東京湾口航路などの航路や東京港，横浜港といった国際貿易港湾自体も，いったんその機能が失われると日本国内にとどまらずグローバルサプライチェーンにも影響が及ぶことから，MGCISと呼ぶべきものであると考えられる。

② 海上輸送ルートにおける船舶航行障害・停止リスク

　海運輸送ルートにおいて船舶航行障害や航行停止が発生する原因としては，航路の閉鎖を引き起こす海難事故や石油等可燃物の流出，地域紛争による軍事行動

や洋上治安の悪化，海賊の横行，港湾荷役に支障をきたす労働争議などの人的ハザードに加えて，港湾近辺や沿岸域の航路に航行障害をもたらす石油コンビナート火災などの産業事故が挙げられる。また，津波や高潮によって航路標識やブイなどの航行支援施設が流された場合にも深刻な船舶航行障害が発生する。

　1章の表1-3に示したとおり，2018年のわが国の貿易額（輸出入合計）の72％は国際海運輸送に依存しており，重量ベースでいえば99.6％が海上輸送されている。特に，大半がバルク船によって輸送される原材料資源は，鉄鉱石およびトウモロコシは100％，石炭や大豆もそのほとんどを海上輸入に頼っている。

　これらの原材料資源は，主に北米や南米，オーストラリア，中東などからマラッカ海峡やホルムズ海峡などの国際航路，スエズ・パナマ両国際運河などを経て輸送されており，海上輸送ルート上の狭隘航路や運河などは，船舶事故や地域紛争，地域の貧困に起因する海賊行為，テロなどの発生リスクが高いホットスポットとなっている。いったんこれらの海上輸送ルートが途絶するとわが国の経済社会活動のチョークポイントとなるおそれが高い（図5-15）。

　これらのことから，海上輸送ルート上の狭隘航路や運河などはわが国にとって重要なMGCISであることがわかる。

　米国エネルギー省エネルギー情報局は，ホルムズ海峡，マラッカ海峡，スエズ

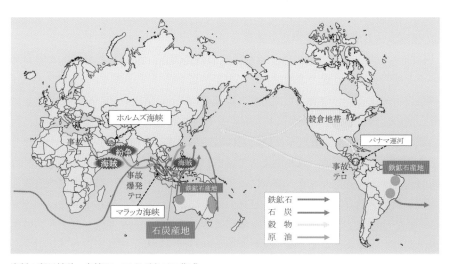

資料：貿易統計，文献21，22などを元に作成。

図5-15　日本の主な資源輸入ルートにおけるホットスポット

表 5-6　海上石油輸送のチョークポイントを通過した石油量

（単位：100 万 BPD）

	2009 年	2010 年	2011 年	2012 年	2013 年	2014 年	2015 年	2016 年
ホルムズ海峡	15.7	15.9	17.0	16.8	16.6	16.9	17.0	18.5
マラッカ海峡	13.5	14.5	14.5	15.1	15.4	15.5	15.5	16.0
スエズ運河と SUMED パイプライン	3.0	3.1	3.8	4.5	4.6	5.2	5.4	5.5
マンダブ海峡	2.9	2.7	3.3	3.6	3.8	4.3	4.7	4.8
デンマーク海峡	3.0	3.2	3.0	3.3	3.1	3.0	3.2	3.2
トルコ海峡	2.8	2.8	2.9	2.7	2.6	2.6	2.4	2.4
パナマ運河	0.8	0.7	0.8	0.8	0.8	0.9	1.0	0.9
海上石油輸送量合計	53.9	55.5	55.5	56.4	56.5	56.4	58.9	n/a
世界の石油供給量	84.9	87.5	88.8	90.8	91.3	93.8	96.7	97.2

資料：米国エネルギー省情報局（EIA）「WORLD OIL TRANSIT CHOKEPOINTS」2014 年版・2017 年版 を元に作成。

運河，マンダブ海峡，デンマーク海峡，トルコ海峡，パナマ運河を世界の海上石油輸送の 7 大チョークポイントと定義している[23]。

　7 大チョークポイントでは，2015 年の世界の海上石油輸送量の 84% が通過したと報告されている（表 5-6）。また，これらのチョークポイントを通過する航行船舶数や通行貨物量，貨物の価格などは年々増加し，閉鎖時の世界経済，地域経済に与えるインパクトも増大している。

③ 港湾ターミナルの機能停止リスク

　1995 年の阪神淡路大震災による神戸港の機能停止，2011 年の東日本大震災時の東北地方太平洋岸港湾の機能停止，最近では 2018 年の台風 21 号高潮・高波・強風災害による神戸港および大阪港（阪神港）の一時閉鎖などの事例に鑑みると，わが国の場合，港湾ターミナルの機能停止はもっぱら，地震，津波，高潮などの自然ハザードによる防波堤や岸壁などの港湾基本施設や荷役クレーン，上屋などのふ頭機能施設の損壊，津波によって流出した瓦礫などによる航路・泊地などの水域施設や臨港道路の埋塞，浸水によるフォークリフトなどの荷役機械の故障，電気・水道・燃料供給や通信サービスの停止などによって発生してきた。

　一方で今後は，テロやサーバー攻撃による港湾機能施設や運営システムの破壊，港湾荷役に支障をきたす労働争議などの人的ハザードや，自然災害などが引き金となって発生する港湾近辺の石油コンビナートなどの火災などの Na-Tech 災害（Natural hazard triggered Technological Disaster）のリスクにも注目してゆく必

217基※3

8基※1

1,851基※2

289基※2

2,749基※3

51基※3

注）図中の基数は，「石油コンビナートな
　　ど災害防止法」に定める特別防災地区
　　における石油屋外タンク貯蔵所の数

※1：2018年（平成30年）4月現在
※2：2017年（平成29年）4月現在
※3：2016年（平成28年）4月現在

資料：「神奈川県石油コンビナート等防災計画資料編」（神奈川県くらし安全防災局），「千葉県石油コン
　　　ビナート等防災計画資料編」（千葉県防災危機管理部），「石油コンビナート等特別防災区域の指定」
　　　（消防庁特殊災害室，2018年11月），地理院地図を元に作成。

図5-16　東京湾に集中する石油コンビナート

要性があるものと考えられる（図5-16）。

④　海上輸送のおけるリスク発見上の課題

　上記①では，グローバルロジスティクスの途絶，混乱を引き起こす海運輸送上
のリスクを，国際海運ネットワークのチョークポイントであり，かつホットス
ポットでもあるノードとしてのマリタイム・グローバル・クリティカル・インフ
ラストラクチャー（MGCIS）の発見と評価を通じて行うことを紹介したが，その
分析評価作業は必ずしも容易ではない。国境を越えた企業サプライチェーンの構
造の複雑性とそれに起因する分析の困難さ，サプライチェーンの構造解明を可能
とするだけの十分な物流統計情報の欠如，ホットスポット特定に向けた災害統計
アプローチの困難性などがその行方を阻む。

　また，海上輸送リスクのみならず，供給リスクなどにも言えることであるが，
想定外のリスクとしてテールリスクやブラックスワンと呼ばれる発生確率が極め
て小さいため考慮されてこなかったリスクや自然環境や社会構造の変化から生じ
てくる過去の経験では予想しえないリスクの存在が顕在化しつつある。これらの
リスクをどう捉えるかということは，MGCISにおけるかつて経験したことがな

いような大規模な災害要因事象（極端災害事象）発生の可能性検討やグローバルロジスティクスに内包されるリスクの評価上，避けて通れない課題と言えよう。

（4）供給リスクの発見に関わる方法

　ここでは，供給者としてグローバルサプライチェーンに関わる企業，例えば素材や部品，製品などを製造している企業の供給停止リスクの分析・評価に関する手法を紹介する。

　企業の参加するグローバルサプライチェーンの構造を定量的に把握することは，当該グローバルサプライチェーンに関っている企業でさえ容易ではなく，まして外部からグローバルサプライチェーンの構造を把握しそこから供給リスク発見に繋がる情報を得るのはさらに難しい。このようななか，企業が海外現地法人を設立する目的はさまざまであるが，統計データによる集計レベルであっても，グローバルサプライチェーンの構造とその変化を捉えることができれば，そこからリスク発見において有益な情報を得られる可能性がある。そのような視点に立って以下に，販売調達ボックスダイアグラムを用いた分析方法を紹介する。

① 販売調達ボックスダイアグラムの概要

　統計データを用いて企業の直接投資のタイプや変化を集計レベルで捉える手法として，販売調達ボックスダイアグラムがある[24]。これは，例えば，経済産業省が毎年実施している海外事業活動基本調査などのデータを活用して，海外現地法人の調達先や販売先の変化から直接投資のタイプを分類し，海外現地法人の視点から自社が組み込まれているグローバルサプライチェーンをある程度視覚化することができる方法でもある。

　販売調達ボックスダイアグラムは，縦軸に海外現地法人の販売全体に占める現地販売率，横軸に海外現地法人の調達全体に占める現地調達率としたシンプルな平面で表わされる。販売調達ボックスダイアグラム上の位置と直接投資のタイプおよび海外現地法人から見たグローバルサプライチェーンの大まかな構造との対応関係を図 5-17 に示す。

　直接投資は，伝統的に用いられてきた分類として，垂直的直接投資と水平的直接投資に区分される。垂直的直接投資とは，国による労働や資本のコスト格差，サービスリンクコスト（輸送コスト，情報通信コスト，関税や非関税障壁など），市場への近接性などを勘案して，海外現地法人を設立し，企業が生産・販売の工

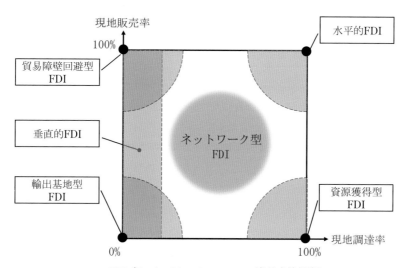

FDI（Foreign Direct Investment：海外直接投資）

資料：文献 24，25 を元に作成。

図 5-17　直接投資の類型と販売調達ボックスダイアグラムの関係

程の一部を海外現地法人へと移すような投資のパターンを意味する。製造・販売のうち，最終財の生産や販売といった最川下の部分が単純に海外に移される伝統的な垂直的直接投資は，海外進出当初は中間財のすべてを自国から輸入するため，現地調達率は低く，販売調達ボックスダイアグラムの左側の領域で表現される。

　垂直的直接投資にはまた，「貿易障壁回避型直接投資」と，「輸出基地型直接投資」の類型がある。

　一般に，開発途上国などでは，自国産業の保護を目的とした輸入代替工業化政策によって，当該産業の最終財の輸入に関しては高い関税などの貿易障壁を課すことが多い。そのような環境下における垂直的直接投資では，中間財の大部分を母国から調達するため現地調達率は 0 % に近い一方，最終財の大部分は現地で販売されるため現地販売率は 100 % 近くなる。そのため，貿易障壁回避型の直接投資は，販売調達ボックスダイアグラムの左上の領域で表わされる。

　また，安価な労働力や資本を活用した最終財の組立てと第三国への輸出や日本への逆輸入を目的としたタイプの直接投資では，現地の作業は最終財の組立て工程のみである場合もあるなど限定的で，現地調達率は 0 % に近く，最終財の大部分は輸出されるため現地販売率も 0 % に近くなる。そのため輸出基地型直接

投資は販売調達ボックスダイアグラムの左下の領域で表わされる。

一方，水平的直接投資とは，元々国内にあったものと同一の生産・販売工程をそのままフルセットで海外進出先で行おうとする投資パターンを言う。中間財の大部分を現地調達し，最終財の大部分を現地販売するため現地調達率と現地販売率のどちらも100％に近くなる。したがって，販売調達ボックスダイアグラムの右上の領域で表現されることになる。また，鉱物資源などの資源開発を海外で行い，需要のある母国への輸出を行うタイプの直接投資は，現地調達率は100％に近くなる一方で，得られた資源は母国へ輸出され現地販売率は0％に近くなる。このため，販売調達ボックスダイアグラムの右下の領域で表され，「資源獲得型直接投資」と呼ばれる。

以上の極端な分類はわかりやすいが，現実には生産・販売において，生産ブロック単位などで立地条件の良いところに分散立地などするフラグメンテーションが発生し，グローバルサプライチェーンをより複雑な構造にする。

例えば日系現地法人が，日本からコアとなる素材を輸入し，現地からの残りの部品を調達して，中間財を生産し，それをさらに現地のほかの日系企業や第三国の日系企業へ輸出するなど，グローバルサプライチェーンの一部分に組み込まれているようなタイプの直接投資は，現地調達と現地販売がそれぞれ一定程度あることとなり，販売調達ボックスダイアグラムの中央付近の領域で表され，「ネットワーク型直接投資」と呼ばれる。

② 販売調達ボックスダイアグラムを用いた分析イメージ

販売調達ボックスダイアグラムは，海外直接投資の相手国側における開発戦略と経済合理性に基づく投資企業行動との関係を示すことができる。この特徴を利用して，リスク発見のための有用な情報を得られる可能性がある（図5-18）。

開発途上国である場合が多い投資相手国側の開発戦略が輸入代替工業化政策か輸出志向工業化政策かに関わらず，相手国の経済発展に向けて現地産業集積を進めるほど，販売調達ボックスダイアグラム上では，より右側へシフトする動きとして表現される。このような構造変化は，次々に生産工程が海外現地へ移転する一方で，本国には技術水準が高く代替性の低いキーコンポーネントの製造工程が残る方向へ収斂する可能性が高い。その結果，本国からの供給途絶が関連するグローバルサプライチェーン下流側へと波及し生産途絶を拡大する潜在的リスクが高まっている可能性が高い。

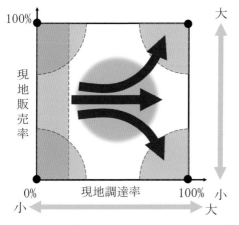

現地国の供給品の途絶
による影響の現地比率

※ 国や産業によって
想定される供給途
絶の影響は異なる。

他国からの調達品の途絶による現地国への影響※

（例：日本から調達する部品のキーコンポーネント化）

資料：文献24，25を参考に作成。

図5-18 グローバルサプライチェーンの発展過程と途絶などの潜在的リスク分析例

　また，海外現地法人の立地する国の所得水準が上昇し販売市場としての魅力が上昇した場合には，現地調達・販売率は販売調達ボックスダイアグラム右上の領域に向かう。このような構造変化が生じた場合は，調達だけでなく，それらを用いて製造された製品のほとんど全部を現地国内で販売・消費することになり，結果，現地法人の製品の供給途絶の波及効果は当該現地の国内供給に向かう。

　東南アジア諸国ではほとんどすべての原材料，中間製品を現地調達する一方で，販売のほとんどすべてを現地国以外へ輸出する業種も見られ，その場合は，当該業種の現地調達・販売率は，販売調達ボックスダイアグラム上では右下の領域に向かう。その場合，現地法人の製品の供給途絶の波及効果は当該現地国外に向かい，影響の地理的範囲が一層広がる可能性がある。

　このように，統計データによる集計レベルであっても，グローバルサプライチェーンの構造変化を捉えることは，同時に，リスク発見において有用な情報を得られる場合があることがわかる。

5-6 グローバルロジスティクスに関わるリスク分析の事例

(1) 港湾の機能停滞によるリスク分析事例 [26)]

これまで述べてきたように，港湾機能が停滞・停止すると，グローバルサプライチェーンは大きな影響を受ける可能性がある。ここでは，その事例として，2014～15 年の米国西岸港湾の労働争議による影響について述べる。

米国西岸に位置するロサンゼルス港，ロングビーチ港，オークランド港，シアトル港，タコマ港といった港湾は，北東アジア（日本・中国・韓国・台湾）－米国間のコンテナ貨物の約 7 割を取り扱っている。米国のこれらの港湾では，コンテナ船社・ターミナルオペレーターと労働者団体による労使交渉が 6 年おきに行われてきており，5-3 で述べたように，労使双方の主張の対立から 2002 年には 11 日間の港湾ロックアウトが発生した。2014 年の交渉時には，ストライキやロックアウトが発生することはなかったものの，港湾荷役のスローダウンによって長期にわたり港湾機能が停滞した。その経緯を表 5-7 に示す。

2014 年の労使交渉では，6 月末に 2008 年締結の協約が失効し，健保・年金などの待遇改善も含めた交渉の着地点の探り合いが次第に労使間の緊張を高め，10 月から港湾荷役のスローダウンが始まった。さらには，年末からの夜間の荷役中止が行われ，スローダウンと相まって，コンテナ荷役の効率が大幅に低下した。この間の各港の荷役効率の変化を，2013 年同月と比較して図 5-19 に示す。混乱ピークの 2015 年 1～2 月は平常時に比べて約 4 割まで効率が低下しており，これは，コンテナ 1 個の積み卸しに，平常時の 2.5 倍の時間を要していたことになる。その結果，荷役を待つコンテナ船の港湾沖合での待機（沖待ち）が増加し，2015 年 2 月には，ロサンゼルス港およびロングビーチ港の沖合では 30 隻以上の

表 5-7　米国西岸港湾の労使交渉の経緯（2014 ～ 2015 年）

時　期		内　容
2014 年	6 月末	労使協約失効
	10 月下旬	労働者側が港湾荷役のスローダウンを開始
	12 月末～	船社・ターミナル側が夜間荷役を中止
2015 年	2 月 4 日	船社・ターミナル側が譲歩案を提案し，公表
	2 月 12 日～	船社・ターミナル側が休祝日荷役を中止
	2 月 17 日	ペレス労働長官の仲介開始
	2 月 20 日	暫定合意

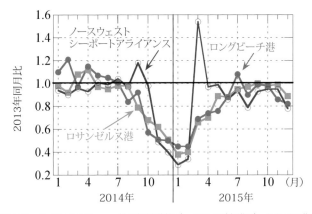

資料：Lloyd's List Inteligence 社の船舶動静データおよび各港データを元に作成。

図5-19　コンテナの荷役効率（時間当たりの荷役個数）の変化

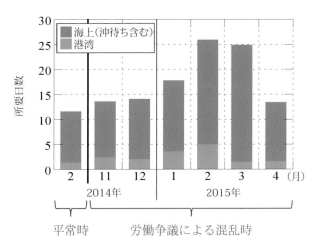

資料：Lloyd's List Inteligence 社の船舶動静データを元に作成。

図5-20　東京湾から米国西岸港湾までの所要日数の変化

コンテナ船の沖待ちが発生した。なお，世界的に，港湾荷役は先船優先（First Come First Served）のため，船舶は，目的地港湾に到着しないことには，荷役の順番待ちの列に入ることができない。

　この結果，東アジア―米国岸間のコンテナ貨物のリードタイム（輸送時間）は急増し，2015年2月には平常に比べて，追加で約2週間が必要となった（図5-20）。2月20日に労使間の暫定合意がなされたため，3月には荷役時間は平常

時のレベルに戻ったが，沖待ちは容易には解消しなかったため，2 月に近い所要時間を要していた。

　上記のような輸送停滞により，米国および関連する国々の経済や国民生活に大きな影響が出た。例えば，米国から日本への牛肉輸入量が約 10 ％，豚肉は約 20 ％ 減少しスーパーなどの店頭での品薄を生じたほか，フランチャイズチェーン系のとんかつ店などの仕入れに影響が出た。また，ジャガイモの輸入量に不足が生じ，チェーン店でのフライドポテトの販売の中止や制限がかかった。自動車部品の米国への供給についても大きな影響が生じた。自動車部品の日本・韓国から米国への輸出について，平常時の 2014 年 2 月と，混乱ピーク時の 2015 年 2 月の輸送経路を比較したものが，図 5-21 である。ピアーズデータによれば，平常時の日本および韓国の自動車部品の米国内の輸送先は，ともに約 2 割が西海岸で，残りが中東部である。一方仕向け港湾は，図より日本メーカーは 9 割以上が西岸港湾を利用していたのに対して，韓国メーカーでは約 4 割が東岸港湾を利用していた。西岸港湾の混乱時には，日本メーカーは，代替経路として主に航空を利用したものの，部品の輸送に遅れが生じ北米工場で減産を強いられた。これに対し，韓国メーカーは東岸港湾利用量を増加させ，生産には影響がなかった。平常時に利用していない経路を災害時にいきなり利用することは難しい。したがって，平常時から複数の輸送経路を持つことは，災害時の対応能力を高めることを示して

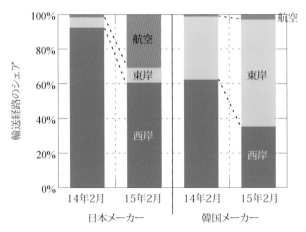

資料：米国貿易統計およびピアーズデータを元に作成。

図 5-21　日本・韓国から米国への自動車部品の輸送経路の変化

いる。一方で，日本メーカーは，この混乱以降も，部品輸送の西岸港湾利用比率
を変化させていない。東岸港湾を経由する場合，西岸に比べて輸送効率が大きく
低下することから，あえて東岸港湾への分散化は選択せず，リスクを受容する戦
略をとっているものと推察される。

　米国西岸港湾の機能が停滞している状況下で，荷主には，①輸送を取りやめる，
②航空や東岸港湾利用に転換する，③輸送が遅れることを前提で西岸港湾を利用
する，の３つの選択肢があった。①の輸送取りやめの場合，国内もしくは他地域
（例えば欧州やアフリカ）への販売に切り替える方法があるが，商品価格のディ
スカウントを強いられる場合や，適切な販売先が見つからず，商品の全損となる
危険性もある。②の代替経路の利用では，航空輸送はもちろんのこと，利用が集
中した米国東岸航路の東航運賃も高騰し，多額の迂回輸送費の負担を強いられる。
③の西岸港湾利用では，混乱ピーク時には，生鮮食料品などの長期保存が困難な
商品や季節物などの販売期間が限られた商品では一部の全損が避けられず，これ
らは，混乱による直接の経済損失となる。

　直接損失額を算定する場合，上記の①から③を選択した貨物量を推計する必要
がある。このため，Without ケースとして，混乱がなかった場合の貨物量の推計
が必要となる。この Without の算定について，時系列データの季節調整を，米
国商務省センサス局の X-13-ARIMA-SEATS を使用した結果の例が，図 5-22 で
ある。米国から日本へのコンテナ量において，2014 年 10 月～2015 年 1 月まで混
乱がなかったとする Without の推計よりも，実際に混乱のあった With ケースの
ほうが明らかに落ちていた一方，2015 年 3～4 月には遅れて到着したコンテナに

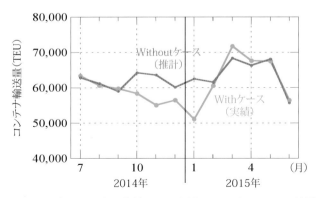

図 5-22　米国→日本の合計コンテナ量の With/Without の比較

185

より，With ケースのほうが多くなっていた。この With/Without の差から，さらに航空による代替量を控除すれば，輸送を取りやめた量が推計できる。この方法により，①輸送取りやめおよび②航空・東岸港湾利用のコンテナ量を推計した結果が，表5-8 である。東航では，日本向けは航空利用が多かったのに対して，他国向けは東岸港湾利用が中心であった。西航では，台湾を除き，輸送取りやめが多くなっていた。

①〜③を選択したコンテナ量に対して，それぞれの貨物価値・時間価値の損失

表 5-8　輸送取りやめ量および航空・東岸港湾利用転換量の推計結果

（単位：千 TEU）

東航	米国輸入			
	日本	韓国	中国	台湾
①輸送取りやめ	5.0	0.0	18.8	4.9
②-1 航空輸送へ転換	9.8	1.1	8.5	0.9
②-2 東岸港湾利用へ転換	0.9	17.2	179.2	4.9

西航	米国輸出			
	日本	韓国	中国	台湾
①輸送取りやめ	22.5	12.0	157.8	0.0
②-1 航空輸送へ転換	3.6	0.3	2.2	0.5
②-2 東岸港湾利用へ転換	10.7	19.8	44.8	18.7

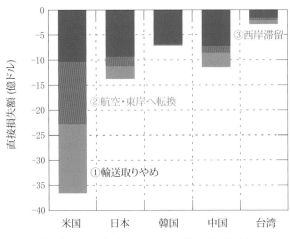

図 5-23　各国・地域の直接損失額の推計結果

や運賃の高騰などの損失額を掛け合わせることにより，直接損失額を推計した結果が，図 5-23 である。輸送を取りやめた貨物については，平均的には貨物価値が半減したと仮定した。

　また，国際貿易の取引形態を基に，①の輸送取りやめは輸出国側，②および③は輸送が成立しているので，輸入国側に計上した。合計損失額は，世界全体で72 億ドル，中でも，米国が飛び抜けて大きく，日本がわずかに中国より大きくなっていた。これは，ピーク時の西岸滞留により全損となった米国からの生鮮食料品の量と，航空輸送への転換量が中国より多かったのが原因である。

　さらに，輸送取りやめ，輸送時間・運賃の増加などは，商品価格の上昇を招き，経済を縮小させる方向に進む。3 章で，EPA/FTA による関税率低下が経済の発展を促す一方，貿易戦争が経済を停滞させることを示したが，これと同様の現象である。この北米西岸港湾混乱による，いわゆる波及効果を含めた世界経済全体への影響も，3 章と同様に，直接損失額をショックとして，応用一般均衡（CGE）モデルに入力することによる定量化が可能である。その際，損失額を輸送運賃の増加として捉える方法[27]もあるが，簡易な方法として，関税率の上昇と見る方法がある。関税率の上昇とすると，政府の歳入が増加してしまうとの問題があるが，輸入関税率の政府歳入に占める割合は，日米両国でわずか 1.8％（2017 年）であり，この微量の増加は，実質的にほとんど影響はないと考えられる。直接損失額の貨物価値の損失は直接追加関税率に換算できるが，輸送日数の換算については，Minor[28] によるデータを用いた換算係数（表 5-9）を使用した。また，追加関税率の設定に当たっては，品目別に，影響を受けていない航空輸送やバルク貨物輸送の割合を反映させた。

表 5-9　輸送日数増の関税率上昇への換算係数

（単位：％pt/ 日）

国・地域	東航 （米国輸入）	西航 （米国輸出）
日本	0.840 ~ 1.160	0.585 ~ 0.950
韓国	0.760 ~ 1.075	0.585 ~ 1.075
中国	0.670 ~ 0.935	0.635 ~ 0.930
香港	0.670 ~ 0.935	0.680 ~ 0.895
台湾	0.635 ~ 0.860	0.450 ~ 1.060
その他世界	0.700 ~ 1.080	0.720 ~ 0.980

資料：文献 26 のデータにより作成。

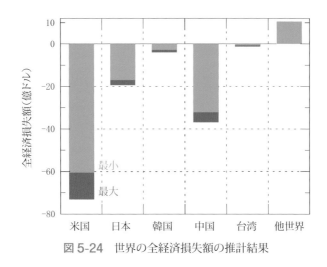

図 5-24　世界の全経済損失額の推計結果

　GTAPモデルを用いて，世界経済への影響を評価した結果が，図 5-24 である。世界全体の経済損失は，103〜124 億ドルと推計された。やはり，最も影響が大きかったのは米国で，次いで中国であった。その他世界ではプラスの影響が出ているが，これは，米国の輸出入の相手が，北東アジア諸国から転換したためである。

（2）狭隘海峡・運河閉鎖のインパクトの分析例

　現在の国際航路は，一部の狭隘海峡や運河にその運航が集中することとなっている。そのため，これらの狭隘海峡や運河の閉鎖が発生すると，国際貿易，さらには，世界経済に甚大な影響が及ぶ可能性がある。ここでは，その規模を推計するため，船舶動静データを用いて，狭隘海峡・運河を通航した船舶を特定し，さらに，通航貨物量・価値を推計する[19]。

　対象とするマラッカ・ホルムズ海峡およびスエズ・パナマ運河の通航船について，2007・2017 年の通航隻数，輸送能力および平均船型を整理したのが，表 5-10 である。通航隻数ではスエズ・パナマ運河が微減であったが，平均船型はいずれも大きく伸びており，結果として貨物の輸送能力も増加していた。特に，スエズ運河通航コンテナ船の大型化は著しく，平均船型が 2007 年の 5,064TEU から，2017 年には 9,669TEU とほぼ 2 倍になっている。

　通航船の輸送能力に，消席率（L/F）を掛け合わせると，貨物量となる。消席

表 5-10　海峡・運河通航船の隻数・平均船型・輸送能力

項目（単位）	年	海峡・運河			
		マラッカ海峡	ホルムズ海峡	スエズ運河	パナマ運河
通航隻数（万隻）	2007	6.88	3.04	1.87	1.24
	2017	8.41	4.71	1.74	1.20
平均船型（D/W）	2007	55,780	88,440	57,567	33,257
	2017	77,228	97,220	77,337	47,726
輸送能力（億MT）	2007	34.5	24.2	9.7	3.7
	2017	58.5	41.3	12.1	5.1

表 5-11　船種に応じた貨物品種の単価（2017 年）

貨物（船種）	品種	HS コード	単価
コンテナ貨物	全品種	全品種	29,260 \$/TEU
バルク貨物	鉄鉱石	2601	199 \$/MT
	石炭	2701	
	穀物	1001 〜 05，1201	
石油類（タンカー）	原油	2709	410 \$/MT
	石油製品	2710	
ガス	ガス	2711	378 \$/MT
完成自動車	乗用車	8703	14,086 \$/MT
	貨物自動車	8704	
その他	上記以外	上記以外	585 \$/MT

率は，ここではコンテナ船は 60%，バルクキャリア，タンカーおよびガスキャリアは 45%，自動車船は 30% と仮定する。バルクキャリアなどは，載貨重量トン数（D/W）に対して満載で約 9 割の貨物が積載できるため，片荷であれば 45% となる。自動車運搬船の消席率は，重量ベースの輸送能力に対して，パナマ運河通航統計での輸送量実績から設定した。比較する全世界の海運貨物量は，コンテナは英国の Drewry 社データ，自動車は国連の貿易データ Comtrade，他船種は英国の Clarkson 社のデータまたは推計値を用いる。また，船種に応じた貨物の単価は，米国貿易統計を用いて，表 5-11 のように設定する。

　分析対象の海峡・運河を通過した貨物の，全世界海運の輸送貨物量に対する重量ベースのシェアの推計結果が，表 5-12 である。パナマ運河のコンテナとスエズ運河のバルク貨物を除いて，この 10 年間でシェアが増加している。パナマ運

表 5-12　海峡・運河通過貨物の全世界海運貨物量に対するシェア

海峡 運河	コンテナ貨物		バルク貨物		石油類		ガス		完成自動車	
	2007	2017	2007	2017	2007	2017	2007	2017	2007	2017
マラッカ海峡	32%	37%	10%	16%	27%	36%	27%	30%	22%	39%
ホルムズ海峡	6.6%	11%	2.2%	4.0%	32%	42%	32%	50%	7.6%	12%
スエズ運河	16%	17%	3.0%	1.9%	6.1%	6.7%	6.2%	7.4%	13%	13%
パナマ運河	5.2%	4.1%	1.4%	1.5%	1.1%	1.6%	0.9%	6.6%	9.1%	11%

注）比率は重量（メトリックトン）ベース

表 5-13　海峡・運河通過貨物の価値と世界シェア

年	海峡 運河	通過貨物価値（千億ドル）							世界海運 シェア	世界貿易 シェア
		コンテナ	バルク	石油類	ガス	自動車	その他	合計		
2007	マラッカ海峡	11.3	0.5	3.9	0.5	1.5	0.3	18.1	24%	13%
	ホルムズ海峡	2.3	0.1	4.7	0.6	0.5	0.2	8.3	11%	6.0%
	スエズ運河	5.7	0.2	0.9	0.1	0.8	0.1	7.8	11%	5.6%
	パナマ運河	1.8	0.1	0.2	0.0	0.6	0.1	2.8	3.8%	2.0%
2017	マラッカ海峡	22.3	1.6	5.0	0.4	2.3	0.3	31.9	35%	18%
	ホルムズ海峡	6.8	0.4	5.8	0.7	0.7	0.1	14.6	16%	8.3%
	スエズ運河	10.4	0.2	0.9	0.1	0.8	0.1	12.4	13%	7.1%
	パナマ運河	2.5	0.2	0.2	0.1	0.7	0.1	3.7	4.0%	2.1%

河のガスのシェアが大きく増加したのは，2016 年のパナマ運河の新閘門の供用開始により，大型 LNG 船が通航可能になったためである。2017 年には，マラッカ海峡はバルク貨物以外の全荷姿・品種で世界シェアが 3 割を超え，ホルムズ海峡の石油類およびガスの世界シェアは 4 割を超えていた。

　通過貨物の価値と，その金額ベースの世界シェアを整理した結果が，表 5-13 である。ホルムズ海峡を除き，コンテナの割合が非常に高いが，これは，コンテナ貨物の単価が高いこと（表 5-11）に加え，寄港各港においてコンテナを積み卸しするが故に，2 地点間を満載・空船で航行する他船種に比べて，消席率が高いことが影響している。各海峡・運河の世界海運および世界貿易に対するシェアはこの 10 年間でいずれも上昇しており，特に，マラッカ・ホルムズ海峡では大きく上昇していた。マラッカ海峡は，2017 年時点で，世界貿易の 18% が通過しており，その重要性が確認できる。

（3）狭隘海峡・運河閉鎖のリスクシナリオの分析例

　国際リスクガバナンス協議会（IRGC）と京都大学防災研究所（DPRI）では，マリタイム・グローバル・クリティカル・インフラストラクチャーに関するリスク

分析・評価の国際研究協力プロジェクトとして，世界貿易の海上輸送上のチョークポイントであるマラッカ・シンガポール海峡における海峡航路交通の遮断リスクに関する共同研究を 2009～2010 年に実施している。

研究プロジェクトでは，IRGC および DPRI の研究者を中心にマラッカ・シンガポール海峡の管理にあたるシンガポール，マレーシア，インドネシアの海峡周辺 3 国や日本をはじめとする航行船舶の船籍国，船社などの海峡航路利用企業その他のステークホルダーが知見を出し合う形でリスクシナリオを設定し，リスク低減方策の提案を行っている。

① マラッカ・シンガポール海峡における航行遮断リスクシナリオ

わが国の海上輸送の生命線といわれるマラッカ・シンガポール海峡は，年間約 10 万隻の船舶が通過する世界海運の交通の要所であり，東アジアと欧州，中東を結ぶ大型コンテナ船や原油タンカーなどの大型バルク船の通過ルートとなっている。その一方でマラッカ・シンガポール海峡は，北側はマレー半島とシンガポール島，南側はスマトラ島などに囲まれた約 1,000 km の長大航路で，最も狭隘なシンガポール沖で航路幅員 532 m，水深は -23 m 程度しかなく，古くから船舶の衝突，座礁などの事故が多発してきた海上輸送の難所でもある。

IRGC および DPRI の国際研究協力プロジェクトでは，海峡周辺 3 か国および海峡航行ステークホルダー 9 か国からの研究者，政府機関関係者，企業実務家などから構成されるワークショップを立ち上げた。ワークショップでは，まず IRGC が開発したリスクガバナンスフレームワークに基づいて，想定されるすべてのリスクの洗い出しを行った後に，海峡沿岸や周辺諸国，さらには世界経済に特段のインパクトを生じるリスクとして，

- 沿岸域に立地する化学プラントなどの爆発事故（爆発事故シナリオ），
- 航行船舶や航路管制，港湾ターミナルへのサイバーアタック（サイバーアタックシナリオ），
- 航路航行船舶の衝突事故（船舶衝突事故シナリオ），

の 3 事象に関するリスクシナリオ（発生しうると考えられる災害事象とその時間的な枠組み，災害が引き起こす事態，事態発生の確率，主たる当事者）を検討している。検討に当たっては，過去の事故などの事例報告のレビューや爆発影響範囲のシミュレーションなどの予備検討が行われていた（**表 5-14**）。

表5-14　マラッカ・シンガポール海峡の航行遮断リスクの予備検討の内容

シナリオ	予備検討内容	留意点
爆発事故	・海峡沿岸域における爆発物，危険物取扱事業所の抽出 ・爆発物，危険物の種類，量の推定 ・石油プラント爆発等事故発生時の影響範囲のシミュレーションの実施 ・爆発等事故発生による船 ・船舶航行への影響評価	・有害物資運搬船の航行実態と船員，船客，沿岸域住民への影響評価の重要性 ・大きな人的被害があった場合の航行規制の可能性
サイバーアタック	・過去のサイバーアタック事例のレビュー ・海事関係情報システムへのサイバーアタックの目的の抽出 ・ターゲットとなる可能性のあるシステムの抽出（船舶追跡情報システム，自動船舶識別装置，コンテナターミナル・オペレーションシステム，港湾情報交換システム等）	・情報システムの脆弱性の評価 ・システムダウンが引き起こす事態の想定
船舶衝突事故	・これまでの船舶衝突事故発生率の提示 ・事故発生時の航行回避距離等の明確化 ・事故発生による直接費用損失の推定 ・迂回による経済損失の発生事例のレビュー	・個々の事故発生比率は低いが，連鎖事故，テロによる衝突，沈没も要考慮

　上記予備検討をもとに，爆発事故シナリオ，サイバーアタックシナリオ，船舶衝突事故シナリオのそれぞれについて，ワークショップメンバーによるブレーンストーミングが行われた。

　爆発事故シナリオについての検討結果の概要を表5-15に示す。シンガポールなどの海峡周辺国沿岸域における石油精製などの化学プラントの立地状況に鑑み，これら化学プラントにおいて火災，爆発が発生した場合，延焼による複数施設の大規模火災発生の可能性が現実的なリスクであると位置づけている。2011年3月に発生した東日本大震災時時に，地震動が原因となって発生した千葉港臨海部コスモ石油の大規模火災の事例に鑑みると，何らかのプラント火災が引き金となってシンガポール港臨海工業地帯などに爆発的な火災が発生する可能性を現実的とすることは妥当であると考えられる。シナリオでは，化学プラントにおける爆発，火災とそれらに伴う油類の海面流出や大気中への有害物質の放出によって，隣接する海峡航路を航行中の大型船舶にも沈没などの被害が及んだ場合，航路閉鎖などの1か月から数か月に及ぶ深刻な被害が発生するなどのリスクを示唆している。

　サイバーアタックシナリオの結果概要は表5-16のとおりである。海峡航路を航行する船舶の自動操舵装置に加えて，シンガポール港湾管理会社（PSAコーポ

表5-15　爆発事故シナリオ検討結果の概要

生起事象と時間的枠組み	災害が及ぼす事態	発生確率の評価	主たる当事者
状況Ⅰ ・化学プラントにおける複数施設の同時爆発事故が発生した結果，周辺地域住民，港湾等施設従業員，船舶搭乗員に有毒ガス吸引被害のおそれが発生。海峡部航路は4日間以上完全閉塞。 ・事故現場への海側からのアクセスが困難なため，有害物質処理，封じ込め活動に遅れ発生。空からの対処活動を要請。 ・環境上，経済社会上の悪影響が周辺地域に発生。 ・直接的，間接的な経済被害（損害賠償等を含む）港湾等施設に発生。 ・プラウ・ブコム地区，ジュロン島その他地区の港湾ターミナルにおける化学製品，LNG，石油製品等の貨物取扱いが完全停止。 ・経済被害は周辺アジア地域諸国，世界にも波及。	重大な経済的，物理的被害が，海峡周辺地域，隣接諸国，その他世界各国にも波及。	現実的 発生確率：中（原因が社内，社外の如何によらず，意図的な行為による場合） 発生確率：小（施設における人的ミスや技術的不具合に起因する場合）	─ 産業用設備の所有者，操業者，従業員 ─ 資源供給者，顧客，設備使用者 ─ 緊急対応担当部局，職員 ─ 船員，船社 ─ 地域漁業 ─ 観光業 ─ フェリー運航事業者 ─ 地域社会 ─ 海峡沿岸諸国政府 ─ サプライチェーン構成者
状況Ⅱ ・海峡航路を航行中の大型船舶にも沈没などの被害が波及。シンガポール及びマレーシアの経済に1か月から数か月に及ぶ深刻な被害が発生。海峡航行機能及び港湾機能が混乱し，地域の規制行政，保険制度の改正が必至。	地域の経済社会活動に大きく影響。地域の規制行政，保険制度の改正が必至。	発生確率：小（但し，影響は長期にわたる）	
状況Ⅲ ・大規模油流出の発生によって環境への著しい悪影響，社会的信頼性の失墜，補償問題，政治問題化。地域の規制行政，保険制度の改正が必至。	地域の経済社会活動に大きく影響。地域の規制行政，保険制度の改正が必至。	発生確率：小（但し，影響は長期にわたる）	

資料：文献20を元に作成。

レーション）などの港湾当局が運用する船舶追跡情報システム，自動船舶識別装置，コンテナターミナル・オペレーションシステム，港湾情報交換システムがサイバーアタックの標的となって，サービス停止したり誤った情報を伝達した場合，船舶衝突事故の誘発や港湾物流機能の停止が発生するおそれがあることが指摘されている。その結果，海峡航路の船舶航行が困難となったり，シンガポール港などの海峡内の港湾が荷役サービスを停止したりすると，これら海峡沿岸国向けの海上輸送が止まるばかりではなく，シンガポール港などからコンテナのフィー

表 5-16　サイバーアタックシナリオ検討結果の概要

生起事象と時間的枠組み	災害が及ぼす事態	発生確率の評価	主たる当事者
状況 I 船舶自動操舵システムの停止：ウイルス感染による船舶自動操舵システムの不作動が発生すると，乗組員による操舵への切り替えに時間を要し，無視しえない時間ロスが発生。	さほど深刻な事態には至らない。	発生確率：中	− 船長 − 船員 − メンテナンス担当者 − サービス供給者 − 港湾関係者：企業，港湾管理者，職員 − システムエンジニア − プログラマー
状況 II 通信システムの不具合発生：船長が混乱，孤立。船長が通信手段を喪失すると，計器が示す数値やデータの正確さを確認することが困難になる。GPS やレーダー，VTS，無線システムが機能しなかったり誤った情報を示すと，事故につながる。	深刻な事態を懸念。船舶衝突事故や油流出事故の発生などは，港湾及び周辺に影響。	発生確率：小	
状況 III 船舶自動操舵システムの誤動作の発生：ウイルス感染によって，船舶自動操舵システムが誤動作を起こしても船位追跡システムや監視システムが進路を正しいと表示したり，計器が誤ったデータを表示。	深刻な事態を懸念。船舶衝突事故や油流出事故の発生などは，港湾及び周辺に影響。	発生確率：中	
状況 IV コンテナターミナルオペレーションシステムの停止：数日間にわたりターミナル機能が停止。被害を受けていない周辺港を利用する可能性あり。事態への対処が遅れると船舶の入港に更なる遅延が発生。	大規模な港湾損失の発生を懸念。さらに周辺の地方港からのコンテナフィーダー輸送の停止にも懸念。	発生確率：中	
状況 V EDI システムの停止：内外貿手続きのための自動データ交換手続きを人力による紙媒体での作業に切り換える必要が生じるが，いったん情報システムに置き換わった多数の機能を紙媒体の文書で代替することは著しい困難を伴う。	世界貿易に大きく影響。	発生確率増加傾向。全てのネットワーク型情報システムは中〜高のサイバーアタックを受ける危険性を有する。	

資料：文献 20 を元に作成。

ダー輸送サービスを受けている周辺国の港湾にも影響が及ぶリスクがあることも指摘されている。世界の港湾物流におけるシンガポール港などの地位を勘案するとこれらの影響はグローバルロジスティクスにも波及する。

　船舶衝突事故シナリオの検討概要は**表 5-17** のとおりである。

　マラッカ・シンガポール海峡やシンガポール港域を航行する 20 万〜30 万トンクラスの大型タンカー（VLCC），大型コンテナ船，自動車専用船，バルク船，旅客船などの衝突事故の同時発生によってシンガポール海峡の一部または全面的な

表 5-17　船舶衝突事故シナリオ検討結果の概要

生起事象と時間的枠組み	災害が及ぼす事態	発生確率の評価	主たる当事者
状況 I シンガポール海峡やシンガポール港域における大型船（VLCC，コンテナ船，自動車専用船，バルク船，旅客船）衝突事故の同時発生によるシンガポール海峡の一部又は全面的な閉鎖の発生（大型船の引き揚げに概ね 6 か月以上を要するものと想定）。 ・衝突事故によって船舶及び積み荷に損傷が発生すると，シンガポール海峡に汚染をもたらすおそれのある物質の流出・放出の原因となり，大規模な危険物流出事故と位置づけられる。 ・流出物質が爆発物である場合は，シンガポール港のインフラストラクチャーに物理的ダメージが生じる可能性あり。 ・衝突事故に旅客船が巻き込まれた場合は，多数の死者，負傷者が出る可能性あり。	地域社会への影響：地域経済活動への影響，船舶や地域の社会インフラに対する物理的ダメージ，有害物質の流出に伴う海洋環境の悪化，死傷者の発生のおそれ。	無視し得ない；しかしながら発生確率は極めて低い。	－ 事故当事者 － シンガポール，マレーシア，インドネシア政府 － 船社，物流事業者 － 油流出対応機関 － 緊急対応担当機関（沿岸警備隊，海軍，海洋警察）
状況 II シンガポール海峡周辺国においては，シンガポール港と周辺港湾を結ぶコンテナフィーダー輸送などの様々な経済活動に影響が及ぶ。 ・旅行者が安心を取り戻すまでの間観光客は減少。 ・毒性の高い汚染物質の大規模な流出にさらされると，すでに脆弱化している漁業資源が急激に減少。 ・船舶輸送に依存する産業に経済損失が発生。 ・周辺港湾にも経済的な得失のいずれかが影響。	海峡周辺諸国への影響：海峡周辺諸国経済への影響（運輸部門，漁業，その他関連産業）	無視し得ない：状況 I が発生した場合。	－ サルベージ会社 － 港湾管理者，ターミナルオペレーター － 再保険引き受け者
状況 III 世界レベルで見れば，スンダ海峡やロンボク海峡を迂回することによって海上輸送の遅れは 2 ～ 3 日となり， ・シンガポール港におけるトランシップ輸送は停止。 ・企業による状況の分析，輸送ルートの変更，販売網の調整などの対応措置の広がり，保険料金の上昇などが発生。	世界的な影響：海運輸送の遅延，迂回，対応活動の世界経済への波及，保険料金の上昇など。	おおいにあり得る事態：状況 I 及び II が発生した場合。	－ 国連（国際海事機関；安全保障理事会） － 国際商工会議所（IMB）

資料：文献 20 を元に作成。

閉鎖が発生する事態を，確率論的には可能性は小さいものの，その結果の重大性に鑑みると「無視しえないリスク」としている。

　マラッカ・シンガポール海峡の閉鎖などがいったん発生すると，海運輸送網への影響は周辺国から世界各国にも及び，船社は，インドネシアのスンダ海峡やロンボク海峡への迂回を余儀なくされるほか，シンガポール港などの機能麻痺によって周辺港湾へのコンテナのトランシップ輸送の停滞が発生し，マラッカ・シ

表5-18　海峡・運河閉鎖時の代表区間での代替経路の長さ

想定航路	With/Without ケース		通航不可箇所・航行想定ルート等	航行距離（マイル）	With ケースとの距離差（マイル）
上海港ーロッテルダム港	With ケース		平常時経路（マラッカ海峡・スエズ運河経由）	10,756	―
	Without ケース	代替ルート①	マラッカ海峡通航不可（ロンボク海峡経由）	11,812	1,056
		代替ルート②	スエズ運河通航不可（喜望峰経由）	14,060	3,304
		代替ルート③	スエズ運河通航不可（パナマ運河経由）	13,454	2,698
上海港ーニューヨーク港	With ケース		平常時経路（パナマ運河経由）	10,736	―
	Without ケース	代替ルート①	パナマ運河通航不可（マラッカ海峡・スエズ運河経由）	12,390	1,654
		代替ルート②	パナマ運河通航不可（マゼラン海峡経由）	15,909	5,173
		代替ルート③	パナマ運河通航不可（喜望峰経由）	14,674	3,938

ンガポール海峡経由での物流に依存してきた世界の企業は，サプライチェーンの見直しなどを迫られることとなる。

　なお，海峡・運河の閉鎖の影響については，通過貨物の価値だけでなく，閉鎖によって利用することとなる代替経路の長さ・輸送時間も影響する。マラッカ・シンガポール海峡の通過貨物の価値は高いが，閉鎖時の代替経路の輸送経路の増加では，表5-18のように，スエズ運河やパナマ運河経由のほうが長くなる。

　マラッカ・シンガポール海峡に通行障害が生じた際にインドネシアのスンダ海峡やロンボク海峡を迂回することによる海上輸送の遅れは2〜3日間であるが，アジアからの欧州コンテナ航路ではスエズ運河が航行不能になるとパナマ運河経由となり5日程度航海時間が増える。また，ペルシャ湾とオマーン湾の間にあるホルムズ海峡は，中東地域の原油などの輸送の要所であるが，海路では代替経路がなく，代替となるパイプラインの能力も限られていることから，航路閉鎖時の影響はさらに大きい。

② マラッカ・シンガポール海峡における航行遮断リスク対応

　海峡沿岸国であるシンガポール，マレーシア，インドネシアの3か国は，国連国際海事機関（IMO），日本をはじめとする航行船舶の旗国と協力してさまざまな航行安全対策を講じてきた。特に日本はマラッカ海峡協議会を通じて航行支援施設の提供を行ってきた歴史を有し，また，IMO は海峡航行船舶制御にかかる規則や情報通信システムの整備・強化，緊急対応体制の整備などに大きな役割を果たしてきた。

　しかしながら，マラッカ・シンガポール海峡を航行する船舶の旗国の多さや海

峡沿岸3国の領土主権，さらには，近年の海賊問題の発生やインドネシアでの森林火災の影響などの越境問題，テロの脅威の高まりなどの中で，下記のリスクガバナンスの欠如が指摘された。

- 海峡航路機能の維持に対するさまざまな脅威の認識や基本的な知見の保持，偏見，無知の排除，分析能力涵養などのリスクの発見，認識，分析上必要となる能力の不足。
- リスクマネジメント戦略の構築，リスク対応オプションの準備，費用便益分析などの技量不足，状況判断力および初動対応力並びに主たる当事者間の調整能力，機動的対処などのための組織力の低さ，リスク対応体制の速やかな構築，維持，協調などのための枠組みの不十分さ。

上記に鑑み，国際リスクガバナンス協議会と京都大学防災研究所の共同研究では，マラッカ・シンガポール海峡における航行遮断リスク対応のさらなる強化方策として，下記を提案している。

- リスクアセスメントを進めるうえでの共通の手法，ツール，手順の整備。
- 既存の協力体制をさらに強化する形での災害リスク管理の共同検討の実施。
- マラッカ・シンガポール海峡閉鎖時に備えた緊急共同対応計画の作成・準備。
- マラッカ・シンガポール海峡における諸活動に対する環境，社会，経済面でのインパクトに関する共同アセスメントの実施。
- 情報収集やアドバイスを行う専門家委員会の設立。

《参考文献》

1) 小林潔司・古市正彦『グローバルロジスティクスと貿易』ウェイツ，2017年
2)『商流ファイナンスに関するワークショップ報告書』日本銀行金融機構局金融高度化センター，2014年
3) 小野憲司ほか『事業継続のマネジメント』成山堂出版，2017年
4)『『タイ大洪水』に関する被災企業アンケート調査結果1の公表について』ジェトロバンコク事務所，2012年2月
5) 酒向浩二「深刻な洪水被害を受けた日系企業のタイ拠点」『みずほリサーチ December2011』pp.7-8，2011年
6) Sheffi Y.：Supply chain management under the threat of international terrorism, The International Journal of Logistics Management, Vol.12, Issue 2, pp.1-11, Emerald Insight, 2001.
7)「北米西岸港湾のロックアウト影響調査」国土交通省（（株）三井物産戦略研究所実施），2003

年 3 月 31 日

8）SITC Japan 公式サイト「上海，中国沿岸主要港の濃霧の影響について（2）」2018 年 4 月 2 日（www.sitc.co.jp/detail/13092）

9）NHK NEWS WEB「『戦争保険』の保険料引き上げ相次ぐタンカー攻撃事件受け」2019 年 7 月 2 日（https://www3.nhk.or.jp/news/html/20190702/k10011978321000.html）

10）「第 4 回商流ファイナンスに関するワークショップ資料」日本銀行金融機構局金融高度化センター，2013 年 11 月 22 日

11）「効率化送金へ世界連合」日本経済新聞，2017 年 3 月 31 日

12）森川夢佑斗子『ブロックチェーン入門』ベスト新書，2017 年

13）「フィンテック生活変える」日本経済新聞，2017 年 7 月 31 日

14）（株）日立製作所・（株）みずほフィナンシャルグループ・（株）みずほ銀行「日立とみずほがサプライチェーン領域におけるブロックチェーン技術の活用に関する共同実証を開始」プレスリリース，2017 年 9 月 21 日

15）（株）日立製作所「ブロックチェーンを活用した安定性の高い取引を支援する　Hitachi Block chain Service for Hyperlidger Fablic」ニュースリリース，2019 年 3 月 14 日

16）The Monetary Authority of Singapore（MAS）and the Hong Kong Monetary Authority（HKMA）joint press release on 15 November 2017.

17）勝保良介『ISO22301 徹底解説』オーム社，2016 年

18）小野憲司・赤倉康寛・角　浩美「大規模災害時の港湾機能継続マネジメント―BCP 作成の理論と実践」池田龍彦監修，（公社）日本港湾協会，2016 年

19）赤倉康寛・小野憲司「国際海峡・運河の封鎖が世界の海上物流に及ぼす影響の基礎的分析」『土木学会論文集 B3』第 75 巻第 2 号，pp.I_947-I_952，2019 年

20）Risk Governance of Maritime Global Critical Infrastructure : The example of the straits of Malacca and Singapore, International Risk Governance Council, Geneva, 2011.

21）日本郵船調査グループ「2018 Outlook for the Dry-Bulk and Crude-Oil Shipping Markets」日本海運集会所，2018 年

22）赤倉康寛「パナマ運河拡張後の米国―東アジア貨物流動に関する考察」『土木学会論文集 B3（海洋開発）』第 67 巻第 2 号，2011 年

23）米国エネルギー省情報局（EIA），WORLD OIL TRANSIT CHOKEPOINTS

24）Baldwin R., & Okubo T., Networked FDI : Sales and sourcing patterns of Japanese foreign affiliates, The World Economy, 37（8），pp.1051-1080, 2014.

25）清田耕造『拡大する直接投資と日本企業』NTT 出版，2015 年

26）Akakura Y., Sasaki T., Ono K. and Watanabe T. : An Assessment of the Impacts on the International Container Transport and the World Economy Resulting from the 2014/15 U.S.West Coast Port Disruption, IDRiM Journal, Vol.8, No.2, pp.1-21, 2018.

27）船瀬悠太，多々納裕一，土屋　哲「港湾の機能停止の国際経済への影響分析手法：空間的応用一般均衡アプローチ」『土木学会論文集 D3』第 67 巻第 5 号，pp.I_234-I_254，2011 年

28）Minor J. P. : Time as a Barrier to Trade : A GTAP Database of advalorem Trade Time Costs, Impact Econ, 2013.

第6章

アジアロジスティクスの
未来に向けて

　アジアを中心とするグローバルなサプライチェーン，アジアロジスティクスが，世界経済の強力な牽引車となりその発展を支えていくことに疑いの余地はないであろう。

　ただし，世界貿易やグローバルロジスティクスを取り巻く状況は大きく変化しており，今後どのように展開・発展していくのか，どのような対応をすべきかなどを検討しておく必要がある。

　例えば，経済連携が主要国・地域で進む一方で，米中の貿易戦争などによる貿易や生産拠点などの変化が今後どのように展開されるか，自動化や情報化などの進展でモノの輸送方法や輸送へのニーズ，取引に関わる情報や金銭のやりとりがどう変わるか，輸送効率化のためにコンテナ船の大型化やハブ港湾整備などはどこまで進むのか，わが国のインド太平洋構想や中国の一帯一路などとも相まってアセアンや南アジアなどの港湾インフラや輸送ルートがどのように変わるかなど，注視しておくべき事項は多く検討課題は盛りだくさんである。

　また，2011年の東日本大震災や2014〜2015年のロサンゼルス港などの米国西岸港湾の混乱での物流機能の麻痺などの経験から，事業継続計画（BCP）を策定し，ロジスティクスにおけるリダンダンシーの確保などへの対応も行っている企業も多い。ただし，輸送の効率化などに重点がおかれリスクへの備えが十分でない面もあり，また，想定していないようなリスク，極端事象への備えなどはむしろ今後の検討に待つ部分が多い。

　このような状況のもと本章では，アジアを中心に動いている世界経済，アジアロジスティクスが今後はどのように変わり，それに対してどのようなことを考え備えておくべきか，6−1では，貿易や産業構造などについて，6−2では海上輸送や港湾インフラについて，さらに6−3では，ロジスティクスに関わるリスクについて特に極端な事象がもたらすリスクについて述べる。

6−1 貿易・産業構造などの未来

（1） 将来の貿易額などの予測事例

　世界の貿易の見通し，輸送される貨物量が今後どのようになるかは，生産・輸送・保管・販売などのロジスティクスのさまざまな分野に関わる関係者にとっての関心事である。生産に関わる企業だけではなく，輸送に関わる船社・エアライン・物流関連業者，港湾や空港の管理運営者，さらには，貿易や産業，港湾をはじめとするインフラの政策などを行う各国の行政機関などにとっても重要な事項である。

　将来の世界の貿易がどのようになるか，主要な地域や国が今後どのように発展し貿易がどう展開するかについては，貿易額のほか貿易に大きく関わる経済成長率が，短期から中長期の見通しまでその予測期間は異なるがさまざまな機関から発表されている。その概要をとりまとめたのが表 6-1 である。

　経済がグローバル化している今日では，貿易は各国・世界の経済活動には不可欠であり，将来の貿易額を展望するにあたっては，経済成長が今後どのようになるか，GDP 成長率の見通しも重要な要素の1つであることから，表 6-1 にはそれも含めて示している。ちなみに，世界銀行のデータを元に，先進国の貿易額の伸び率と GDP の伸び率との関係をプロットして相関関係をみたのが図 6-1 であるが，世界全体で見た一例であるが，世界の貿易額と GDP 成長率との間に相関があることが見てとれる。

　表 6-1 に示すとおり，経済成長率については，日本や中国などをはじめ各国で今後の見通しを発表しているものがあるが，国際的な機関においても発表がなされている。それらの多くは 2〜3 年先までの見通しを示したものが多いが，中国の発展国務院研究センターと世界銀行が，2019 年 9 月に発表した「イノベーション中国」のように，2030 年や 2050 年までの経済成長率がどの程度となるかをとりまとめたものもある。

　貿易額に関しては，貿易額そのもの予測した国連の貿易開発会議（UNCTAD）や世界貿易機関（WTO）などの資料も見受けられるが，これも数年先程度の予測・見通しにとどまっている。日本の貿易額の予測に関しては，計量経済モデルなどの予測では，日経の NEEDS などは 2〜3 年先までの予測であるが，（一財）国際貿易投資研究所の JIDEA9 は，産業連関表をベースに 2030 年の予測まで行っているほか，日本経済研究センターでは，労働や資本，規制や制度，政治の安定，

表6-1 世界貿易などに関わる将来見通しの事例

項目	機関など	将来時点	概　要	備考（発表年など）
GDP成長率	経済協力開発機構（OECD）	1～2年先	世界の主要国の経済成長率（2019年世界3.7%，中国6.4%，インド7.4%等）	・2018/9/20にEconomic Outlookの発表
GDP成長率	世界銀行（World Bank）	1～3年先	世界全体，世界の主要国・地域の経済見通しを発表。世界の貿易量の伸びの見通しについても発表。	・2019/6/4に2019年～2021年の見込み「Global Economic Prospects」を発表
GDP成長率	国連 国際通貨基金（IMF）	1～2年先	4半期ごとにWorld Economic Outlookにて，主要国の経済成長率を発表。	・2019年4月や7月には，2019年，2020年の経済成長見通しが発表されている。
GDP成長率	アジア開発銀行（ADB）	1～2年先	「アジア経済の見通し」を毎年春に発表。アジア（45か国・地域）全体やアジア諸国の経済成長率を発表。	・出典：日本経済新聞 2019年9月25日
GDP成長率	中国国務院発展研究院・世界銀行	2050年	2050年までの中国の経済成長率を技術革新などの経済改革の有り無しで予測（適度な改革ケースでは，21～30年5.1%，31～40年2.9%，41～50年2.2%）	・2019/9/16「Inovation China」において発表（出典：日本経済新聞2019/9/18）
貿易額予測	国連 貿易開発会議（UNCTAD）	2023年	世界経済の成長率は2023年2.4%に減速の予測（米国発の貿易戦争の影響考慮）。	・2018年貿易開発報告書（2018年9月26日）による予測．（出典：日経新聞 2018/9/27）
貿易額予測	世界貿易機関（WTO）	2030年	主要地域，主要国の2030年までの貿易額を，デジタル化や貿易コストの影響なども踏まえて推計した結果などを公表。（2016年～2030年の貿易額の年成長率は，基本ケースで世界3.29%，中国6.62%，アセアン5.47%，米国2.40%，日本1.54%等の予測。デジタル化などが進むとさらに2%程度の増となる予測。）	・2018年10月3日発表の「世界貿易報告書（World Trade Report）2018」・2030年までの予測は，WTO世界モデルを用いて実施。・このほか，1年先の世界の貿易見通しなども毎年発表。
経済予測	NEEDS 日本経済モデル（日本経済新聞社）	2～3年後	・2～3年後の経済動向，景気予測などをするために開発された計量経済モデル。・消費・投資・貿易・生産などの相互依存関係を約250本の方程式で表現。	・出典「NEEDS日本経済モデル 40周年記念冊子」2014年
経済予測	（一財）国際貿易投資研究所	2030年	・JIDEA9モデル（日本産業連関動学モデル）で，2030年までの日本の産業・経済を予測。（2030年で輸出は△0.16%/年，輸入は△0.03%/年の予測）	・JIDEA9は，1995年～2013年までの産業連関表を基礎としたモデル。・出典「平成28年度JIDEA9モデルによる2030年までの日本経済予測（国際貿易投資研究所）」2017.3
経済予測	（公社）日本経済研究センター	2060年	・労働投入や資本ストックのほか，規制や制度の開放度，政治の安定性，ソフト・特許・研究などの無形資産への投資によって，生産性を推計し，潜在GDP（成長力）を算出。GDP規模や1人当たりGDPなどの長期予測。	・2019年6月17日「長期経済予測 第2次報告 要約：デジタル資本主義日本のチャンスと試練」

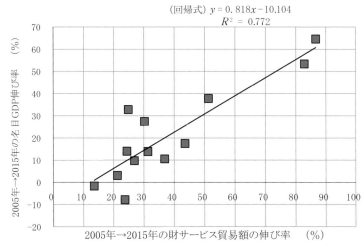

図 6-1　貿易額と GDP の伸び率の関連

無形資産への投資などをもとに生産性を推計し，2060 年の潜在 GDP を算出している。

　このほか，表 6-1 には掲載していないが，3 章で述べたとおり，国土交通省港湾局の将来の港湾貨物量予測では，貿易モデルを独自に開発し 10〜15 年先の貿易額，港湾貨物量の予測を実施している。また GTAP モデルを将来予測に活用し，将来時点の資本蓄積・技術の進歩率などを順次計算し将来値を算出する準動的な将来の貿易額予測例[1)2)]などもある。

（2）アジア諸国の経済・貿易の見通し

　チャイナプラスワンや，タイプラスワンなどが，アセアンや南アジア諸国の経済発展とも相まって進んできているが，今後ともそれらの国々がどのように発展し，アジアを中心とする貿易額や，アジア域内貿易やアジアと世界との貿易がどのように変化することとなるかを考える必要がある。

　アセアン諸国や南アジア，世界の主要地域などの近年の GDP 成長率や数年先の見通しを，国際通貨基金（IMF）の資料を元に整理したのが，表 6-2 である。

　近年の世界経済成長を牽引してきた中国も，かつての 10 % を超える伸びは落

表 6-2　各国の近年の GDP 成長率

		実　　績									見込み		
		2001年〜2010年	2011	2012	2013	2014	2015	2016	2017	2018	2019	2020	2024
世界		3.9%	4.3%	3.5%	3.5%	3.6%	3.4%	3.4%	3.8%	3.6%	3.3%	3.6%	3.7%
米国		1.7%	1.6%	2.2%	1.8%	2.5%	2.9%	1.6%	2.2%	2.9%	2.3%	1.9%	1.6%
欧州（Euro）		1.2%	1.6%	-0.9%	-0.2%	1.4%	2.1%	2.0%	2.4%	1.8%	1.3%	1.5%	1.4%
日本		0.6%	-0.1%	1.5%	2.0%	0.4%	1.2%	0.6%	1.9%	0.8%	1.0%	0.5%	0.5%
韓国		4.4%	3.7%	2.3%	2.9%	3.3%	2.8%	2.9%	3.1%	2.7%	2.6%	2.8%	2.9%
中国		10.5%	9.5%	7.9%	7.8%	7.3%	6.9%	6.7%	6.8%	6.6%	6.3%	6.1%	5.5%
アセアン	フィリピン	4.8%	3.7%	6.7%	7.1%	6.1%	6.1%	6.9%	6.7%	6.2%	6.5%	6.6%	6.8%
	タイ	4.6%	0.8%	7.2%	2.7%	1.0%	3.1%	3.4%	4.0%	4.1%	3.5%	3.5%	3.6%
	マレーシア	4.6%	5.3%	5.5%	4.7%	6.0%	5.1%	4.2%	5.9%	4.7%	4.7%	4.8%	4.8%
	インドネシア	5.4%	6.2%	6.0%	5.6%	5.0%	4.9%	5.0%	5.1%	5.2%	5.2%	5.2%	5.3%
	ベトナム	6.8%	6.2%	5.2%	5.4%	6.0%	6.7%	6.2%	6.8%	7.1%	6.5%	6.5%	6.5%
	カンボジア	8.0%	7.1%	7.3%	7.4%	7.1%	7.0%	6.9%	7.0%	7.3%	6.8%	6.7%	6.0%
	ミャンマー	10.7%	5.5%	6.5%	7.9%	8.2%	7.5%	5.2%	6.3%	6.7%	6.4%	6.6%	7.0%
	ラオス	7.2%	8.0%	7.8%	8.0%	7.6%	7.3%	7.0%	6.8%	6.5%	6.7%	6.8%	6.8%
	ブルネイ	1.4%	3.7%	0.9%	-2.1%	-2.5%	-0.4%	-2.5%	1.3%	-0.2%	4.8%	6.6%	2.2%
	シンガポール	5.8%	6.5%	4.3%	5.0%	4.1%	2.5%	2.8%	3.9%	3.2%	2.3%	2.4%	2.6%
南アジア	インド	7.5%	6.6%	5.5%	6.4%	7.4%	8.0%	8.2%	7.2%	7.1%	7.3%	7.5%	7.7%
	スリランカ	5.1%	8.4%	9.1%	3.4%	5.0%	5.0%	4.5%	3.3%	3.0%	3.5%	4.0%	4.8%
	パキスタン	4.5%	3.6%	3.8%	3.7%	4.1%	4.1%	4.6%	5.4%	5.2%	2.9%	2.8%	2.5%
アフリカ（サブサハラ）		5.9%	5.3%	4.7%	5.2%	5.1%	3.2%	1.4%	2.9%	3.0%	3.5%	3.7%	4.0%

資料：国際通貨基金 IMF「WORLD ECONOMIC OUTLOOK」2019 年 4 月を元に作成。

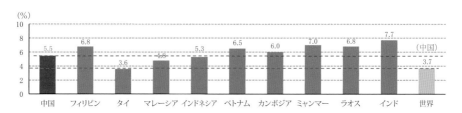

資料：国際通貨基金 IMF「WORLD ECONOMIC OUTLOOK」2019 年 4 月を元に作成。

図 6-2　2024 年のアジアの主要国の GDP 成長率

ち着き，最近の GDP 成長率は 7 ％を割り込んできている。それに代わり，アセアンや南アジアの開発途上国の経済成長が最近著しい。2024 年の主要国・地域の GDP 成長率の見通しを**図 6-2** に示すが，世界全体が 3.7 ％の成長見通し，米国 1.6 ％，欧州 1.4 ％，日本 0.5 ％の見通しのところ，アジア諸国では，中国が

依然 5.5 ％ と高いものの，フィリピン 6.8 ％，ベトナム 6.5 ％，カンボジア 6.0 ％，ミャンマー7.0 ％，ラオス 6.8 ％，インド 7.7 ％ など，中国を上回る成長率の国がアセアン諸国や南アジア諸国には多く見受けられる。

このように，アジアの開発途上国の経済が近年大きく成長をしており，また今後とも成長が期待されているため，アジアロジスティクスが世界経済に果たす役割は引き続き大きく，アジアの中でのロジスティクスの重心は，少しアセアンの方向に南下していくことが想定される。

アセアンや南アジア諸国は，今後どのように発展し，アジアロジスティクスはどう変化するのであろうか。それを考えるために，近年のアジアの賃金水準やアジア主要国の 1 人当たりの GDP などの推移をみてみよう。

まず，図 6-3 が，アジアの主要都市での 2008 年と 2018 年の製造業の正規雇用の一般の工員の月額賃金の比較をした調査データの概要を示したものである。中国の 3 都市の賃金は，瀋陽の賃金が上海や北京に比べると低いものの，3 都市ともこの 10 年で倍以上に跳ね上がっている。アセアン諸国や南アジア諸国の賃金水準についても，中国に比べればまだその水準は低い国が多いものの，ベトナム，インドネシアでは 2 倍以上の伸び，ミャンマーに至っては 10 倍にも伸びている。

チャイナプラスワン，タイプラスワンなど，アパレルや製造業などの工場が，中国からアセアン諸国などに展開していることを述べたが，その背景にある中国やアジア諸国の賃金上昇がみてとれる。ただ，アセアンや南アジア諸国の賃金水準は大きく伸びてきており，今後の経済成長で賃金水準のさらなる上昇が見込まれることから，アジアの製造拠点がさらにどう変化するのかなどを考えるうえでは重要な要素であることからも，将来動向などを注視しておく必要がある。

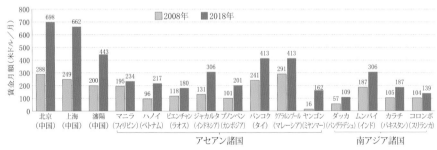

注）2008 年値のビエンチャンは 2012 年，プノンペンは 2010 年値。
資料：2018 年度アジア・オセアニア投資関連コスト比較調査（日本貿易振興会）などを元に作成。

図 6-3　アジア各国の賃金比較

また，表6-3および図6-4は，国際通貨基金（IMF）の資料を元にアジアの主要国などの1人当たりGDPの推移と，2024年の見通しを整理したものである。

中国は，2000年に1,000ドル／人程度であった1人当たりGDPが，2018年では9,580ドル／人に増大し，2024年の予測では，14,810ドル／人と，世界銀行の所得階層区分でいう上位中所得国からも抜け出す予定となっている。アセアン

表6-3　アジア主要国などの1人あたりGDPの推移

（単位：USドル／人）

		1990年	2000年	2010年	2018年	2024年 （見通し）
米国		23,850	36,320	48,400	62,870	76,250
欧州（EU）		16,600	18,390	33,980	36,710	42,810
日本		25,380	38,540	44,670	39,300	50,640
韓国		6,730	12,260	23,090	33,320	37,580
中国		349	959	4,520	9,580	14,810
アセアン	フィリピン	806	1,050	2,160	3,100	4,670
	タイ	1,570	2,030	5,170	7,450	10,260
	マレーシア	2,590	4,350	9,050	11,070	14,470
	インドネシア	771	870	3,180	3,870	5,670
	ベトナム	98	402	1,300	2,550	3,950
	カンボジア	100	300	782	1,500	2,260
	ミャンマー	－	196	800	1,300	1,880
	ラオス	414	323	1,200	2,570	3,860
	ブルネイ	15,420	20,510	35,440	30,670	30,410
	シンガポール	12,760	23,850	47,240	64,580	75,630
南アジア	インド	385	463	1,420	2,040	3,210
	スリランカ	546	1,030	2,810	4,100	5,320
	パキスタン	496	583	1,030	1,570	－
アフリカ （サブサハラ）		831	640	1,610	1,630	2,100

資料：国際通貨基金 IMF DATAMAPPER（https://www.imf.org/external/datamapper/）資料を元に作成。

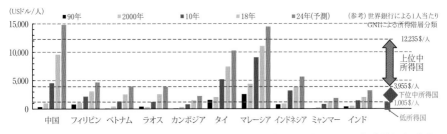

資料：国際通貨基金 IMF DATAMAPPER（https://www.imf.org/external/datamapper/）資料を元に作成。

図6-4　アジア主要国の1人当たりGDPの推移

や南アジアの国々をみると，ブルネイとシンガポールが，1990 年に既に 1 万ドル / 人を超えており，タイとマレーシアが 1,000〜4,000 ドル程度の下位中所得国といわれるゾーンにあるが，他の国は 1,000 ドル / 人を下回る低所得国となっている。その後，各国とも成長し，2018 年には，タイやマレーシアは，上位中所得国のエリアに，また他の国も，1,000〜4,000 ドル / 人程度の下位中所得国のエリアにはいってきている。今後の 2024 年の予測では，マレーシアが 14,470 ドル / 人で，中国とほぼ同程度となり上位中所得国から抜け出すほか，タイも 1 万ドル / 人を超える。またインドネシア，フィリピン，ベトナム，ラオス，スリランカでも 4,000〜6,000 ドル / 人のゾーンとなってくる。

このように，アセアンや南アジア諸国の 1 人当たり GDP は今後大きくなり，中国がかつての製造拠点から今や大消費地ともなっているように，これらのアセアンや南アジア地域諸国でも，生産地としての役割だけではなく，今後は大きな消費地としても成長することが期待され，アジア地域におけるロジスティクス，製品などの貿易も変わる可能性がある。

以上のように，アジアを中心とする経済発展が今後も見込まれ，アジアに関わる貿易額も今後益々増大し，グローバルサプライチェーンに果たす役割が大きくなることが見込まれる。表 6-1 に示した世界貿易機関（WTO）による 2030 年までの貿易額予測でも，中国やアセアンの貿易額の年平均の増加率は，世界全体や諸国に比べて成長するとされている。

アセアン地域の今後の成長により，さらに製造拠点が南アジアや他の地域に展開する可能性や，消費地としてのアセアン・南アジア地域の成長なども期待されることから，それらを踏まえたデータ収集や分析・予測などが必要となる。

（3）将来の貿易予測

将来の中長期の貿易予測は，インフラの整備や計画などだけではなく，世界や個別の国の将来経済の動向を考えるうえで非常に重要であるものの，TPP11 や RCEP といった経済連携が今後さらにどのように進むか，米中の貿易戦争のような世界の経済成長・貿易額にブレーキをかけるような動きが今後どのように想定されるか，各種の技術革新などにより現在のグローバルサプライチェーン・国際的な産業構造がどう変わるかなど，さまざまな要因が複雑に絡むため，その予測は非常に難しい。

10〜20 年先の予測となると，不確定要素も多く，世界の国々をとりまく政治

や経済情勢なども大きく変化している可能性も高いことから、そのような先を予測・展望できるのかという議論もある。

　ただ、港湾や道路といったインフラ整備を行うにあたっては、将来の需要予測は不可欠である。港湾では、船が着岸し貨物を安全に荷卸しするための岸壁（バース）や、船が安全に航行・荷役できるように必要な航路・泊地、防波堤などの整備も必要であり、水深－15m を超える海洋工事も多いことから、整備だけで数年以上かかるプロジェクトも多い。整備後に、施設が有効に使われるかを検討するには、少なくとも 10 年～20 年先の貨物量見通しは必要となる。

　ただし、上記 (1) でみたとおり、数年先までの貿易などであれば、多くの機関が見通しなどを公表しているが、10～20 年先や、さらにその先の予測となると事例も少ない。

　今後さらにアジアを中心とする貿易額がどのように伸び、どの国・地域間の海上輸送量などが増大するかを予測するには、まずは、将来の各国の経済成長や労働人口など社会経済情勢がどうなっているか、貨物需要へのニーズがどの程度見込まれるか、輸送の効率化や関税はどうなっているか、部品や製品などは自国で調達できるか他の国などからの調達となるかなど、社会経済情勢や産業構造、貿易を取り巻く状況などをよく勘案して、貿易額予測を行うこととなる。そして、その貿易額をもとに、海上貿易と航空輸送による貿易額の予測、貿易額から貨物量への変換、コンテナ貨物と非コンテナ貨物の区分などへとブレークダウンしていく。

　具体的には、貿易額の予測は、2 章の国際産業連関表や、3 章の貿易モデルなどを活用して行うこととなるが、中長期の予測となると、技術革新や開発途上国の経済発展の度合いなどをはじめ、現在とは大きく異なっている可能性もあり、これまでのトレンドなどを元に将来を想定して予測などを行うのでは十分でない場合がある。今後大きな変革が想定される部分については、中長期の予測では、その分野がどのようになるか、専門家へのヒアリングやその分野の動向などをよく分析し、将来シナリオの設定を行い予測に反映するなどのアプローチも必要となる。中長期の状況設定にあたっては複数のシナリオ設定し、多面的な予測、幅を持った予測を行うことも必要となってくる。

　表6-4 には、今後のアジアロジスティクス、アジアの貿易などに、今後大きな変化をもたらす可能性がある事項の例を示す。

表 6-4　将来の貿易に影響を及ぼす事項例

分　野	項　目	内　容
①産業構造変化	自動車を巡る動き	・CASE（コネクティッド，自動運転，シェアリング&サービス，電動化）の動向，MaaS の進展
②エネルギー構造変化	電力構成の将来動向	・再生エネルギー，火力，原子力などの電源構成 ・火力発電に関わる CO_2 削減技術の開発など
	エネルギー需要変化	・船舶の LNG 燃料などへの需要動向
③技術革新	シェールガス	・エネルギー採掘などの技術開発と調達先の変化など
	3D プリンター技術開発	・3D プリンターによる部品製造などの進展による貿易量や輸送への影響
④貿易形態	デジタル貿易の伸展	・インターネットなどが活用される越境 EC など，デジタル貿易が進展し航空貨物輸送，海上コンテナ輸送が拡大
⑤輸送ニーズへの対応	コールドチェーン	・アセアンの開発途上国などの冷蔵庫や電子レンジ普及などによる冷蔵・冷凍製品ニーズの拡大
	ハラル貿易	・イスラム圏の経済発展などによるハラル対応貿易などの拡大

①　産業構造変化など　〜CASE・MaaS〜

　グローバルサプライチェーンによりさまざまな製品が，他国で生産された部品などももとに生産されるようになっており，チャイナプラスワンからさらにはタイプラスワンなどと言われるように，アセアン諸国などとの水平分業がますます進んでいることは既に述べた。今後とも，どこの国から原材料・部品を仕入れて，どこの国で生産しどこで販売するかという動きが，大きく変わる可能性があり，国際的な産業連関構造などをよく注視しておく必要がある。

　例えば自動車産業について言えば，CASE 革命という言葉をよく耳にする。つながる Connected（コネクテッド），自動運転の Autonomous，カーシェアリングとサービスの Shared&Services，電気自動車 Electric Vehicle の頭文字をとったものであるが，この CASE の進展により，貿易構造が変わる可能性が大きいので，その動向をよく押さえる必要がある。

　電気自動車（EV）については，「インド EV 販売　30 年に 3 割」[3]，「フォルクスワーゲン車　2025 年に EV300 万台生産」[4]，「EV シフト加速迫る　新車の 1/3 を EV に」[5]など，EV の今後の動向に関わる新聞記事も多く飛び交っている。EV は，ガソリン車に比べると非常に部品数も少なく，ガソリン車が約 10 万点の部品を必要とするところが，その 1/2〜1/10 の部品数（1〜5 万点）で済むと言

われている。構造も単純なことから，大量生産すれば，かなり価格を安くできる可能性がある[6]。したがって，EV が安価に生産できれば，インドや中国，東南アジアなどの今後の自動車の普及と相まって，EV 市場が大きく成長し，その生産に関わる貿易も大きく変わり，現地での生産も増え貿易構造も大きく変化することが予想される。よって，主要国・地域の環境政策や EV などの目標，主要自動車メーカーの EV 生産計画や部品などの調達構造に関する分析などを含め，電気自動車（EV）シフトで貿易が拡大するのかどのようになるのかを検討する必要がある。

またカーシェアについても，新車販売台数は今後はあまり伸びない，新たに新車を購入するのではなくシェアをするというシェアエコノミーが進展するのではないかとの予測もあり，その動向にも注視が必要である。さらに言えば，カーシェアを含めて自動車や鉄道，バスなど，さまざまな移動手段のどれをどう使うのがよいかを検索・予約などができるサービス，MaaS（Mobility as a Service）が今後は進むことも想定され，この進展は自動車需要にも影響を及ぼす要因でありその動向もよく見極める必要がある。

② エネルギー構造変化

エネルギーに関して言えば，単に技術革新のみならず，地球温暖化への対応などで，再生エネルギーの導入などが進めば，エネルギー資源に関わる貿易が大きく変わる。例えば，日本でも，東日本大震災や地球温暖化対応などを受けて電源構成の見直しなどが検討されており，ベースロード電源（発電コストが低廉で安定的に発電可能：地熱・水力・原子力・石炭），ミドル電源（ベースロードの次に安価で機動的に出力調整可能：LNG，LPG ガス），ピーク電源（発電コストは高いが機動的に出力調整可：石油・揚水式水力），再生可能エネルギー（太陽光・風力）の各エネルギー源などについて，2030 年のエネルギー見通しも発表されている[7]。これらの計画なども踏まえて，発電に関わる貿易がどのようになるか，その動静をみる必要がある。なお，ベースロード電源の石炭火力は，LNG などに比べると CO_2 排出量などが多いが，発電単価が安いことから重要な電力源であり，また最近では，石炭ガス化発電技術（IGCC・IGFC）といった CO_2 排出量が従来の石炭火力に比べて少ない発電技術も開発されていることから，石炭の貿易量については，これらの技術開発の今後の動静も注視する必要がある。

発電だけにとどまらず，船舶においても，国際海事機関（IMO）による船舶か

らの排出ガスの規制強化などを背景に，近年では LNG による航行を行う船舶の建造も始まっており，それらの需要による LNG などの貿易変化などにも注視が必要である。

③ 技術革新　〜シェールガス，3D プリンター〜

エネルギー資源の採掘などでは，例えば，2000 年代後半に「シェール（Shale）と呼ばれる岩石の層に含まれている石油や天然ガスを採掘できる新技術開発により，経済的に見合ったコストで採掘ができるようになり，米国ではシェールから取れる天然ガス（シェールガス）を輸出ができるようになった。これまでわが国の天然ガスの主な輸入先は，オーストラリア，マレーシア，カタール，ロシア，インドネシアなどであることから，米国からの輸入が増えれば，貿易ルートなども大きく変わる可能性がある。新規に 2016 年に新パナマ運河が供用を開始したことで，より大型の LNG 船がパナマ運河を通過できることなったことも，貿易先（調達先）への変化において重要な要素となっている。

また，今後の普及で，製造業を変える可能性があると言われているのが 3D プリンターである。3D プリンターを使えば，金属の粉を材料として，航空機，自動車，発電などの複雑な構造の部品も容易に製造できる。既に，金属 3D プリンターでの部品製造の導入は進んでおり，ドイツの BMW 社では，電気自動車「i」シリーズに 3D プリンターで製造した部品が採用されている[8]ほか，日本の企業などでもその導入に向けての動きが活発である。

この 3D プリンターの普及が進むと，これまでは作業員の経験や技術が必要であったものが，設計図となる電子ファイルを 3D プリンターに読み込ませれば製造ができることから，少量多種の生産が容易になるほか，ひとつの 3D プリンターでさまざまな製品が作れ，既存のサプライチェーンが変わると言われている。ただ，一方では，3D プリンターは，大量生産する商品には，コストがかかり過ぎるのでまだまだ少量多種の生産に限定的との指摘もある[9]。

④ 貿易形態　〜デジタル貿易の進展〜

世界の貿易は，3 段階に分類できるといわれている[9]。第 1 段階が部品や製品などをよりコスト低減を目指して輸送する伝統的な貿易であり，第 2 段階が企業が国境を越えてグローバルにモノを調達し生産するグローバルバリューチェーン貿易，そして第 3 段階が，デジタル貿易である。

デジタル貿易の定義は世界的に統一されたものがないが，米国の国際貿易委員会（USITC）では，「製品やサービスの注文，生産，配送において，インターネットやインターネットをベースとした技術が特に重要な役割を担う貿易」と定義されている[9]。例えば，インターネットの物の売買や，オンラインでの海外のホテル予約，音楽配信サービス，ライドシェアなどが，デジタル貿易に相当するものとなる。デジタル貿易は，あらゆるモノがインターネットにつながるIoT，ビッグデータ，人工知能（AI），ロボットなどの技術革新がグローバルに進むことによって起こっている変革，第4次産業革命の進展によって，今後益々進展するのは確実であり，世界の電子商取引（越境EC）の市場規模は，2014年の2,360億ドル，利用者3億人が，2020年には9,940億ドル，利用者9億人になるとの推計もある[9]。

越境EC（電子商取引）の進展は，これまで輸出といえば大企業が中心に進められていたが，中小企業にもそのチャンスを与える。一般に商品を輸出して売ろうと思えば，どこで売るかという外国市場の情報の取得や，販路の確保，海外の顧客との交渉などに多くの費用（固定費）をかける必要がでてくるが，越境ECでは，インターネットを通じて商品の検索が可能であり，売り手と買い手をつなぐ費用が圧倒的に安く済むこととなり，中小企業でも輸出の機会を得ることができるようになり，今後の貿易額にも大きな影響を与える可能性がある[10]。

なお越境ECについては，企業から個人に直接送付するB2C（Business to Consumer）と呼ばれる輸送では，国際郵便やDHL，Fedex，UPSといった国際宅配便業者の利用となり，航空輸送が主となる。しかしながら，安定的な需要が見込まれかつ嵩張る貨物（例えばおむつ）は海上コンテナ輸送される可能性が高く，越境ECの拡大で，航空貨物のみならず，海上輸送貨物増も見込まれることとなる。

⑤ 輸送ニーズへの対応　～コールドチェーン・ハラル貿易～

上記（2）のとおり，アジア地域では開発途上国のさらなる成長により，貿易が増大し，電化製品やアパレルなどの原材料や製品などの貿易が増大することが見込まれるが，その輸送において温度管理などを必要とする冷蔵・冷凍関連の貿易も大きくなることが想定される。

アセアン主要国の冷蔵庫や電子レンジなどの普及率などの状況をみたのが，表6-5である。

表 6-5　アセアン主要国の経済・生活水準指標

	人口 （2016 年）	1 人当たり GDP （ドル／人） （2016 年）	冷蔵庫 普及率 （2013 年）	電子レンジ 普及率 （2013 年）	商店のモダン トレード率※ （2015 年）
インドネシア	2 億 5,871 万人	3,604	31.5%	3.2%	43.4%
マレーシア	3,163 万人	9,373	96.5%	28.3%	48.5%
フィリピン	1 億　324 万人	2,953	43.5%	6.6%	50.9%
タイ	6,898 万人	5,970	93.5%	40.0%	61.5%
ベトナム	9,269 万人	2,172	53.9%	19.0%	27.4%
シンガポール	561 万人	55,241	99.2%	69.2%	82.3%

※モダントレード率とは，温度管理が可能なコンビニ，百貨店，量販店などの近代的商店のシェア。
資料：国土交通省「ASEAN スマートコールドチェーン構想検討会」（第 3 回資料 1），2019 年 2 月 27 日
　　を元に作成。

　人口の多いインドネシア，フィリピン，ベトナムでは，冷蔵庫の普及率が低い
ほか，電子レンジについてもまだまだ普及が進んでいない。また，表中の商店の
モダントレード率とは，コンビニや百貨店などのように温度管理が可能な店舗形
態，すなわち近代化商店のシェアを表したものであるが，冷蔵庫や電子レンジな
どの普及がまだまだ進んでいないインドネシア，フィリピン，ベトナムではこの
率も低い。ただ，冷蔵庫普及率が 9 割を超えるマレーシアやタイでも，商店のモ
ダントレード率は 5〜6 割とあまり高くない。

　このような状況ではあるが，これらの国々は，前述のとおり今後の経済成長が
まだまだ見込まれ，1 人当たり GDP も増大が見込まれることから，冷蔵庫の普
及や電子レンジの普及が進み，冷蔵・冷凍食品などの温度管理が必要となる物資
の需要が増えることが期待される。

　なお，冷蔵・冷凍食品などの貿易においては，海上や陸上輸送，港湾や倉庫な
どでの積み替えなどのすべての場面で温度管理をきちんと行うロジスティクス，
すなわちコールドチェーンの役割が非常に大きくなる。

　海上コンテナを利用した貿易では，普通の温度管理などができないドライコン
テナと呼ばれるコンテナが通常は利用される。ただし，ドライコンテナでは温度
管理ができないため，例えば，アジアと欧州の海上コンテナ輸送や，アセアン域
内のコンテナ輸送では，赤道付近や亜熱帯地域などの航行もあるため，コンテナ
内部の温度が非常に高くなることもある。このため，通例はリーファーコンテナ
と呼ばれる温度管理が可能なコンテナで，海上輸送されるほか，船から積み卸し

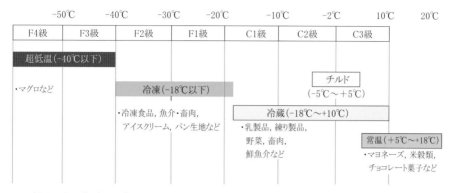

※F級はフリーザー級，C級はクーラー級。
資料：(一財) 日本冷蔵倉庫協会資料を元に作成。

図6-5　輸送における温度区分など

された後に通関や検疫などのために港湾のコンテナターミナルなどに蔵置される際にも，電源プラグが接続され温度管理がなされている。さらに，港湾から背後地域へのトレーラーなどでの輸送時にも，リーファーコンテナは温度管理されて輸送される。

　管理される温度は，対象とする品物により異なり，一般的には図6-5に示すような温度区分がなされている。輸送において，きちんと温度管理ができているかどうかは，コールドチェーンには，非常に重要な要素であり，実際には，コンテナ内にセンサーをつけるなどの対応もとられている。センサーにはさまざまなタイプがあり，一定の温度を超えるなどすると色が変わる簡易なインジケータータイプ，一定時間間隔でデータを記録するセンサーロガー，リアルタイムでその状況をモニターするタイプの主に3つがある。温度だけにとどまらず，湿度や衝撃（加速度）などいろいろなデータをとれるセンサーが今では開発されている。

　情報化が進展し，貨物の位置や輸送状況などを把握するトレーサビリティが今後はロジスティクスの分野でも大きく進展することが見込まれる。また，アセアンや南アジア諸国においては，コールドチェーン貿易も含め今後大きな貿易の伸びが期待されるが，現状ではコールドチェーン対応のインフラや輸送体制は十分とは言えない状況にある。

　コールドチェーン貿易の進展により，国内輸送や海上輸送，積み替えなど，一貫した輸送での温度管理が必要となり，そのためのインフラ整備や設備投資なども必要となることから，今後どの程度の需要が見込まれるか，またコールド

チェーン貿易の拡大に対応して，きちんとしたハードやソフト面での対応ができるかなどについての検討が必要となる。

　コールドチェーンと同様に，今後の増大が見込まれるものに，イスラム法において合法的なもののことをいう「ハラル」に関わる食品・化粧品・医薬品などの貿易がある。なお，「ハラル」に対して，豚やアルコールなどに代表されるイスラム法において非合法なもののことを「ハラーム」いう。

　世界の人口の 1/4 はイスラム教徒であるムスリムであり，インドネシア約 2 億人，パキスタンとインドがそれぞれ約 1.8 億人，バングラデシュ約 1.5 億人，マレーシア約 1,700 万人[11]など，アジアの国々にムスリムが多い。これらの国々との食品・化粧品・医薬品などをはじめとする輸送が今後増大すれば，コールドチェーンとともに，ハラル対応の貿易，ハラルロジスティクスが増大する可能性が高い。

　ハラル貿易では，ハラル対応の製造がなされている商品か，またその輸送などにおいてもハラル対応かなど，輸出側と輸入側の双方の国で，認証機関でのハラル認証が必要となる。例えばマレーシアの認証機関は，国家認証機関であるマレーシアイスラム開発局（JAKIM：ジャキム）のみであり，マレーシア国内ではJAKIM のハラル認証が不可欠となる。このマレーシアと日本との貿易を行うのであれば，日本側においても，マレーシア側が相互認証団体として認めている日本の団体の認証が必要となる。現在日本では，7 団体（日本ムスリム協会，日本ハラール協会，日本ハラールユニット協会，日本イスラーム文化センター，ムスリム・プロフェッショナル・ジャパン協会，日本アジアハラール協会，ジャパン・ハラールファンデーション協会）が JAKIM の相互認証を受けている（図 6-6）。日本のほか，JAKIM の相互認証は 40 を超える国で行われており，その機関も 80 を超えている。

　なお，マレーシアの相互認証は以前は JAKIM が行っていたが，現在では，JAKIM が承認提携している 42 か国 69 団体から構成される国際ハラール機関委員会（IHAB）が，世界中のハラール認証機関における認証発行プロセスを行うこととなっている。

　以上の①から⑤などをはじめ，今後のさまざまな分野でどのようなことが起こりそうかを十分に考慮のうえ，将来の産業構造がどうなるか，グローバルサプライチェーンがどう変化するかを見据え，将来の貿易予測を行う必要がある。

注）日本の上記のハラル認証機関は，マレーシア政府のJAKIMによる相互認証を
受けている7機関のみを示している。（2019年11月現在）

資料：マレーシア政府ハラルポータルサイト（http://www.halal.gov.my/v4/）の「THE RECOGNISED
FOREIGN HALAL CERTIFICATION BODIES & AUTHORITIES As at December 10th ,
2019（マレーシアイスラム開発局（JAKIM））」を元に作成。

図6-6　マレーシアのハラル認証機関とわが国のハラル認証機関例

　予測にあたっては，貿易モデルの高度化・開発などと併せて，国際産業連関表
がまだ整備されていないアジア諸国もあることから，アジアのそれらの国を含め
た国際産業連関表の整備や，さらには将来の産業構造変化やバリューチェーンが
どうなるのか，国際産業連関表を活用した将来推計・予測なども重要な課題となる。

6－2 | 海上輸送・港湾インフラの未来に向けて

　将来の貿易・産業構造変化などにより，アジアを中心とした海上輸送や港湾を
取り巻く状況がどうなるか，また何にどう対応していくべきかなどについてここ
では考える。

（1）海上輸送の貨物量などの将来推計例

　6－1で述べたように，将来の産業構造や貿易の変化，グローバルロジスティ
クスを取り巻く環境の変化で，わが国をはじめとするアジア諸国の貿易状況は今
後も変化することが想定されることから，貿易構造・産業構造がどのようになるか，

航空機，コンテナ船，フェリー，RORO船などによる輸送がどのようになるかをよく見極めたうえで，将来の海上輸送貨物量の動向なども考える必要がある。

　貿易額などと同様に，海運や航空の貨物量，輸送に関わる船舶や航空機需要などについても，短期予測から中長期の見通しまでその予測期間も異なるが，さまざまな機関が各種の将来見通しを発表している。その概要が**表6-6**である。

　海運の輸送量については，世界の海上輸送量を2040年まで推計した経済協力開発機構（OECD）の資料や，英国の海事コンサルタントのDrewry社の2022年までの世界の港湾のコンテナ貨物量予測などがある。

　経済協力開発機構の資料では，2020〜2029年はコンテナ輸送4.0％/年，バルク輸送3.9％/年，2030〜2040年はコンテナ貨物3.3％/年，バルク輸送3.2％/年など，コンテナ・バルク貨物・オイルなどの区分で海上輸送量が予測されているが，世界の地域区分などが明らかとなっていない。また，英国の民間コンサル会社であるDrewry社のコンテナの港湾取扱量予測では，地域別に予測が示されているが，積み替え貨物をどのように想定して予測したかなどの詳細な方法は記載がないほか，予測も数年先と中長期の港湾インフラのあり方などを考えるには予測期間が少し短い。

表6-6　海上・航空貨物の展望

項目	機関など	将来時点	概　要	備考（発表年など）
海運貨物量	経済協力開発機構（OECD）	2040年	・世界の海運市場について，コンテナ，バルクなどをマクロに2040年まで推計。（コンテナは2020年代は4.0%/年，2030年代は3.3%/年の伸び，バルクは2020年代3.9%/年，2030年代3.2%/年の伸び）	・出典「The Ocean Economy in 2030」OECD, 2016
	Drewry社（英国）	2022年	・世界コンテナ港湾の取扱量を，2022年までに年平均6%成長と予測。	・海事新聞2018年8月6日記事より
航空貨物量	国際航空運送協会（IATA）	2022年	・2018年〜2022年で年平均4.9%で伸びると予測。	・出典「民間航空機に関する市場予測2018−2037」2018.3（日本航空機開発協会）
	エアバス社	2038年	・2019〜2038年で貨物量が年平均3.6%で増加し，航空機需要が今後20年で新造貨物機855機，貨物改造型1,631機などと予測。	・「Global Market Forecast 2019−2038」（出典：日刊カーゴ　2019年9月20日）
	ボーイング社	2037年	・2017年〜2037年で3.7〜4.7%/年で航空貨物が伸びるとの予測。（有償貨物トンキロRTKベース）※2007−2017年の実績は2.6%/年	・出典「World Air Cargo Forecast 2018−2037」，Boeing

　サプライチェーンにおいて，海運と同様に軽薄短小で高価な貨物輸送上の重要な役割も担う航空貨物に関しては，国際航空運送協会（IATA），エアバス社，ボーイング社が行った推計がある。エアバス社やボーイング社では，20年先の2038年ごろまでの航空貨物需要などの予測をしており，それに伴いどの程度の航空機需要があるかなどを推計している。ただし，航空貨物需要をターゲットにしていることから，全体の貿易額や貿易量，海運との機関分担の推計などはなされていないのが現状である。

（2）海上輸送・港湾インフラの展望・課題

　6-1で述べた貿易の今後の増加に対応して，海上輸送貨物量がどうなるか，それに対応した輸送船舶や海上輸送ネットワーク，さらには対応する港湾インフラについては，どのように対応するかという検討が必要である。そのようななかで，今後の海上輸送や港湾インフラについて，どのような事項について分析し検討をすべきか，その主要な項目例を表6-7に示す。

表6-7　海上輸送・港湾インフラで今後対応が必要となる事項例

項　目	項　目	内　　容
①海上輸送ニーズへの対応	世界の海上輸送需要の動向に対応した港湾インフラへの対応	・アセアンや南アジアなどの開発途上国の今後の発展などで，アジア域内や世界とのロジスティクスがどのように変化し，港湾インフラへのニーズなどがどう変わるか。
	フェリーや航空機などとの連携・分担などの変化	・CAコンテナなどの導入により，青果物などの輸送の拡大や，コンテナ輸送へのニーズがどう変化するか。 ・輸送ニーズの変化などにより，国際フェリー・RORO船輸送がアジアでどのように進むか。
②輸送の効率化などへの対応	船の大型化の動向や投入サービスの変化	・超大型コンテナ船の導入などが，どこまで進展し，航路ネットワークがどのように変化するか。チョークポイント通過等はどう変わるか。 ・超大型船に対応した港湾インフラ（バース，クレーン，ヤード，ゲートなど）はどのようになるか。 ・アジアと欧州との鉄道による輸送，北極海航路などがどのように今後進むか。
③自動化・情報化などへの対応	船の航行，港湾での荷役，陸上輸送での自動化による変化	・船の自動航行や自動着岸，港湾での荷役作業の自動化，無人連結トラックなどの進展に，どう対応していくか。
	情報化の進展で，貨物のトレーサビリティなどの進展による変化	・貨物のトレーサビリティなどの進展により，サプライチェーンがどう変化し，どのような対応が必要となるか。

① 海上輸送ニーズへの対応

6-1 でも述べたとおり，今後インドやカンボジア，ミャンマーなどのアセアンや南アジアさらにはアフリカ諸国が経済発展し，それらの地域との貿易の成長が見込まれることから，海上輸送についてもそれらの国・地域との輸送が拡大することが期待される。将来の貿易額予測などをもとに，世界の主要な国・地域間の海上輸送量や海上コンテナ輸送量などがどの程度見込まれるか，よく見極める必要がある。

特に，現在の世界の海上コンテナ輸送においても，アジア地域は非常に大きなウェイトを占めており，アジア地域に関わる輸送は，図 1-10 に示したとおり世界全体の 7 割を超えるまでになっている。

4 章でみたように，世界のコンテナ船のうち，長距離で需要量の多いアジアと欧州の間に巨大コンテナ船が多く投入されていることからも，アジアを中心とするコンテナ需要や，それに伴う海上ネットワークへの変化，大水深ターミナルの整備の必要性や規模などについては，よく検討する必要がある。

また輸送技術も進歩しており，青果物などの鮮度保持を可能とする CA（Controlled Atmosphere）コンテナにより，これまで航空輸送しか考えられなかったような農作物や青果物などの輸送が，アジア地域とであれば輸送可能となってきている。わが国では，アジア諸国などへの農水産物などの輸出拡大を推進しているが，アジア域内において，この CA コンテナによる貿易拡大などがどの程度見込まれるかなどの検討も必要となる。

なお，CA コンテナは，青果物は酸素を吸収する呼吸により熟成が促進されて鮮度が落ちることから，コンテナ内部の空気組成を青果物の呼吸作用をおさえる組成（酸素濃度を下げて窒素を充満するなど）に保ち輸送することで，新鮮なまま海外にまで輸送するというものである。空気組成（酸素・二酸化炭素）を計測するセンサーや，窒素ガスなどのコントロールをするコンテナ用の装置も開発されており，大気中の約 2 割を占める酸素の調整が輸送中も可能となっている[12]。

② 輸送の効率化などへの対応

コンテナ船については，1 章の図 1-11 に示したとおり，コンテナ輸送が 1960年代後半に始まって以降半世紀が経過したが，当初の数百個積みのコンテナ船が，1980 年代には旧パナマ運河を通行できる最大船型であるパナマックスと呼ばれた 4 千 5 百 TEU 程度の大きさの船になり，また 1980 年代後半にはパナマ運河

を通過できない 5 千 TEU 積みクラスの船が，さらに 1990 年代後半には，6 千 TEU 積みを超える船が登場するなど，貨物量の増大とともにどんどん大型化した。2000 年代に入っても，世界の貿易の拡大や貨物輸送の効率化などのための船舶大型化が進み，2016 年に新たに開通した新パナマ運河を通行できる船舶であるネオパナマックス，さらに新パナマ運河も通行できない大型コンテナ船の建造などがどんどん進んでいる。最近では，2 万 TEU を超える積載能力のコンテナ船も多く建造されている状況である。

　2 万 TEU を超えるコンテナ船や，ネオパナマックス船，パナマックス船の船の諸元例を**表 6-8** に示す。船が航行する場合や，港で停泊する場合にも，船の喫水に加えて余裕水深を喫水の 1 割程度を見込むことが求められるため，2 万 TEU を超えるコンテナ船が満載に近い形で寄港するとなると，コンテナ船が係留される岸壁（バース）はもちろんのこと，航路や泊地の水深も-18 m クラスの港湾が必要となる。

　このような状況であるが，この先のコンテナ船の大型化については，現在建造中や建造予定のものについては，その船型クラスや就航予定時期などがわかるものの，例えば 2 万 3 千 TEU クラスが 2021 年までに 32 隻就航予定[13] というよ

表 6-8　コンテナ船の船型の諸元例（超大型船・ネオパナマックスなど）

区分など	船名	就航年	船社	積載能力 （TEU）	船長 (m)	船幅 (m)	喫水 (m)	備　考
2 万 TEU 以上	MSC Gulsun	2019	MSC（スイス）	23,756	399.9	61.5	16.5	世界最大積載能力（2019 年 10 月現在）。満載ではスエズ運河航行制限の -16.3 m を超す。
	OOCL Indonesia	2018	OOCL（香港）	21,413	399.9	58.8	16.0	スエズ運河は満載でも航行可能。パナマ運河は第 3 閘門も航行不可。
	MOL Truth	2017	ONE（日本）	20,150	400.0	58.5	16.0	
ネオパナマックス	COSCO Denmark	2014	COSCO（中国）	13,360	366.0	51.0	14.5	2018 年 6 月のパナマ運河航行幅の緩和（49m → 51.25m）で第 3 閘門が航行可能な船型。
	NYK Crane	2016	ONE（日本）	14,000	364.0	51.0	15.0	
	Hyundai Dream	2014	現代（韓国）	13,050	365.5	48.0	14.0	2016 年 6 月供用のパナマ運河第 3 閘門航行可能。 ※第 3 閘門航行可能最大船型船長 366 m×船幅 49 m×喫水 15.2 m
パナマックス	Tian Kang He	2010	COSCO（中国）	5,089	294.0	32.0	12.0	パナマ運河（第 1，第 2 閘門）が航行可能。 ※第 1，第 2 閘門の航行可能最大船型　船長 294 m×船幅 32.3 m×喫水 12.0 m
	OOCL Montreal	2003	OOCL（香港）	4,402	294.0	32.0	10.8	

資料：Clarkson Research Services Limited 2017 及び 2019 などを元に作成。

うにせいぜい2〜3年先までの建造計画が把握できる程度である。

このような船の大型化は，果たしてどこまで続くのであろうか。かつて，1990年代後半に6千TEUを超えるマースクのコンテナ船が就航した際に，もうこれ以上は大型化は難しいのではないか，一定以上の航行スピードが求められるコンテナ船では，船型が1万とか1万2千TEUなどとなると，1軸のプロペラを2軸にする必要がでてくるので，船舶の建造費が高くなり非効率となるなどの議論が交わされていた。ただ，実際のところは，技術進歩が進み，2006〜2008年にかけて竣工したマースクのEクラスと呼ばれる1万8千TEUクラスや，2013年〜2015年にかけて竣工したマースクのトリプルEと呼ばれる1万8千TEUクラスの船では，2軸のプロペラではあるものの，日本の船社グループONEが運航する2万TEUクラスのコンテナ船や，**表6-8**に示したMSCの世界最大級の2万3千TEU船は，スクリューは1軸で運航されている。

抵抗を減らす塗料やスクリュー開発など，技術革新が進んでおり，大型コンテナ船の建造技術も進歩しており，まだまだ大型船の建造は可能かもしれないが，どこまで大型化するのか，少し長期のコンテナ船の大型化の動向や，見通しなどについて述べたものはほとんど見当たらない。

2万5千TEUクラス程度の船は今後の需要次第ではあるが，近い将来には建造されるのではないかとの見通し[14]もある。さらにその先，3万TEUや4万TEUの船が出現するかというと，コンテナ船建造ための投資が巨額にのぼることや，受け入れる港湾のインフラ，スエズ運河・マラッカ海峡などの通航問題など多くの懸念も寄せられている。また，大型化すれば，2港湾間の輸送は効率的となるものの，寄港先の港湾では寄港に要する費用に見合うだけの多量の貨物を積み卸しする必要があり，ガントリークレーンの大型化や，コンテナを蔵置する広いヤードに多大な費用がかかるため，決して効率的なものにならないのではないかとの報告[15]もある。

コンテナ船は週1回寄港のウィークリーサービスが基本で，そのためには，何週間で寄港先の港湾を周回（ループ）できるかが，航路編成上は投入するコンテナ船の隻数にも関わるので重要となる。ループの航行に10週間を要するならば10隻のコンテナ船が必要となるが，通常1隻100億円以上，超巨大船になると200億円近いコンテナ船の建造費がかかり，巨額の費用がかかることから，超巨大船によるコンテナ輸送が本当に効率的かをよく見極める必要がある。巨大船が就航するとなると，寄港地での荷役作業に時間がかかり，大型船寄港に対応する

ための航路や泊地の水深確保，大型の岸壁やガントリークレーンの整備など，港湾の設備が整っているか，投資にみあった収益が得られるだけの貨物需要があり，寄港先の港湾で集荷が可能かなど，さまざまな課題がある。さらにアジアロジスティクスの進展が著しく進み貨物需要も鰻登りであった 2000 年代初頭などと比べると，中国やアジアの経済発展も一段落し，船社の航路ネットワーク形成やコンテナ船の投入戦略などが今後どうなっていくかにについても，よく検討する必要がある。

　一方で，コンテナ船の大型化や，今後とも増大するであろう海上コンテナ輸送を見込んで，大規模なハブ港湾の計画・整備が一部のアジア諸国ではまだ続いている。その例が，表 6-9 に示すシンガポール港と釜山新港の例である。

　シンガポール港では，シティ地区のコンテナターミナルの廃止や，コンテナ

表 6-9　シンガポール港トゥアス地区と釜山第 2 新港の概要

港湾	地区 / フェイズ		整備 / 計画	バース数	備　　考
シンガポール港	トゥアス地区	1 期	整備中	21B	全体計画 6,500 万 TEU 水深は -23m
		2 期	整備中	21B	
		3～4 期	計画	―	
釜山新港	第 2 新港	1 期	計画	3 B	2 万 5 千 TEU クラスのコンテナ船を想定し水深は -23m まで対応可能。左記のほか，フィーダーバース計画が 3 期に 1 バース，4 期に 3 バースあり，第 2 新港全体では 21 バースの計画。
		2 期	計画	6 B	
		3 期	計画	5 B	
		4 期	計画	3 B	

資料：シンガポール海事港湾庁（MPA）の WEB サイト（https：//www.mpa.gov.sg），「第 2 次新港湾建設基本計画の策定，未来を描く」（韓国海洋水産部，2019 年 8 月 1 日）などを元に作成。

（トゥアス地区コンテナターミナル）

資料：PSA の WEB サイト（https://www.singaporepsa.com/our-business/）などを元に作成。

図 6-7　シンガポール港トゥアス地区コンテナターミナル位置図と完成予想図

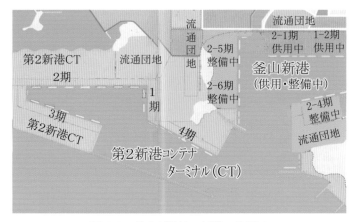

図 6-8　釜山新港第 2 新港の位置図

ターミナルの集約などを図り効率性をあげるために，2015 年から，パシルパン
ジャン地区のさらに西のトゥアス（Tuas）地区で，取扱能力 6,500 万 TEU の大
規模なコンテナターミナルの整備が水深 –23 m で進められている（図 6-7）。

　釜山港では，2019 年 8 月に韓国海洋水産部が策定した新港建設計画において，
さらに 17 のコンテナバースなどからなる第 2 新港計画が策定され，その水深は
最大 –23 m までの増深も想定したものとなっている（図 6-8）。

　また，さらなる超大型船の登場は，世界の海上輸送の運河や地峡などのチョー
クポイントを通過できるのかという問題もある。これまでも貨物輸送需要が多く
航行距離も長いアジア－欧州航路に多くの超大型コンテナ船が投入されてきたこ
とを考えると，これらの超大型コンテナ船がスエズ運河やマラッカ海峡などを通
過できるかという問題がでてくる。

　世界の海上交通のチョークポイントとしては，5 章で述べたとおりスエズ運河，
パナマ運河，マラッカ海峡が交通量も多く重要なほか，ジャワ島東側のスンダ海
峡についても，マラッカ海峡が通過できない場合の代替経路としてよく引き合い
にだされる。これらのチョークポイントについても，航行可能な船舶に一定の制
約がかかるため，船舶の大型化がどこまで進むかについては，それらの船舶がど
の国・地域に投入されるかによっても，変わってくることとなる。各チョークポ
イントの概要と航行可能船をとりまとめたものを表 6-10 に示す。

　スエズ運河は，エジプトの北東部に位置する地中海と紅海・インド洋を結ぶア

表6-10　各チョークポイントの概要と航行最大船舶など

		航路や運河などの状況	航行可能船舶
スエズ運河		水深 -24 m（幅 121 m）	船幅 50 m，喫水 20.1 m 2 万 3 千 TEU クラスコンテナ船 （幅 61.5 m，喫水 16.3 m）
パナマ運河	第3閘門	長さ 427 m，幅 55 m，水深 -18.3 m	船長 366 m，喫水 15.2 m，船幅 49 m （→ 51 m に緩和）（ネオパナマックス船）
	第1・第2閘門	長さ 305 m，幅 33.5 m，水深 -12.6 m	船長 294 m，喫水 12.6 m，船幅 32.2 m （パナマックス船）
マラッカ海峡		水深 -23 m 程度	潮位差 2 m 等を利用し喫水 20 m 程度の船舶が航行可能 （余裕水深 3.5 m が推奨されている）
ロンボク海峡（バリ島東）		水深は深く，航路幅も広い	航行船舶の制限は特になし

ジアと欧州との海上輸送にとっての交通の要衝であり，その歴史も古く 1869 年の開通にさかのぼる。その後 1956 年にエジプトがスエズ運河を国有化し，現在ではスエズ運河庁（Suez Canal Authority）が管理運営を行っている。開通時は，水深 -8 m・航行可能喫水は 6.7 m で 5,000 DWT クラスの船が航行できる程度であったが，1970 年代には日本の ODA 供与や日本企業の工事参加などのもとで，運河の増深・拡幅が行われた。

　2014 年 8 月に開始された拡張工事では，わずか 1 年で，35 km 区間の複線化のための新たな運河建設と既存運河 37 km の増深が行われ，これまで片側通行であった航行が解消され，すれ違いによる待ち時間（約 8〜10 時間）が解消されることとなっている[16]。

　スエズ運河の断面の変遷などは，スエズ運河庁の WEB サイトに掲載があり，2010 年以降の断面図は，図6-9 のとおり，水深 -24 m，幅は最深部で 121 m などとなっており，最大喫水は 66 ft（-20.1 m）の船まで，最大船幅は，254 ft（77.5 m）の船まで航行可能となっている。ただし，最大水深 -20.1 m の喫水で航行できる船の船幅は 164 ft（50 m）に制限されているほか，最大船幅 77.5 m で航行できる船の喫水は 30 ft（9.1 m）が上限となっている。これは，スエズ運河庁のナビゲーションルールの WEB サイトに対応表[17]なども掲載されているとおり，航行できる船舶の喫水とそれに対応した最大の航行可能船幅が規定されていることによる。

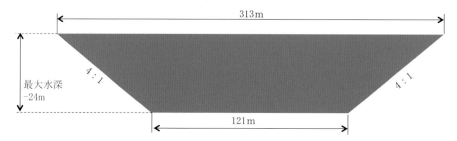

注：2010 年の断面図。航行可能船舶の最大喫水は 66ft（20.1m）。
資料：スエズ運河庁資料（ https://www.suezcanal.gov.eg/English/About/SuezCanal/ ）を元に作成。

図 6-9　スエズ運河の断面図（2010 年）

　表 6-8 に示したコンテナ船の代表的な船型のうち，2016 年に完成したスエズ
運河第 3 閘門を通過できる最大船型（ネオパナマックス）は，水深や船幅からみ
てスエズ運河を問題なく航行ができる。2 万 TEU〜2 万 2 千 TEU クラスの船
についても船幅が 59 m 弱であり，スエズ運河庁のナビゲーションルールでは最
大喫水 17.1 m までが許容されることから，満載でも航行が可能である。一方，2
万 3 千 TEU クラスのコンテナ船は，船幅が 61.5 m であり，航行ルール上許容
される最大喫水は 16.3 m であることから，喫水が 20 cm 程度許容値を上回る。
ただし，実際のコンテナ船には，貨物の入っていない空コンテナも積載されてい
るため，満載喫水での航行例は少なく，表 6-8 に記載している MSC Gulsun 号
も 2019 年 8 月 9 日にスエズ運河を喫水 16 m で初めて航行したとスエズ運河庁
は報じている。

　上記のように，スエズ運河では，現在の 2 万 3 千 TEU クラスのコンテナ船で
あれば制約なく航行できるものの，今後これより大型のコンテナ船が登場し，喫
水あるいは船幅が増えることとなると，航行に制限が及ぶおそれがある。

　パナマ運河は，パナマの太平洋側と大西洋側の船の通行を，閘門方式で水位差
を解消し，途中の海抜約 26 m の人工湖であるガツゥン湖を通じて結ぶ運河である。
1914 年に開通した運河は，1999 年末にはアメリカからパナマに返還され，パナ
マ運河庁がその管理運営を行っている。

　従来の第 1・第 2 閘門と呼ばれる運河は，通行できる船舶が長さ 294 m，幅
32.3 m のいわゆるパナマックス船までであったが，2007 年から新しい第 3 閘門
の整備が進められ，2016 年 6 月下旬には，長さ 366 m，船幅 49 m のネオパナマッ
クス船の航行が可能となった。その後，2018 年 6 月からは，閘門を通過できる

表6-11　パナマ運河の間門諸元と通航可能船舶の大きさ

	閘門の閘室（m）			通航可能船舶（m）			備　考
	長さ	幅	深さ	船長	船幅	喫水	
第1閘門 ・第2閘門	305	33.5	12.6	294	32.3	12.0	通航可能船舶がパナマックスと呼ばれる。
第3閘門	427	55.0	18.3	366	51.25	15.2	通航可能船舶がネオパナマックスと呼ばれる。通航可能幅は49mであったが2018年6月から51.25mに緩和となった。

資料：国土交通省港湾局資料，パナマ運河庁資料などを元に作成。

船舶の幅が緩和され，船幅51.25 m（168.14 ft）までの船舶が航行可能となっている（表6-11）。

　マレー半島とスマトラ島の間のマラッカ海峡は，水深は -23 m 程度あるが，国際海事機関（IMO）では余裕水深として3.5 mを確保することを推奨している。したがって，喫水が20 mを超える船は，潮位差が2 m以上ある際に通過するなどの制約を受ける。

　東アジアと中東などとの間の航路について，マラッカ海峡を通航しない代替経路としては，ジャワ島の西側のスンダ海峡と，バリ島の東側のロンボク海峡がある。スンダ海峡は水路の幅はあまり広くなく，浅瀬もあるので，大型船の航行には向かない。ロンボク海峡は水深も深く，水路幅も十分あることから，大型船の航行が可能ではあるが，中東方面から日本へ向かう大型船がマラッカ海峡を迂回

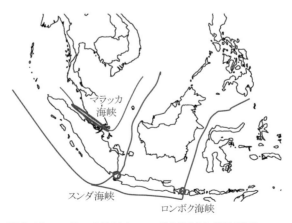

図6-10　マラッカ海峡とロンボク海峡など位置図

してロンボク海峡を通過するルートを選択するとなると、5章でも述べたとおり相当な迂回となり、海上輸送日数も余計にかかることとなる（図6-10）。

また中国は、2013年9月に習近平国家主席が、中国西部から中央アジアを経由して陸路でヨーロッパにつながるシルクロード経済ベルト構想（一帯）を、さらに同年10月には、中国沿海部からアセアン諸国・南アジアを経て中東やアフリカ東岸、欧州と海路でつながる21世紀海上シルクロード構想（一路）を提唱し、シルクロード経済圏構想（一帯一路）を展開している。

海上シルクロード構想（一路）では、図6-11、表6-12に示すとおり、中国資本による港湾の開発や運営が、南アジアや中東、アフリカ、欧州などで展開されている。また、シルクロード経済ベルト構想（一帯）に関しても、中国の西安・ウルムチから、中央アジアのカザフスタン（アルマトゥイ）、キルギス（ビシュケク）、ウズベキスタン（サマルカンド）、タジキスタン（ドゥシャンベ）などを経由

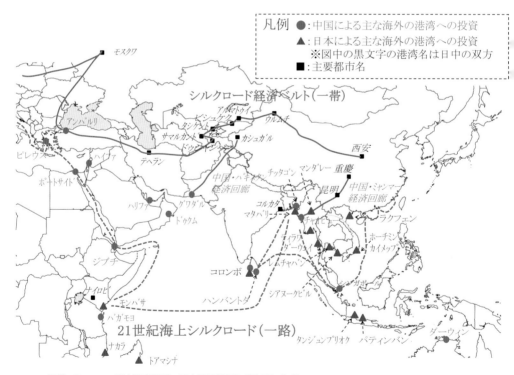

資料：Drewry，日本海事新聞、日本経済新聞などを元に作成。

図6-11　一帯一路による中国の港湾への投資と日本の港湾の海外展開

表6-12　中国のアジア・欧州地域などでの港湾整備・運営への展開状況

国名	港湾	投資内容
シンガポール	シンガポール港	・中国の中国遠洋海運集団（コスコグループ）が，パシルパンジャン地区のCOSCO-PSAターミナル（2バース）の49%に出資。
ミャンマー	チャオピュー港	・中国の国有企業の中国中信集団（CITIC）が港湾開発でミャンマー政府と基本合意書を締結。13億ドルで，2隻着岸できるバースを整備予定。中国・ミャンマー回廊のチャオピューとマンダレーの間の高速道路や鉄道などの整備も計画されている。
バングラデシュ	チッタゴン港	・2016年10月に発電所，港湾，鉄道などのインフラ整備など27項目の合意事項や覚書きに中国とバングラデシュの両首相が署名し，中国が200億ドルの融資を行う予定。
スリランカ	コロンボ港	・中国の港湾運営大手の招商局集団（CMG：チャイナ・マーチャンツ・グループ）が85%出資しスリランカ港湾局（15%出資）とコンテナターミナル（CICT：Colombo International Container Terminal）を運営。2011年に620億円投資。
スリランカ	ハンバントタ港	・2017年に中国の招商局集団（CMG）が99年間の港湾運営権を取得。
パキスタン	グワダル港	・中国・パキスタン経済回廊（CPEC）の中核をなす港湾で，ペルシャ湾の石油をグワダル港からパイプラインで中国・重慶まで輸送。2015年には中国が43年の用地使用権を獲得済で，660mのコンテナターミナルも完成している。
オーストラリア	ダーウィン港	・2015年　中国が99年の運営権獲得。
エジプト	ポートサイド港	・中国遠洋海洋集団（コスコグループ）が，スエズ運河コンテナターミナルの20%の株を保有。
アラブ首長国連邦	ハリファ港	・アブダビのハリファ港の35年の埠頭利用権を，2016年に中国遠洋海運集団（コスコグループ）の中遠海運港口が獲得，2018年12月には，整備中のコンテナ埠頭が稼働。
オマーン	ドゥクム港	・2016年に工業団地の開発を中国主導で整備。アジアインフラ開発銀行も港湾開発や鉄道に融資。
ジブチ	ジブチ港	・2012年末に中国国有企業の招商局国際（CMHI：チャイナ・マーチャンツ・ホールディング）がジブチ港の株の23.5%を取得する契約を締結。
イスラエル	ハイファ港	・中国が11億6千万ドル投資。
タンザニア	バガモヨ港	・タンザニア大統領府がにアフリカ最大の港湾となるバガモヨ港の着工を発表。中国の招商局国際，オマーンの政府系ファンドのステートジェネラルリザーブファンド（SGRF）と開発契約に調印。
トーゴ	ロメ港	・2014年に中国国有企業の招商局国際（CMHI）がロメ・コンテナターミナルの株の50%を取得。
トルコ	アンバルリ港	・2015年に，中国の招商局国際（CMHI）および中国遠洋海運集団（コスコグループ）などが，イスタンブール港外のアンバルリ港のクンポート埠頭会社の株式を取得。招商局国際は40%，コスコグループが26%の取得。
ギリシャ	ピレウス港	・2008年にピレウス港の運営権の一部を中国遠洋海運集団（コスコグループ）が取得し，2016年には，ピレウス港の51%に出資に成功し経営権を取得。2019年11月には6億ドルの追加融資。
イタリア	トリエステ港	・中国とイタリアが一帯一路に関する覚書に2019年3月23日調印。トリエステ港のターミナルや周辺の鉄道網整備などの機能強化に中国が乗り出す予定。
スペイン	バレンシア港	・中国遠洋海運集団（コスコグループ）の傘下の中遠海運港口が，2017年にバレンシア港などでターミナル運営を行うノアタム・ポーツの株式の51%の株を取得。
フランス	ゼブルージュ港	・2014年に，中国遠洋海運集団（コスコグループ）が，APMターミナルの株式の24%を取得。
オランダ	ロッテルダム港	・2016年に，中国遠洋海運集団（コスコグループ）が，ユーロマックスターミナルの株式の35%を取得。

資料：「Global Container Terminal Operators Annual Review and Forecast Annual Report 2018」（Drewry）および日本海事新聞・日本経済新聞の関連記事などを元に作成。

して，さらにイラン（テヘラン），トルコ（イスタンブール）などを経て欧州やロシアに至る中欧班列と呼ばれる貨物列車による輸送が盛んとなっているほか，ミャンマーのチャオピュー港から中国内陸部に至る中国・ミャンマー経済回廊や，パキスタンのグワダル港から中国内陸部に至る中国・パキスタン経済回廊への投資も進んでいる（図6-11）。

これらの経済回廊の整備や港湾の整備によって，中国と中東・欧州などとの貨物は，マラッカ海峡やスエズ運河を経由しない経路での輸送も可能であり，その輸送量が増えることも想定される。

なお，日本も，インド洋と太平洋をつなぎ，アフリカとアジアをつなぐことで国際社会の安定と繁栄の実現を目指すインド太平洋構想を掲げており，経済的繁栄の追求がその実現のための柱の１つとなっていることから，港湾・道路・鉄道などの質の高いインフラ整備を通じた物理的な連携性の強化をアジアやアフリカなどで進めている。具体的には，図6-11に示したような港湾で，政府開発援助（ODA）や，民間企業による海外港湾運営への参画などを行っており，アジアやアフリカなどへのインフラ投資に力をいれている。

このような状況であり，アセアンや南アジア諸国における貨物需要が今後どのようになり，港湾インフラへの需要がどの程度高まるのか，一帯一路による中国のインフラ開発や中国貨物の輸送経路などにも注視しながら，その検討を進める必要がある。

③ 自動化・情報化などへの対応

港湾における自動化については，まずは港湾貨物の荷役作業の自動化・遠隔操作化の取組みがオランダのロッテルダム港やハンブルク港，名古屋港の飛島南地区などでも，既に20年ほど前から開始されている。近年では，中国の青島港，上海港をはじめとする中国の港湾でも，コンテナターミナル内の荷役作業や，ガントリークレーンを使ってのコンテナ船からのコンテナの積み卸し作業に，遠隔操作・自動化・情報化が進められている。

自動車の自動運転技術の開発が進むなか，わが国においては，今後の運転手不足などを睨んで，貨物を運ぶトレーラーについて，後続車の無人隊列走行の実用化に向けた取組みが始まっている。2018年からは，無人隊列走行の実証実験が新東名高速道路で行われるなどしており，港湾貨物を港の背後圏に運ぶトレーラーでも，将来は無人隊列走行の導入が進み，それに対応した港づくりが必要と

なる可能性もある。

　船舶航行についても，わが国では 2025 年の実用化を目指して，自動運航船で必要となる自動操船機能・遠隔操船機能・自動離着桟機能などについて，実証実験やシミュレーションなどが実施されている[18]。なお，海外でも自動運航船の開発・研究はなされており，2018 年には，ノルウェーのフィヨルドを横断するフェリーが，自動運航システムを用いて有人ではあるが運航を開始している[19]。

　コンテナ貨物の輸送の情報化については，コンテナ船の入出港などに関わる各種の行政手続きを行う港湾 EDI システム，通関に関わる NACCS，コンテナターミナルの船の入出港や貨物の搬出入などに関わる情報を扱うコンテナ物流情報サービス（Colins）などがあるほか，民間ベースのシステムとして，コンテナターミナル内の貨物の荷役や情報に関わる TOS（ターミナルオペレーションシステム），船の積卸に関わる船社システム，倉庫会社の情報管理システムである

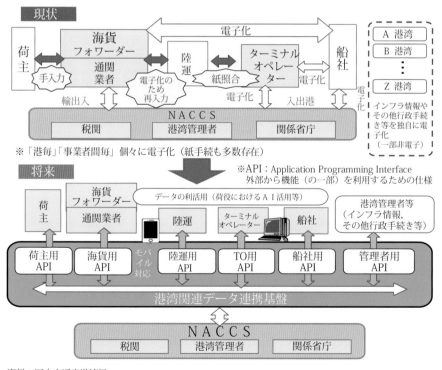

資料：国土交通省港湾局

図 6-12　わが国の港湾関連データ連携基盤

WMS（倉庫管理システム），背後輸送に関わる陸上輸送業者の TMS（輸送情報システム）などがある。

　このように，港湾物流に関わるそれぞれの分野についての情報化システムが開発されてきたものの，わが国では，実際の港湾での民間事業間同士の書類のやりとりなどは，まだ紙や FAX といった手段で実施されているものも少なくなく，非効率的であることから，それらのデータの電子化，連携を図る情報プラットフォーム（港湾関係データ連携基盤）の構築が進められている（図 6-12）。

　さらに，港湾に関わる各種の手続き書類などを，ブロックチェーン技術を使って管理し，関係者で共有できる国際物流情報プラットフォームであるトレードレンズ（TradeLens）が，2018 年末から運用を開始している。トレードレンズでは，図 6-13 に示すように，各種の書類の共有化と，貿易に関わるイベントの可視化の機能が備わっており，貿易イベントは 121 定義されており，21 種類の貿易書類が関係者間で共有できる[20]。

　このほか，情報化に関して言えば，貨物の輸送状況や位置の把握，トレーサビリティに関するものもある。世界中の広範囲にまたがる国際海上コンテナ輸送

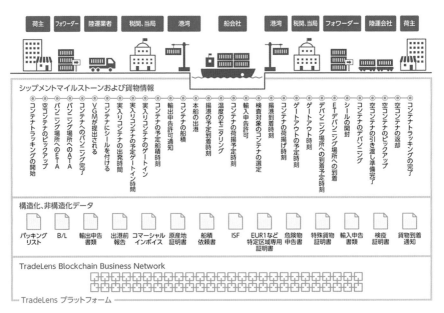

資料：日経ビジネスオンライン Special

図 6-13　マースク社のトレードレンズに関わる各種の手続き[21]

については，大陸を横断する鉄道輸送などではコンテナの位置情報の把握などが行われてきたが，コンテナ船自体の位置が船舶自動識別装置（AIS：Automatic Identification System）などにより把握可能であることや，コンテナを輸送するトレーラーの位置情報が把握されることもあり，リーファーコンテナなどの一部を除いては，個別のコンテナの位置情報や貨物の情報の把握は行われてこなかった。

しかし最近では，コンテナの可視化サービスが IT 技術の進展とともに，進んできている。

2017 年には，大手船社のマースク社が，リーファーコンテナ向けのリモートコンテナマネジメント（RCM）というシステムを導入した。このシステムは，マースク社が世界中で運用している約 27 万本のコンテナの温度管理や GPS による位置追跡機能などを可能にし，基本的なサービスは無料で展開した[22]。

また，スイスの船社 MSC は，コンテナの位置情報，コンテナ内の温度・湿度・衝撃・振動，ドアの開閉などを，インターネット経由でリアルタイムで把握できるシステムを，ドライコンテナ 5 万本に登載すると 2018 年に発表している[23]。

さらに，ドイツの船社ハパックロイドも，2019 年 6 月に，運用する 10 万本のリーファーコンテナを対象に，コンテナ輸送の可視化をはかる「Hapag-Lloyd LIVE」というサービスを展開すると発表している[24]。

海上コンテナ輸送は，部品や製品輸送など，アジアロジスティクスの中で重要な役割を果たしているほか，コールドチェーンでも重要な役割を担ってきたことから，このようなコンテナの可視化，トレーサビリティの向上は，ブロックチェーンの導入などによる情報化の共有化などとも相まって，グローバルロジスティクを今後益々効率化・高度化させていくことが期待される。

6－3　グローバルロジスティクスに関わるリスクと対応

（1）極端な事象がもたらすリスク　〜テールリスクとブラックスワン〜

日本ではまず起こりえないこととしてほとんど考慮されてこなかったマグニチュード 9 クラスの巨大地震や風速 60m 級の台風の来襲，原子力発電所のメルトダウンなど，近年さまざまな大災害が発生している。また，世界のエネルギー供給にも懸念が発生している。2019 年のバーレーン沖で発生した無差別タンカー攻撃，日本近海における船舶や航空機の航行に脅威を与えた北朝鮮の長距離

弾道ミサイルの日本海落下などは，日本の社会，経済活動の前に出現した新たなリスクである。

　さらに今後は，電磁波攻撃による航空機や船舶の操船機能の麻痺，サイバー攻撃による航行管制麻痺，感染症や家畜の伝染病などの世界的流行（パンデミック）などのリスクが高まるおそれがある。国際社会の複雑化や経済社会活動のグローバル化の進展に伴い，グローバルロジスティクスも今後，多種多様なリスクに晒されることが予想され，これらの中から顕著になりつつあるリスクをいち早く察知し素早い備えを行うが，グローバル化・複雑化する国際社会の中での国家の持続的発展をかけた重要な課題となっていくものと思われる。

　グローバルロジスティクスの関連性において，これらのリスクは，これまで注目を浴びることはほとんどなかったか，発生しても極めて事例が少なく，発生確率の面では「まず起こりえないリスク」に分類されてきたが，これらの事象の社会的インパクトに鑑みると，その対応を社会全体で考えていく必要がある。

　極めて希にしか発生しない事象は，「テールイベント」と呼ばれ，それに伴い発生するリスクを「テールリスク」と呼ぶ。テールイベントは，図 6-14 に示したとおり，発生頻度は極めて低いものの，いったん発生すると巨額の損失が生じる（被害分布に非線形性の強い）リスクである。

　また，過去の経験則に従わない想定外の事象，発生時期や被害の想定などができず，ひとたび起こると非常に大きなインパクトをもたらす「ブラックスワン」に対してどのようにアプローチしていくかも，リスクマネジメント分野の大きな課題となっている。

　なお，ブラックスワンは，デリバティブトレーダーの経験のあるナシーム・ニコラ

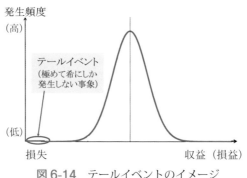

図 6-14　テールイベントのイメージ

写真 6-1　ブラックスワンと白鳥

ス・タレブ氏が 2007 年の著書「The Black Swan」で示した概念である。従来，白鳥は白いと信じられていたものがオーストラリアで黒い白鳥（ブラックスワン）が発見され，それまでの常識が覆されたことにより名づけられたものである（写真 6-1）。

　金融の世界では，1929 年の世界恐慌，1987 年の世界的な株価暴落（ブラックマンデー），2008 年のリーマンショックなどが，また 2001 年の米国の同時多発テロ，2005 年の米国のハリケーンカトリーナの被害，2010 年のメキシコ湾の原油流出事故，2011 年の東日本大震災などの大規模自然災害や事故・テロなどが，「ブラックスワン」や「テールリスク」の事例と呼ぶことができる。

　我々の社会を取り巻くリスクの構造は，常に変化し続けており，ICT の進展，社会の価値観の多様化，少子高齢化社会の到来などの近代社会の構造変化は，予想を越えた経済社会の脆弱性を生み出しつつある。

　いつ何時，これまでは想像もつかなかった自然・人的・技術的災害が発生し，甚大な被害が生じかねない状況の中に，グローバルロジスティクスもおかれていると考えざるを得ない。

（2）ロジスティクスにおける極端災害事象への備え

　1995 年 1 月の阪神淡路大震災によって神戸港のコンテナターミナルなどが大きな被害を受け港湾物流機能がストップしたのを契機に，ロジスティクスに大きな役割を果たす港湾インフラの強靱化への取組みが進められてきた。従来は震度法により重要度係数と呼ばれる係数で設計震度を大きくして設計していた耐震強化岸壁の設計法が見直され，最大級の強さをもつ地震動（レベル 2 地震）の作用後でも耐震強化岸壁での緊急物資輸送やわが国の経済活動に不可欠な海上コンテナ輸送などが速やかに行えるように，岸壁の地震後の変形量などを数値計算を用いて直接チェック（照査）する設計法に見直された[24]。

　また，2011年の東日本大震災では，従来想定していた以上の巨大津波の来襲を受け，多くの人命が失われたほか，住宅や鉄道・道路・港湾などのインフラなども多大なる被害を受けたことから，想定する地震・津波などの見直しや，それらの災害外力にどう備えるか，ハードおよびソフトの両面からどのように被害を軽減するか（減災）などの検討も大きく進んだ。

　近い将来起こることが想定される巨大地震，南海トラフ地震については，どの程度の大きさの津波が来襲するか，またそれよって生じるインフラ被災や社会経済へのダメージがどの程度となるかなどの検討も，東日本大震災を契機に内閣府や関係省庁を中心に議論が進んでいる。今後発生する巨大地震や津波に備えるための防災機能の強化，避難対策，災害後の復興・復旧の的確化・迅速化，社会・経済活動の継続性を向上させるためのBCP（事業継続計画）の策定も進められた。港湾においても，港湾活動に関わる多数の関係者がいかに協力して災害に備え，復旧・復興を推し進めるかなどを盛り込んだ港湾の機能継続計画（港湾BCP）の策定が，全国の主要港湾で進められた。

　このように，これまで経験したことのないような地震・津波などへの来襲など自然災害にどう立ち向かうか，テールリスク，ブラックスワンへの対応も視野に入れた検討が進んでいるが，未だ端緒についたばかりとの感がある。

　例えば，2018年9月の台風21号による高波・高潮による関西空港島の滑走路などの浸水，貨物船の走錨による関西国際空港の連絡橋の被害，2019年9月の台風15号による千葉県の広域・長期にわたる停電や成田空港の機能麻痺，2019年10月の台風19号による東北や関東地方での河川の決壊や氾濫による市街地の浸水など，これまでに想定していた以上の自然の猛威が立て続けに来襲し，それらに対する事前対策や初動活動のすべてが，必ずしも円滑にいかなかったこと，復旧・復興に多大な時間を要したことからも，国を挙げた防災・減災対策のさらなる推進が引き続き不可欠であることは言うまでもない。

　グローバルロジスティクスに関わるリスクについては，自然災害・テロ・大規模災害などが想定されるが，サプライチェーンの供給リスクに関わる生産拠点の停止例は，5章の表5-2に，また輸送リスクに関わる港湾・海運機能の停止例は表5-3に取りまとめたとおりである。

　以下では，今後，どのような事象が，グローバルロジスティクスの脅威となるのかについて，わが国が喫緊にかつ継続的に取り組まなければならない自然災害を中心に考えたい。

表6-13は，世界や日本で起こった大規模な自然災害のなかから，主要なものを抜き出したものである。世界については，2000年以降に起こったものを，日本については明治時代以降のものを抽出している。

世界各地で，地震やそれに伴う津波，台風・サイクロン・ハリケーンなどにより，2000年以降で多くの人が犠牲になっていることがわかる。日本でも，明治・大正・昭和の時代も，大きな地震や津波，台風で多くの被害があったほか，平成以降も，1995年（平成7年）の阪神淡路大震災，2011年（平成23年）の東日本大震災はじめ甚大な災害が発生しているほか，地球温暖化などを背景に従来よりも大型の台風の来襲が増え，大きな被害が出ている。

地球温暖化による海水面の上昇や海水温の上昇などにより，今後は最大風速65mを超えるスーパー台風の来襲が日本にも多くなることが現実のものとなりつつあるほか，アジアのサイクロンや中北米のハリケーンの巨大化も，災害脆弱性の高い開発途上国においては，より大規模・広範囲な被害がでることを懸念させる。これらに対して，各国がいかに取組み，被害を最小限にとどめるか，また被害をいかに早期に復旧するか，産業活動や経済活動をいかに継続するかというBCPが，従来にも増して重要なものとなってくる。特に，グローバルサプライチェーンには，多くの国や地域，企業が関わることから，これらのステークフォルダーの最も脆弱な構成メンバーがサプライチェーンの継続性・安定性を決定づける可能性が高い。グローバルサプライチェーンに関わる全てのステークフォルダーの協力のもとに，ハード面，ソフト面，双方からの取組みが益々重要となる。

表6-14は，わが国の自然災害のうち，大きな火山の噴火に関わるものをとりまとめたものである。1707年の富士山の宝永噴火や，1914年の桜島の大正大噴火をはじめとして，地震大国日本には，100を超える活火山があることから，このような大規模な噴火がたびたび起こっている。

ただ，火山噴火は，長い歴史を振り返ると，このような噴火レベルだけには収まっていない。表6-15は，過去の日本で起こった破局的噴火（カルデラ噴火）の主要なものについてとりまとめたものである。

カルデラ噴火とは，地下にたまった大量のマグマが数時間から数日のうちに一気に吹き出し，マグマが吹き出たあとの空洞が陥没して直径数km～数十kmの巨大なくぼ地（カルデラ）が生じる大規模な火山噴火のことをいう。過去，20万年以内の日本では，屈斜路湖（硫黄山），支笏（恵庭岳），洞爺（有珠山），十和田，阿蘇（阿蘇山），姶良（桜島），阿多（開聞岳），鬼界（薩摩硫黄島）があげられる。

表6-13　近年の自然災害 その1（世界）

	年	災害名	国名・地域	死者・行方不明者数（概数）	備　考
地震	2001 年	インド西部地震	インド	20,000	
地震	2003 年	バム地震	イラン	26,800	
地震・津波	2004 年	2004 年 スマトラ沖地震・津波	スリランカ，インドネシア，インド，タイ，マレーシアなど 12 か国	226,000 以上	
ハリケーン	2005 年	ハリケーン・カトリーナ	米国	1,800	カテゴリー 5。中心気圧 902 hPa。最大風速 78 m/s（日本基準換算では 67 m/s）。高潮 9 m。市内の 8 割が浸水。
地震	2005 年	パキスタン地震	パキスタン，インド	75,000	
地震・火山噴火	2006 年	ムラピ火山（ジャワ島）	インドネシア	5,800	
地震	2008 年	四川大地震	中国	87,500	
サイクロン	2008 年	サイクロン・ナルギス	ミャンマー	138,400	
地震	2009 年	2009 年 スマトラ沖地震	インドネシア	1,200	
地震	2010 年	ハイチ地震	ハイチ	222,600	M（マグニチュード）7.0。
地震・津波	2011 年	東日本大震災	日本（東北，関東地方等）	22,252	Mw（モーメントマグニチュード）9.0。最大震度 7。
台風	2013 年	台風・ハイエン（海燕）	フィリピン（レイテ島等）	6,200	中心気圧 895 hPa。最大風速 65 m/s。日本では台風 30 号。
地震	2015 年	ネパール地震	ネパール	9,000	
地震・津波	2018 年	インドネシア地震	インドネシア（スラウェシ島等）	3,400	M7.5。スラウェシ島の津波は 11.3 m。海底地滑りによる津波の可能性あり。

資料：文献25，26 ならびに関連資料などを元に作成。

表 6-13　近年の自然災害 その 2（日本）

	年月	災害名	死者・行方不明者数（概数）	備　考
地震・津波	1896（M29）年6月15日	明治三陸地震津波	約22,000	M（マグニチュード）8　1/4。
地震・津波	1923（T12）年9月1日	関東大地震	約105,000	M7.9。千葉や神奈川などでは津波被害もあり。
地震・津波	1933（S8）年3月3日	昭和三陸地震津波	3,064	M8.1。
地震・津波	1944（S19）年12月7日	東南海地震	1,251	M7.9。尾鷲市で9 mの津波などを記録。昭和東南海地震とも呼ばれる。
台風	1945（S20）年9月17日〜18日	枕崎台風	3,756	最低気圧912hPa。最大風速51 m /s（最大瞬間風速75 m /s）。西日本（特に広島）が主な被災地。
地震・津波	1946（S21）年12月21日	南海地震	1,443	M8.0。昭和南海地震とも呼ばれる。高知，徳島，三重などで4〜6 mの津波あり。中部以西の日本各地が被災地。
地震	1948（S23）年6月28日	福井地震	3,769	M7.1。福井平野とその周辺地が主な被災地。
台風	1959（S34）年9月26日〜27日	伊勢湾台風	5,098	中心気圧929 hPaで上陸。310 km²が浸水。全国（九州を除く，特に愛知）が被災地。
地震	1995（H7）年1月17日	阪神・淡路大震災（兵庫県南部地震）	6,437	最大震度7。（死者・行方不明者は2006（H18）年5月19日現在）
地震・津波	2011（H23）年3月11日	東日本大震災（東北地方太平洋沖地震）	22,252	Mw（モーメントマグニチュード）9.0。最大震度7。（死者・行方不明者数は2019（H31）年3月1日現在）
地震	2016（H28）年4月14日，16日	熊本地震	273	最大震度7。内陸直下の活断層で起きた地震で4/14はM6.5，4/16はM7.3。（死者・行方不明者数は2019（H31）年4月12日現在）
台風	2018（H30）年9月4日〜5日	台風21号	14	最大瞬間風速は関西国際空港で58 m/s。関西国際空港浸水，連絡橋が貨物船の走錨で被災などの被害あり。

資料：文献25，26ならびに関連資料などを元に作成。

表6-14　わが国の主な噴火被害など

噴火年	火山名	犠牲者数	備　考
1640年 （寛永17年）	北海道 駒ヶ岳	700余	山体崩壊，岩屑なだれ，津波，多量の降灰，火砕流。
1663年 （寛文3年）	有珠岳	5	近辺の家屋は焼失または埋没。
1667年 （寛文7年）	樽前山		火砕流，多量の降灰・軽石。
1707年 （宝永4年）	富士山		宝永噴火。12/16に発生した噴火は消長を繰り返しながら16日間継続。総噴出量約17億m³，横浜16cm，江戸でも2cmほどの多量の降灰。
1739年 （元文4年）	樽前山		火砕流，多量の降灰・軽石。
1779年 （安永8年）	桜島	150余	安永の大噴火。噴石，溶岩流。
1888年 （明治21年）	磐梯山	461〜477	岩屑なだれによる5村11部落が埋没。土石流（火山泥流）。
1914年 （大正3年）	桜島	58	大正大噴火。火山雷，溶岩流，地震，空振，村落埋没，多量の降灰。
1991年 （平成3年）	雲仙岳	43	火砕流，土石流。
2014年 （平成26年）	御嶽山	58	噴石。

注：平成以前は，見かけ体積1km³以上の噴出物があった噴火。
資料：文献25，27ならびに関連資料などを元に作成。

　最新のカルデラ噴火が，鬼界カルデラができた約7,300年前であり，概ね1万年から数万年に1回の頻度でカルデラ噴火が起こっていることを考えると，今後いつ，カルデラ噴火が起こるかの予測は非常に難しい。つい近年では，四国の伊方原子力発電所3号機の運転停止をめぐり，約130km離れた阿蘇カルデラの破局的噴火の影響が原発の稼働中におきるか否かでも，カルデラ噴火がニュースにもとりあげられたところである。

　表6-15に示したようなカルデラ噴火と，表6-14示した噴火では規模は大きく異なり，またそれによる被害や，対応なども大きく異なることとなるが，火山噴火により，噴火や降灰などにより市街地や国土が被害を受けるのはもとより，物や人の輸送にも，大きな支障がでることから，それにいかに備えるかを十分に検討しておく必要がある。

表 6-15　わが国の主なカルデラ噴火（破局的破壊）

カルデラ名	関連する火山	巨大噴火時期	備　　考
鬼界カルデラ	薩摩硫黄島	約 7,300 年前	日本最新の破局的噴火。鬼界カルデラは東西 23 km × 南北 16 km で深さ約 500 m の海底にある。海面が陥没したため，大きな津波も発生。火砕流が九州南部を襲い縄文集落が全滅。
姶良カルデラ	桜島	約 2 万 9,000 年前	錦江湾（東西 24 km，南北 23 km）が噴火によりできたカルデラ。桜島は外輪山の噴火口が成長したもの。堆積物が厚さ 100 m にも及ぶシラス台地として残る。京都でも 50 cm，東京でも 10 cm の降灰。約 4,000 億 m³ の噴出物総量。
阿蘇	阿蘇山	約 9 万年前	阿蘇は 27 万年前から 9 万年前に 4 回の破局的噴火を起こしたと言われる。阿蘇カルデラ（25 km × 18 km）が破局噴火によりできた。6,000 億 m³ の噴出物。火砕流は山口県の秋吉台（約 200 km）まで届いたとされる。

資料：文献 28 ～ 30 などを元に作成。

表 6-16　大規模噴火の各交通輸送モードへの影響

分野	想定される影響	発生事象例など
航空機輸送	・火山灰浮遊空域飛行によるエンジントラブルや計器類故障 ・降灰による空港閉鎖や機体繰りへの影響　など	・飛行中のエンジンストップ例多数。 ・空港閉鎖や飛行禁止などの事例もあり。
道路輸送	・降灰による視界不良・車線などの視認障害 ・タイヤ接地面の摩擦の低下や走行不能 ・橋梁などへの荷重増　など	
鉄道輸送	・降灰による視界不良 ・車両やレールの導電不良，ポイントの動作支障 ・エンジンフィルタの目詰まり　など	・鹿児島県やセントヘレンズなどでは，通電不良，エンジントラブル，ポイント動作不良などの事例あり。
海運輸送	・降灰による視界不良 ・冷却水管の目詰まり ・エンジンフィルタの目詰まり　など	・1977 年の有珠山噴火で軽石が洞爺湖に浮遊して運航不能。 ・船舶が火山灰の影響を受けた事例は少ない。

資料：文献 31 などを元に作成。

　火山噴火の影響の検討については，その影響などについて，既に政府でも行われており，交通手段への影響についても，表 6-16 に示すように，とりまとめが進められている。

　航空機は，空気中の火山灰粒子の融点が約 1,000 ℃ に対して，航空機のエンジン燃焼温度は 1,400 ℃ を超える高温であることから，火山灰粒子が融解した後に冷えてタービンブレードに付着することで，エンジンストップなどの影響を受けやすい。鉄道輸送においても，ポイント故障や導電への支障がでるなどの影響が

報告されている。道路輸送においても，タイヤ摩擦への影響，海運輸送においても冷却水管の目詰まりなどの影響が懸念されている。

交通モードの中でも火山灰の影響を大きく受けるモードである航空機輸送について，火山噴火と飛行障害などの過去の代表的な事例が，表6-17である。2010

表6-17 火山による航空機への影響例

年	火山	航空機への影響	備考
2010年 4月	エイヤフィヤトラヨークトル火山（アイスランド）	欧州約30か国の空港が約1週間閉鎖。1週間に航空機10万便が運休。	レイキャビックの東約125 kmにある当該火山の噴煙は，航空機が飛行する10〜13 kmまで舞い上がり，西ヨーロッパ全土に拡散。約700万人の足に影響。
2000年 8月18日	三宅島（日本）	三宅島上空を飛行のB747（成田→サイパン行き）が高度約10 kmで噴煙と遭遇し，成田空港に緊急着陸し，エンジンや操縦席の窓などを交換。またB737-800（グアム→成田行き）が，高度約11 kmで噴煙と遭遇し，エンジン電子制御装置が作動不能などとなり，速度計測のためのピトー管やエンジン，窓ガラスなどを交換。	7/8の山頂での小規模噴火にはじまり，8/18には噴煙の高さ1万4千メートルに達した。9/1には全島避難が決定し約4千人の全島民が島外避難。
1991年 6月	ピナツボ火山（フィリピン）	6/15および6/17にB747やDC10がエンジンに損傷を受け，運転停止などとなり，エンジン交換。約100 km離れたマニラ国際空港は，約10日間の閉鎖。	今世紀最大の噴火とも言われ，日本や東南アジアにも降灰。米国のクラーク空軍基地は閉鎖（放棄）。
1989年 12月15日	リダウト山（アラスカ）	オランダ航空867便（B747，スキポール空港→アンカレッジ経由→成田行き）が，アンカレッジに向けての飛行中にアラスカ上空にてすべてのエンジン4基が8分間停止。その後無事再始動し着陸。	リダウト山はアンカレッジの南西約150 km。噴煙は14 km上空まで舞い上がった。
1982年 6月24日	ガルングン火山（インドネシア）	英国航空9便（B747，クアラルンプール→パース（豪）行き）が，インドネシア上空にてすべてのエンジン4基が停止。14分後にエンジン再始動に成功し，ジャカルタ空港に無事着陸。※7/13に同じ空域を飛行したシンガポール航空のボーイング747もエンジン3基がストップ，その後1基のみ再始動（2基は停止のまま）。	ガルングン山は，ジャワ島，ジャカルタの南東約180 km。
1980年 5月	セントヘレンズ火山（米国）	降灰による航空機のウィンドシール損傷をはじめ航空機の損傷，エンジン停止など（5/18，5/25，5/26）。	米国ワシントン州の火山。噴煙は18km上空まで達した。
1944年 3月24日	ベスビオ火山（イタリア）	駐機中の88機が全損。	

資料：文献31〜33および関連資料を元に作成。

年にアイスランドの火山噴火の影響により，1週間ほど欧州の空港が閉鎖されて，世界的に人や物の輸送に大きな支障をきたしたのは記憶に新しい。そのほか，フィリピンやアラスカ，インドネシアの火山噴火の影響で，航空機のエンジンがストップした例もある。

たとえば，火山の噴火で，広いエリアでの航空路の閉鎖などが長期に続くとなると，サプライチェーンにも大きな影響がでる。富士山噴火であれば，偏西風にのって首都圏地域の物流機能はもとより各種の機能が失われ，東名高速道路と，中央高速道，新幹線など，日本の大動脈が寸断されるだけでなく，首都圏の生産機能や，物流機能が大きく機能低下，あるいは喪失されることとなる。そのため，それをいかに補うか，物流であれば，海上輸送利用による物資輸送をはじめ，どこからどれだけ何を輸送するか，海や陸の双方でいかに連携するかなどの検討が必要となる。

九州にも桜島や阿蘇など多くの火山があり，多くのカルデラが残っていることをみても，過去に巨大な火山活動があったことは容易に想定できる。南九州地方での火山噴火となると，日本とアジアを結ぶ航空路にあたることとなり，航空機による人や物の輸送にも，大きな影響を及ぼすこととなる。

そのような時に，人や物の輸送に関わる緊急支援などでの海運の活用はもちろんのことであるが，アジアとのサプライチェーンの途絶を防ぐ観点からも，アジアとの国際コンテナ航路や国際フェリー・RORO船の航路をいかに活用するか，国内の鉄道輸送やトラック輸送，国内フェリー輸送などとも連携し，どのようなロジスティクスへの対応がとれるかを検討しておく必要がある。

ここまで述べてきたように，近年，地球温暖化に端を発して地球規模での自然災害の激甚化が進んでいる。また，環太平洋地域では地殻活動の活発化の兆しも見られ，2004年のスマトラ沖地震や2011年の東日本大震災などの巨大地震津波が発生し，火山活動も活発化しているものと懸念されている。先述の巨大火山噴火も，これまでは歴史のはるかかなたの出来事として語られてきたが，今や，現実のリスクとして評価されなければならないものになりつつあると言える。

また，東西冷戦終了後の国際社会の多極化は結果として，国際社会秩序の流動化を生み地域紛争などのリスクを高めた。さらに，IoT（モノのインターネット）やビッグデータ解析に象徴されるビジネスのデジタル化の進展は，コンピューターシステムのシャットダウンやサイバー攻撃などの脅威をこれまでなく大きなものにしつつある。

　グローバルロジスティクスのリスクマネジメントにおいても，2001 年に発生した米国同時多発テロや 2017 年の AP モラーターミナルへのサイバー攻撃，2019 年のホルムズ海峡における石油タンカー襲撃事件などの人的災害リスクがもはや無視しえないものになっている。

　米国同時多発テロをきっかけの一つとして 2012 年に国際標準化機構から刊行された ISO220301（事業継続マネジメントシステムの要求事項）では，事業継続を「中断・阻害を引き起こすインシデントが生じた際に，事前に決められた許容レベルで製品又はサービスの提供を継続する組織の能力」と定義し，「あらゆる組織」に対して，「経営の意思に沿う形で事業継続能力を効果的・効率的に維持・向上させるための枠組みの提供」を実現することを目指している。

　一方で，上記のような大規模な火山噴火をはじめとする巨大災害，テロなどの人的災害の多くは我々がいまだ経験したことがない極端災害事象に属するものである。これらがどのように発生し，どのようにグローバルロジスティクスに影響を与えるか，またどう対処すべきかについては，これまでのグローバルロジスティクスの停止やサプライチェーン途絶の記録から帰納的な解を求めることができるものではない。これまでの過去の災害事例，データに立脚しつつも，必ずしも統計学的アプローチのみに依らない演繹的な手法で極端災害事象の発生環境とメカニズム，リスクの大きさなどを評価するための手法論の開発が今後の課題となってくる。

　特に，統計分布上まれにしか発生しなくても，いったん発生すると巨額の損失が生じる「テールリスク」に対するグローバルロジスティクスの備えの在り方は，これまでの確率論的なアプローチからは答えを見つけることが困難である。発生確率は小さくても，発生メカニズムを踏まえつつ発生シナリオを作成し，万一発生した場合のグローバルロジスティクスの停止による一国や地域，世界経済，社会に対するインパクトの大きさを予測し対応策を考える，シナリオ型のアプローチと事業継続マネジメント，クライシスマネジメントの視点が重要となってくる。

　ブラックスワンの扱いにおいても，将来のグローバル社会と経済，国際政治の動向や地球環境の行方について地球規模でのシナリオ分析やシミュレーションを行いつつ，新たな極端災害事象発生の可能性とグローバルロジスティクスへの影響に迫るための方法論を今後の研究によって明らかにしていくことが求められている。

《参考文献》

1) 檜垣史彦・水谷　誠・土谷和之・小池淳司・上田孝行「準動学的 SCGE モデルによる国際物流需要予測および港湾整備の便益評価」『運輸政策研究』Vol.10 No.4，2008 年 winter

2) 柴崎隆一・笹山　博「国際経済シナリオと応用一般均衡モデル（GTAP モデル）に基づく将来貿易額の予測（2001 年ベース版）」『国総研研究資料』第 550 号，2009 年

3) 「インド EV 販売 30 年 3 割」日本経済新聞，2018 年 3 月 17 日

4) 「VW25 年に EV300 万台」日本経済新聞，2018 年 9 月 14 日

5) 「EV シフト加速迫る　新車の 1/3 を EV に」日本経済新聞，2018 年 12 月 19 日

6) 「EV モータ省エネ競う」日本経済新聞，2017 年 9 月 18 日

7) 経済産業省「長期エネルギー需給見通し」2015 年 7 月

8) 「金属 3D プリンター脚光」日本経済新聞，2019 年 6 月 7 日

9) 『通商白書』経済産業省，2018 年

10) 『ジェトロ世界貿易投資報告 2018 年版』日本貿易振興機構，2018 年

11) 土屋成慶編著『ハラール・インバウンド』デザインエッグ，2017 年

12) 鶴巻剛志「CA 技術による農産物輸出促進の可能性について」日本港湾協会，『雑誌港湾』2016 年 12 月号，pp.36-37，2016 年

13) 「メガコンテナ船　2 万 3000TEU 船型登場へ」日本海事新聞，2019 年 4 月 8 日

14) Container shipping The next 50 years ; McKinsey & Company, 2017 October.

15) The Impact of Mega-Ships, OECD, 2015.

16) 外山裕司「スエズ運河の拡張と動向」日本港湾協会，『雑誌港湾』2016 年 12 月号，pp.40-41

17) スエズ運河庁ナビゲーションルール，2015 年 8 月，
　　(https://www.suezcanal.gov.eg/English/Navigation/Pages/RulesOfNavigation.aspx)

18) 「国交省　自動運航船実証事業　郵船・商船三井など 22 者参加」日刊カーゴ，2018 年 7 月 26 日

19) 「自動運航船に関する現状等」海事局資料，2017 年 12 月

20) 高田允康「国際貿易デジタル・プラットフォーム　TradeLens の取り組みについて」日本港湾協会，『雑誌港湾』2019 年 11 月号，pp.32-33，2019 年

21) 日経ビジネスオンライン Special「世界最大の海運企業と IMB の挑戦　ブロックチェーン技術を活用したエコシステム構築」

22) 「広がるコンテナ可視化サービス」日刊カーゴ，2019 年 6 月 6 日

23) 「コンテナ 5 万基に遠隔追跡装置」日本海事新聞，2018 年 10 月 19 日

24) 国土交通省港湾局監修「港湾の施設の技術上の基準・同解説」（公社）日本港湾協会，2018 年 5 月

25) 『防災白書　令和元年版』付属資料

26) 島川英介・NHK スペシャル取材班『大避難　何が生死を分けるか』NHK 出版，2017 年

27) 中央防災会議　大規模噴火時の広域降灰対策検討ワーキンググループ資料「富士山の宝永噴火における降灰について」2018 年 12 月 7 日

28) 山賀　進『日本列島の地震・津波・噴火の歴史』ペレ出版，2016 年

29) 巽　好幸『火山大国日本　この国は生き残れるか』さくら舎，2019 年

30) 井村隆介「南九州の巨大噴火と環境変化」『日本生態学会誌 66』pp.707-714，2016 年

31）中央防災会議　大規模噴火時の広域降灰対策検討ワーキンググループ資料「降灰が与える影響の被害想定項目について」2018 年 9 月 11 日

32）安田成夫・梶谷義雄・多々納裕一・小野寺三郎「アイスランドにおける火山噴火と航空関連の大混乱」『京都大学防災研究所年報』第 54 号 A，2011 年 6 月

33）澤田可洋「2000 年 8 月 18 日の三宅島噴火による航空機と噴煙の遭遇」『火山』第 50 巻第 4 号，pp.247-253，2005 年

編 者

渡部 富博（わたなべ・とみひろ）

　1989年東京工業大学大学院（土木工学専攻）修了。博士（工学）。運輸省港湾技術研究所，国土交通省港湾局・国土技術政策総合研究所等を経て2017年7月より京都大学経営管理大学院港湾物流高度化講座特定教授。

小林 潔司（こばやし・きよし）

　1978年京都大学大学院工学研究科修士課程（土木工学）修了。工学博士。京都大学助手，鳥取大学助教授・教授，京都大学教授を経て，2019年より京都大学名誉教授，京都大学経営管理大学院特任教授。第106代土木学会長。

執筆者　　　　　　　　　　（五十音順）〔執筆箇所〕

赤倉 康寛（あかくら・やすひろ）　　　　　　〔第3章, 4-2, 4-4, 5-3, 5-6〕

　1995年 東北大学大学院（土木工学専攻）修了。博士（工学）。運輸省港湾技術研究所，内閣府沖縄総合事務局，国土交通省総合政策局・国土技術政策総合研究所，京都大学防災研究所等を経て2016年より国土技術政策総合研究所港湾システム研究室長。2018年より京都大学経営管理大学院客員教授。

小川 雅史（おがわ・まさし）　　　　　　　〔1-1, 2-1, 4-1, 5-5〕

　2006年東京理科大学（土木工学科）卒業，東京海洋大学大学院博士後期課程修了。博士（工学）。国土交通省東北地方整備局，国土交通省道路局・港湾局・総合政策局等を経て2018年4月より京都大学経営管理大学院港湾物流高度化講座特定准教授および防災研究所特別研究員。

小野 憲司（おの・けんじ）　　　　　　　　〔5-1, 5-2, 5-5, 6-3〕

　1980年京都大学大学院工学研究科（土木工学），ロンドン大学インペリアルカレッジ大学院修了。博士（学術）。国土交通省近畿地方整備局副局長，京都大学防災研究所特定教授などを経て，2017年より阪神国際港湾株式会社取締役副社長，京都大学経営管理大学院客員教授。

河合 美宏（かわい・よしひろ） 〔5-4〕

1983年東京大学教育学部卒，欧州経営大学院（INSEAD）経営学修士号。City University 金融規制博士号。東京海上火災保険（株），労働省，経済開発協力機構（OECD），ポーランド政府財務大臣顧問，保険監督者国際機構（IAIS）事務局次長・事務局長 等を経て2018年から金融庁参与，OECD 保険私的年金委員会議長。2017年より京都大学経営管理大学院特命教授。

金　広文（きむ・くぁんむん） 〔第2章〕

1988名古屋大学大学院工学研究科博士課程修了。博士（工学）。東京工業大学・JSPS 研究員，豊橋技術科学大学・教務職員，開発コンサルタント，JBIC/JICA 専門調査員，京都大学大学院工学研究科・特定准教授を経て2013年より京都大学経営管理大学院准教授。2018年 OECD コンサルタント Staff on Loan。

小林 潔司（こばやし・きよし） 〔第6章〕

前出（編者欄）のとおり。

宮田 正史（みやた・まさふみ） 〔1-1〕

1994年 東京工業大学大学院修了。博士（工学）。運輸省港湾技術研究所，国土交通省関東地方整備局，港湾局などを経て2012年より国土技術政策総合研究所港湾施設研究室長。2018年より京都大学経営管理大学院客員教授。

渡部 富博（わたなべ・とみひろ） 〔第1章, 3-2, 4-1, 4-3, 4-4, 6-1, 6-2〕

前出（編者欄）のとおり。

索　引

アジアロジスティクスと海運・港湾
貿易・海運データの分析・予測・リスク評価　　　定価はカバーに表示してあります。

2020 年 4 月 20 日　1 版 1 刷発行　　　　　　　ISBN 978-4-7655-1868-0 C3051

編 著 者	渡　部　富　博
	小　林　潔　司
発 行 者	長　　滋　　彦
発 行 所	技報堂出版株式会社

〒101-0051　東京都千代田区神田神保町 1-2-5

日本書籍出版協会会員
自然科学書協会会員
土木・建築書協会会員

Printed in Japan

電　　話	営　業　（03）（5217）0885
	編　集　（03）（5217）0881
	Ｆ Ａ Ｘ　（03）（5217）0886
振 替 口 座	00140-4-10
Ｕ　Ｒ　Ｌ	http://gihodobooks.jp/

© Watanabe Tomihiro, Kobayashi Kiyoshi, 2020
落丁・乱丁はお取り替えいたします。

装丁　ジンキッズ　　印刷・製本　三美印刷

変貌するアジアの交通・物流
黒田勝彦・家田仁・山根隆行 編著
A5・264 頁
―シームレスアジアをめざして―

【内容紹介】経済のグローバル化，高齢化・少子化が進むなか日本が持続的に発展していくためには，アジア諸国と連携・交流を持ち，そこから発展の果実を取り込むことが不可欠である。本書では，いかにスムースに効率よくアジア諸国とシームレスに繋がるべきかを説き，陸海空の国際交通・物流の現状を紹介した上で，アジア諸国や日本の各地域で進められているその実現に向けた取組みや展望，最新の研究動向を，産官学の第一線のメンバーがわかりやすく解説する。ビジネスマン，行政マン，学生必読の書。

コンテナ輸送とコンテナ港湾
港湾空港技術振興会 監修／高橋宏直 著
A5・206 頁

【内容紹介】国際的な輸送手段である海上コンテナ輸送の現状を分析し，今後の動向を展望する。読者としてコンテナ輸送とコンテナ港湾に関して調査，分析等をされている方々を想定し，国内のみならず国際的な多くのデータ（例えば，Containerisation International，Lloyd's Mariteme Intelligence Unit，Port Import/Export Reporting Service）の分析結果を示すことにより，読者が独自に分析する場合にも実務的に役立つことをめざした。これらのデータの分析結果は図表を多用して示し，読者が独自に分析する場合に有効なデータの存在を理解できるようにした。国土技術政策総合研究所・港湾研究部港湾計画研究室（国土交通省）において実施した研究成果を主体に，日本郵船調査グループ，商船三井営業調査室の報告書などからの資料も補足して体系的に解説する。

海岸工学
港湾空港技術振興会 監修／合田良實 著
A5・216 頁
―その誕生と発展―

【内容紹介】「海岸工学」がどのような背景のもと 1950 年に誕生したか，その後どのように発展してきたか，実務家の視点で技術知見の変遷をまとめる。海外で普及しながら日本ではあまり使われない研究成果や，逆に日本の優れた技術でありながら海外での認識が低い知見についても触れている。著者の見聞に基づきまとめた防波堤の被災事例などのコラムは興味深く，本論の理解を助ける。海岸工学を学ぶ学生や，今後の海岸・港湾の研究方向を探る研究者・技術者にとって必読の書である。

空港舗装
港湾空港技術振興会 監修／八谷好高 著
A5・270 頁
―設計から維持管理・補修まで―

【内容紹介】道路舗装の経験を用いて始まった空港の舗装も，建設が増えるにつれ統一的な整備が必要となり，航空機の荷重，質量，走行速度，交通量等々，道路とは異なる条件の違いから独自の技術が不可欠となった。米国の技術も参考にしながら開発と整備が進められ，今日ではわが国独自の空港舗装技術が結集されるに至っている。本書は，空港舗装に関する調査，設計，施工，維持管理，補修に関する研究開発の成果を集大成したものであるが，標準化に至っていない技術にも言及するなど，最新の動向も紹介する。

技報堂出版
TEL 営業 03 (5217) 0885　編集 03 (5217) 0881
FAX 03 (5217) 0886